工业和信息化部"十四五"规划教材
建设重点研究基地精品出版工程

数字系统仿真VHDL应用教程

DIGITAL SYSTEM SIMULATION VHDL
APPLICATION TUTORIAL

杨 光 陈 磊 王英志 冯 涛 编著

北京理工大学出版社
BEIJING INSTITUTE OF TECHNOLOGY PRESS

内 容 简 介

本书以提高实际工程设计能力为目的,深入浅出地对 EDA 技术、VHDL 硬件描述语言、FPGA 开发应用及相关知识做了系统介绍,读者通过本书的学习能初步了解和掌握 FPGA 开发的基本内容及实用技术。

本书各章都安排了习题或针对性较强的实验与设计内容,书中列举的大部分 VHDL 设计实例和实验示例都可以在 EDA 开发工具 Quartus Ⅱ 13.1 上实现,硬件平台是 Cyclone V Soc FPGA。

本书可作为普通高等院校信息、通信、电子、自动化、电气、计算机等专业高年级本科生和研究生的教材,还可作为有关教师和科研人员的参考用书。

版权专有　侵权必究

图书在版编目(CIP)数据

数字系统仿真 VHDL 应用教程 / 杨光等编著. -- 北京:北京理工大学出版社,2024.7.
ISBN 978-7-5763-4318-2
Ⅰ. TP271;TP312.8
中国国家版本馆 CIP 数据核字第 2024E3W616 号

责任编辑:钟　博　　文案编辑:钟　博
责任校对:刘亚男　　责任印制:李志强

出版发行 / 北京理工大学出版社有限责任公司
社　　址 / 北京市丰台区四合庄路 6 号
邮　　编 / 100070
电　　话 / (010) 68944439 (学术售后服务热线)
网　　址 / http://www.bitpress.com.cn

版 印 次 / 2024 年 7 月第 1 版第 1 次印刷
印　　刷 / 廊坊市印艺阁数字科技有限公司
开　　本 / 787 mm × 1092 mm　1/16
印　　张 / 18
彩　　插 / 1
字　　数 / 401 千字
定　　价 / 45.00 元

图书出现印装质量问题,请拨打售后服务热线,负责调换

前言

面对现代电子技术的迅猛发展,高新技术日新月异的变化以及人才市场、产品市场的迫切需求,我国许多高校迅速地做出了积极的反应,在不长的时间内,在相关的专业教学与学科领域卓有成效地完成了具有重要意义的教学改革及学科建设。在新世纪,电子技术的发展将更加迅猛,电子设计的自动化程度将更高,电子产品的上市节奏将更快,传统的电子设计技术、工具和器件将在更大的程度上被EDA取代,EDA技术和VHDL势必成为广大电子信息工程类各专业领域工程技术人员的必修课。

本书以提高实际工程设计能力为目的,深入浅出地对EDA技术、VHDL硬件描述语言、FPGA开发应用及相关知识做了系统介绍,使读者通过本书的学习能够初步了解和掌握FPGA开发的基本内容及实用技术。

本书各章都安排了习题或针对性较强的实验与设计,书中列举的大部分VHDL设计实例和实验示例都在EDA开发工具Quartus II 13.1软件上实现,硬件平台是Cyclone V Soc FPGA。

本书可作为普通高校通信、信息、电子、自动化、电气、计算机等相关专业高年级本科生和研究生的教材,还可作为相关专业教师和科研人员参考用书。

由于EDA技术发展迅速及编者水平和掌握的资料有限,书中出现不妥和疏漏之处在所难免,恳请广大读者批评指正。

编者

目　录
CONTENTS

第1章　绪论 ·· 001

1.1　EDA 技术的含义 ··· 001

1.2　EDA 技术的发展历程 ·· 001

1.3　EDA 技术的主要内容 ·· 003

1.4　EDA 软件系统的构成 ·· 005

1.5　EDA 工具的发展趋势 ·· 006

1.6　EDA 的工程设计流程 ·· 008

1.7　数字系统的设计 ·· 010

　　1.7.1　数字系统的设计模型 ·· 010

　　1.7.2　数字系统的设计方法 ·· 011

　　1.7.3　数字系统的设计准则 ·· 011

　　1.7.4　数字系统的设计步骤 ·· 012

习题 ·· 013

第2章　VHDL 编程基础 ·· 014

2.1　概述 ·· 014

　　2.1.1　常用硬件描述语言简介 ·· 014

　　2.1.2　VHDL 的优点 ·· 014

　　2.1.3　VHDL 程序设计约定 ·· 016

2.2　VHDL 语言要素 ·· 016

　　2.2.1　VHDL 文字规则 ·· 016

　　2.2.2　VHDL 数据对象 ·· 019

　　2.2.3　VHDL 数据类型 ·· 022

　　2.2.4　用户自定义数据类型 ·· 027

　　2.2.5　枚举类型 ·· 028

2.2.6　整数类型和实数类型 ……………………………………………………… 028
　　2.2.7　数组类型 …………………………………………………………………… 029
　　2.2.8　记录类型 …………………………………………………………………… 029
2.3　VHDL 操作符 ……………………………………………………………………… 030
习题 …………………………………………………………………………………………… 034

第 3 章　VHDL 程序结构 ………………………………………………………… 035

3.1　实体 …………………………………………………………………………………… 035
3.2　结构体 ………………………………………………………………………………… 038
3.3　块语句 ………………………………………………………………………………… 040
3.4　进程 …………………………………………………………………………………… 041
3.5　子程序 ………………………………………………………………………………… 045
　　3.5.1　函数 …………………………………………………………………………… 046
　　3.5.2　重载函数 ……………………………………………………………………… 048
　　3.5.3　过程 …………………………………………………………………………… 049
　　3.5.4　重载过程 ……………………………………………………………………… 051
3.6　库 ……………………………………………………………………………………… 051
3.7　程序包 ………………………………………………………………………………… 053
3.8　配置 …………………………………………………………………………………… 054
习题 …………………………………………………………………………………………… 056

第 4 章　VHDL 顺序语句 ………………………………………………………… 057

4.1　赋值语句 ……………………………………………………………………………… 057
4.2　转向控制语句 ………………………………………………………………………… 059
　　4.2.1　IF 语句 ………………………………………………………………………… 060
　　4.2.2　CASE 语句 …………………………………………………………………… 062
　　4.2.3　LOOP 语句 …………………………………………………………………… 064
　　4.2.4　NEXT 语句 …………………………………………………………………… 065
　　4.2.5　EXIT 语句 ……………………………………………………………………… 066
4.3　等待语句 ……………………………………………………………………………… 067
4.4　空操作语句 …………………………………………………………………………… 068
4.5　子程序调用语句 ……………………………………………………………………… 069
4.6　返回语句 ……………………………………………………………………………… 070
4.7　其他语句 ……………………………………………………………………………… 071
　　4.7.1　预定义属性描述与定义语句 ………………………………………………… 071
　　4.7.2　文本文件操作 ………………………………………………………………… 076
习题 …………………………………………………………………………………………… 076

第 5 章　VHDL 并行语句 ………………………………………………………… 078

5.1　进程语句 ……………………………………………………………………………… 078

5.2 块语句 ………………………………………………………………………… 080
5.3 并行信号赋值语句 …………………………………………………………… 081
 5.3.1 简单信号赋值语句 …………………………………………………… 081
 5.3.2 条件信号赋值语句 …………………………………………………… 082
 5.3.3 选择信号赋值语句 …………………………………………………… 083
5.4 并行过程调用语句 …………………………………………………………… 084
5.5 元件例化语句 ………………………………………………………………… 084
5.6 生成语句 ……………………………………………………………………… 091
习题 ………………………………………………………………………………… 095

第 6 章 VHDL 描述方式 …………………………………………………………… 096

6.1 行为描述 ……………………………………………………………………… 096
6.2 数据流描述 …………………………………………………………………… 097
6.3 结构描述 ……………………………………………………………………… 098
习题 ………………………………………………………………………………… 100

第 7 章 VHDL 语言程序设计 ……………………………………………………… 101

7.1 组合逻辑电路设计 …………………………………………………………… 101
7.2 时序逻辑电路设计 …………………………………………………………… 107
7.3 存储器设计 …………………………………………………………………… 120
7.4 8 位并行预置加法计数器设计 ……………………………………………… 124
7.5 8 位硬件加法器设计 ………………………………………………………… 125
7.6 正、负脉宽数控调制信号发生器设计 ……………………………………… 128
7.7 D/A 接口电路与波形发生器设计 …………………………………………… 130
7.8 BCD 译码显示电路设计 ……………………………………………………… 133
7.9 MCS-51 单片机与 FPGA/CPLD 接口逻辑设计 …………………………… 134
 7.9.1 总线方式 ……………………………………………………………… 134
 7.9.2 独立方式 ……………………………………………………………… 137
7.10 数字频率计设计 ……………………………………………………………… 138
7.11 A/D 采样控制器设计 ………………………………………………………… 143
7.12 8 位硬件乘法器设计 ………………………………………………………… 145
7.13 流水灯控制器设计 …………………………………………………………… 152
习题 ………………………………………………………………………………… 153

第 8 章 状态机 ……………………………………………………………………… 155

8.1 一般状态机的设计 …………………………………………………………… 156
8.2 摩尔状态机的 VHDL 设计 …………………………………………………… 158
8.3 米立状态机的 VHDL 设计 …………………………………………………… 160
8.4 状态机的状态编码 …………………………………………………………… 161

8.5 状态机剩余状态处理 ………………………………………………………… 164
习题 …………………………………………………………………………………… 165

第9章　Quartus Ⅱ 13.1 软件 ………………………………………………… 167

9.1 Quartus Ⅱ 13.1 软件应用指导 …………………………………………… 167
9.2 Quartus Ⅱ 13.1 软件图形编辑输入 ……………………………………… 168
9.3 Quartus Ⅱ 13.1 软件编译设计文件 ……………………………………… 175
9.4 Quartus Ⅱ 13.1 软件建立仿真文件 ……………………………………… 176
9.5 Quartus Ⅱ 13.1 软件文本编辑输入 ……………………………………… 181
9.6 Quartus Ⅱ 13.1 软件编程下载 …………………………………………… 184

第10章　实验指导 ………………………………………………………………… 191

10.1 十进制计数器设计 ………………………………………………………… 191
10.2 D、T 触发器设计 …………………………………………………………… 207
10.3 4 位二进制并行加法器设计 ……………………………………………… 209
10.4 单稳态电路设计 …………………………………………………………… 214
10.5 数字秒表设计 ……………………………………………………………… 217
10.6 循环彩灯控制电路设计 …………………………………………………… 221
10.7 D/A 控制器电路设计 ……………………………………………………… 223
10.8 A/D 控制器电路设计 ……………………………………………………… 233
10.9 数字频率计设计 …………………………………………………………… 237
10.10 正、负脉宽数控调制信号发生器设计 …………………………………… 240
10.11 序列检测器设计 ………………………………………………………… 244
10.12 3-8 译码器设计 ………………………………………………………… 247
10.13 PN 码发生器设计 ………………………………………………………… 250
10.14 矩阵键盘扫描电路设计 ………………………………………………… 253

附录一 …………………………………………………………………………………… 257

附录二 …………………………………………………………………………………… 261

参考文献 ………………………………………………………………………………… 278

第1章
绪　　论

1.1　EDA技术的含义

电子设计自动化（Electronic Design Automation，EDA）技术是一门迅速发展的新技术，涉及面广，内容丰富，理解各异，目前尚无统一的看法。比较一致的看法如下：EDA技术是以大规模可编程逻辑器件为设计载体，以硬件描述语言为系统逻辑描述的主要表达方式，以计算机、大规模可编程逻辑器件的开发软件及实验开发系统为设计工具，通过有关的开发软件，自动完成用软件的方式设计的电子系统到硬件系统的逻辑编译、逻辑化简、逻辑分割、逻辑综合及优化、逻辑布局布线、逻辑仿真，直至完成对于特定目标芯片的适配编译、逻辑映射、编程下载等工作，最终形成集成电子系统或专用集成芯片的一门新技术。

利用EDA技术进行电子系统设计具有以下几个特点：①用软件方式设计硬件；②用软件方式设计的系统到硬件系统的转换是由有关的开发软件自动完成的；③在设计过程中可用有关软件进行各种仿真；④系统可现场编程，在线升级；⑤整个系统可集成在一个芯片上，体积小、功耗低、可靠性高。因此，EDA技术是现代电子设计的发展趋势。

1.2　EDA技术的发展历程

EDA技术伴随着计算机、集成电路、电子系统设计的发展，经历了计算机辅助设计（Computer Assist Design，CAD）、计算机辅助工程设计（Computer Assist Engineering Design，CAE）和EDA三个发展阶段。

1. 20世纪70年代的CAD阶段

早期的电子系统硬件设计采用分立元件，随着集成电路的出现和应用，硬件设计进入发展的初级阶段。初级阶段的硬件设计大量选用中小规模标准集成电路，人们将这些器件焊接在电路板上，做成初级电子系统，对电子系统的调试是在组装好的印刷电路板（Printed Circuit Board，PCB）上进行的。

由于图形符号使用数量有限，所以传统的手工布图方法无法满足产品复杂性的要求，更不能满足工作效率的要求。这时，人们开始将产品设计过程中高度重复性的繁杂劳动，如布图布线工作，用二维图形编辑与分析的CAD工具完成，最具代表性的产品就是美国ACCEL公司开发的Tango布线软件。20世纪70年代是EDA技术发展初期，由于PCB布图布线工具受到计算机工作平台的制约，所以其支持的设计工作有限且性能比较差。

2. 20世纪80年代的CAE阶段

初级阶段的硬件设计是使用大量不同型号的标准芯片实现电子系统设计的。随着微电子工艺的发展，相继出现了集成上万只晶体管的微处理器、集成几十万甚至上百万存储单元的随机存储器和只读存储器。此外，支持定制单元电路设计的硅编辑、掩膜编程的门阵列，如标准单元的半定制设计方法以及可编程逻辑器件（PAL和GAL）等一系列微结构和微电子学的研究成果都为电子系统的设计提供了新天地。因此，可以使用少数几种通用的标准芯片实现电子系统的设计。

伴随计算机和集成电路的发展，EDA技术进入CAE阶段。在20世纪80年代初推出的EDA工具以逻辑模拟、定时分析、故障仿真、自动布局布线为核心，重点解决电路设计没有完成之前的功能检测等问题。利用这些工具，电子设计师能在产品制作之前预知产品的功能与性能，能生成产品制造文件，在设计阶段对产品性能的分析前进了一大步。

如果说20世纪70年代的自动布局布线的CAD工具代替人工完成了设计工作中绘图的重复劳动，那么，在20世纪80年代出现的具有自动综合能力的CAE工具则代替人工完成了部分设计工作，这对保证电子系统设计质量、制造出最佳的电子产品起着关键的作用。到了20世纪80年代后期，EDA工具已经可以进行设计描述、综合与优化以及设计结果验证，CAE阶段的EDA工具不仅为成功开发电子产品创造了有利条件，而且为高级设计人员的创造性劳动提供了方便。但是，大部分从原理图出发的EDA工具仍然不能满足复杂电子系统的设计要求，而具体化的元件图形制约着优化设计。

3. 20世纪90年代的EDA阶段

为了满足千差万别的系统用户提出的设计要求，最好的办法是由用户自己设计芯片，让他们把想设计的电路直接设计在自己的专用芯片上。微电子技术的发展，特别是可编程逻辑器件的发展，使微电子厂家可以为用户提供各种规模的可编程逻辑器件，使设计者通过设计芯片实现电子系统功能。EDA工具的发展又为电子设计师提供了全线EDA工具。在这个阶段发展起来的EDA工具，其目的是在设计前期完成电子设计师从事的许多高层次设计，如将用户要求转换为设计技术规范，有效地处理可用的设计资源与理想的设计目标之间的矛盾，按具体的硬件、软件和算法分解设计等。由于电子技术和EDA工具的发展，电子设计师可以在不太长的时间内使用EDA工具，通过一些简单标准化的设计过程，利用微电子厂家提供的设计库来完成数万门ASIC和集成系统的设计与验证。

20世纪90年代，电子设计师逐步从使用硬件转向设计硬件，从单个电子产品开发转向系统级电子产品开发［即片上系统集成（System On a Chip，SOC）］。因此，EDA工具是以系统级设计为核心，包括系统行为级描述与结构综合、系统仿真与测试验证、系统划分与指标分配、系统决策与文件生成等一整套的电子系统设计自动化工具。这时的EDA工具不仅具有电子系统设计能力，而且能提供独立于工艺和厂家的系统级设计能力，具有高级抽象的设计构思手段，例如提供方框图、状态图和流程图的编辑能力，具有适合层次描述和混合信号描述的硬件描述语言（如VHDL、AHDL或Verilog－HDL），同时含有各种工艺的标准元件库。

只有具备上述功能的EDA工具，才可能使电子设计师在不熟悉各种半导体工艺的情况下完成电子系统的设计。

未来的EDA技术将向广度和深度两个方向发展，EDA技术将会超越电子设计的范畴进入其他领域,随着基于 EDA 的 SOC 设计技术的发展、软/硬核功能库的建立,以及基于 VHDL 的所谓自顶向下设计理念的确立,未来的电子系统的设计与规划将不再是电子设计师们的专利。

1.3 EDA 技术的主要内容

EDA 技术涉及面广,内容丰富,从教学和实用的角度看,主要应掌握如下四个方面的内容。

(1) 大规模可编程逻辑器件 (Programmable Logic Device,PLD);
(2) 硬件描述语言 (Hardware Description Language,HDL);
(3) 软件开发工具;
(4) 实验开发系统。

其中,大规模可编程逻辑器件是利用 EDA 技术进行电子系统设计的载体,硬件描述语言是利用 EDA 技术进行电子系统设计的主要表达手段,软件开发工具是利用 EDA 技术进行电子系统设计的智能化、自动化设计工具,实验开发系统则是利用 EDA 技术进行电子系统设计的下载工具及硬件验证工具。为了使读者对 EDA 技术有一个总体印象,下面对 EDA 技术的主要内容进行概要的介绍。

1. 大规模可编程逻辑器件

可编程逻辑器件是一种由用户编程以实现某种逻辑功能的新型逻辑器件。FPGA 和 CPLD 分别是现场可编程门阵列和复杂可编程逻辑器件的简称。现在,FPGA 和 CPLD 的应用已十分广泛,它们将随着 EDA 技术的发展而成为电子设计领域的重要角色。国际上生产 FPGA/CPLD 的主流公司,并且在国内占有市场份额较大的公司主要是 Xilinx、Altera、Lattice 三家。

FPGA 在结构上主要分为三个部分,即可编程逻辑单元、可编程输入/输出单元和可编程连线。CPLD 在结构上主要分为三个部分,即可编程逻辑宏单元、可编程输入/输出单元和可编程内部连线。

高集成度、高速度和高可靠性是 FPGA/CPLD 最明显的特点,其时钟延时可小至纳秒级,结合其并行工作方式,FPGA/CPLD 在超高速应用领域和实时测控方面有着非常广阔的应用前景。在高可靠性应用领域,如果设计得当,将不会存在类似 MCU 的复位不可靠和 PC 可能跑飞等问题。FPGA/CPLD 的高可靠性还表现在几乎可将整个系统下载于同一芯片中,实现 SOC,从而大大缩小了体积,易于管理和屏蔽。

由于 FPGA/CPLD 的集成规模非常大,所以可利用先进的 EDA 工具进行电子系统设计和产品开发。由于开发工具具有通用性、设计语言达到标准化以及设计过程几乎与所用器件的硬件结构没有关系,所以设计开发成功的各类逻辑功能块软件有很好的兼容性和可移植性。它们几乎可用于任何型号和规模的 FPGA/CPLD 中,从而使产品设计效率大幅度提高。可以在很短的时间内完成十分复杂的系统设计,这正是产品快速进入市场最宝贵的特征。美国 IT 公司认为,一个 ASIC 80% 的功能可用于 IP 核 (Core) 等现成逻辑合成,而未来大系统的 FPGA/CPLD 设计仅是各类再应用逻辑与 IP 核的拼装,其设计周期将更短。

与 ASIC 设计相比,FPGA/CPLD 的显著优势是开发周期短、投资风险小、产品上市速度快、市场适应能力强和硬件升级回旋余地大，而且当产品定型和产量扩大后，可在生产中达到充分检验的 VHDL 设计而迅速实现 ASIC 投产。

对于一个开发项目，究竟是选择 FPGA 还是 CPLD？这主要取决于开发项目本身的需要。对于规模普通且产量不是很大的开发项目，通常使用 CPLD 比较好。对于大规模的逻辑设计或单片系统设计，则多采用 FPGA。另外，FPGA 芯片在掉电后将丢失原有的逻辑信息，因此在实用中需要为 FPGA 芯片配置一个专用 ROM。

2. 硬件描述语言

常用的硬件描述语言有 VHDL、Verilog、ABEL。

（1）VHDL：作为 IEEE 的工业标准硬件描述语言，在电子工程领域已成为事实上的通用硬件描述语言。

（2）Verilog：支持的 EDA 工具较多，适用于 RTL 级和门电路级的描述，其综合过程较 VHDL 稍简单，但其在高级描述方面不如 VHDL。

（3）ABEL：支持各种不同输入方式，被广泛用于各种可编程逻辑器件的逻辑功能设计，其语言描述的独立性使其适用于各种不同规模的可编程逻辑器件的设计。

3. 软件开发工具

目前比较流行的、主流厂家的 EDA 软件开发工具有 Altera 公司的 MAX + plus Ⅱ、Quartus Ⅱ，Lattice 公司的 IspEXPERT，Xilinx 公司的 ISE、Vivado。

（1）MAX + plus Ⅱ：支持原理图、VHDL 和 Verilog 语言文本文件，以波形与 EDIF 等格式的文件作为设计输入，并支持这些文件的任意混合设计。它具有门电路级仿真器，可以进行功能仿真和时序仿真，能够产生精确的仿真结果。在适配之后，MAX + plus Ⅱ 生成供时序仿真用的 EDIF、VHDL 和 Verilog 这三种不同格式的网表文件。它界面友好，使用便捷，被誉为业界最易学易用的 EDA 软件，并支持主流的第三方 EDA 工具，支持除 APEX20K 系列之外的所有 Altera 公司的 FPGA/CPLD 大规模逻辑器件。

（2）Quartus Ⅱ：是 Altera 公司的综合性 PLD/FPGA 开发软件，支持原理图、VHDL、Verilog HDL 以及 AHDL 等多种设计输入形式，内嵌自有的综合器以及仿真器，可以完成从设计输入到硬件配置的完整 PLD 设计流程，除了可以使用工具命令语言（Tool Command Language，TCL）完成设计流程外，还提供了完善的用户图形界面设计方式，具有运行速度快、界面统一、功能集中、易学易用等特点。Quartus Ⅱ 支持 Altera 公司的 IP 核，包含 LPM/Mega Function 宏功能模块库，使用户可以充分利用成熟的模块，降低了设计的复杂性、提高了设计速度。它对第三方 EDA 工具的良好支持也使用户可以在设计流程的各个阶段使用熟悉的第三方 EDA 工具。此外，Quartus Ⅱ 通过和 DSP Builder 工具与 Matlab/Simulink 结合，可以方便地实现各种 DSP 应用系统；支持 Altera 公司的片上可编程系统（SOPC）开发，集系统级设计、嵌入式软件开发、可编程逻辑设计于一体，是一种综合性的开发平台。Altera 公司在 Quartus Ⅱ 中包含了许多诸如 Signal Tap Ⅱ、Chip Editor 和 RTL Viewer 的设计辅助工具，集成了 SOPC 和硬拷贝（Hard Copy）设计流程，并且继承了 MAX + plus Ⅱ 友好的图形界面及简便的使用方法。

（3）IspEXPERT：IspEXPERT System 是 IspEXPERT 的主要集成环境，通过它可以进行 VHDL、Verilog 及 ABEL 的设计输入、综合、适配、仿真和在系统下载。IspEXPERT 是目前流行的 EDA 软件中最容易掌握的设计工具之一，它界面友好、操作方便、功能强大，并与第三方 EDA 工具兼容良好。

（4）ISE：Xilinx 公司集成开发的 EDA 工具。它采用自动化的、完整的集成设计环境。ISE 设计套件 10.1 是 Xilinx 公司推出的业内领先 EDA 工具的最新版本，提供了完美的设计性能和生产率组合——无论需要灵活的嵌入式处理解决方案、DSP 开发专用流程，还是最佳的高性能逻辑。

（5）Vivado：Xilinx 公司面向未来十年的"All – Programmable"器件打造的开发工具。Vivado 设计套件包括高度集成的设计环境和新一代从系统到 IC 级的工具，这些均建立在共享的可扩展数据模型和通用调试环境基础上。这也是一个基于 AMBA AXI4 互联规范、IP – XACT IP 封装元数据、工具命令语言、Synopsys 系统约束（SDC）以及其他有助于根据客户需求量身定制设计流程并符合业界标准的开放式环境。Xilinx 公司构建的 Vivado 工具将各类可编程技术结合在一起，可扩展实现多达 1 亿个等效 ASIC 门设计。

4. 实验开发系统

实验开发系统提供芯片下载电路及 EDA 实验/开发的外围资源（类似用于单片机开发的仿真器），供硬件验证用。实验开发系统一般包括：①实验或开发所需的各类基本信号发生模块，包括时钟、脉冲、高低电平等；②FPGA/CPLD 输出信息显示模块，包括数码显示、发光管显示、声响指示等；③监控程序模块，提供"电路重构软配置"；④目标芯片适配座以及上面的 FPGA/CPLD 目标芯片和编程下载电路。

1.4 EDA 软件系统的构成

EDA 技术研究的对象是电子设计的全过程，包括系统级、电路级和物理级 3 个层次的设计。EDA 技术涉及的电子系统从低频、高频到微波，从线性到非线性，从模拟到数字，从通用集成电路到专用集成电路构造的电子系统，因此 EDA 技术研究的范畴相当广泛。从专用集成电路 ASIC 开发与应用的角度看，EDA 软件系统应当包含以下子模块：设计输入子模块、设计数据库子模块、分析验证子模块、综合仿真子模块、布局布线子模块等。

（1）设计输入子模块：该子模块接受用户的设计描述，并进行语义正确性、语法规则的检查，检查通过后，将用户的设计描述数据转换为 EDA 软件系统的内部数据格式，存入设计数据库子模块被其他子模块调用。设计输入子模块不仅能接受图形描述输入、硬件描述语言描述输入，还能接受图文混合描述输入。该子模块一般包含针对不同描述方式的编辑器，如图形编辑器、文本编辑器等，同时包含对应的分析器。

（2）设计数据库子模块：该子模块存放系统提供的库单元以及用户的设计描述和中间设计结果。

（3）分析验证子模块：该子模块包括各个层次的模拟验证、设计规则的检查、故障诊断等。

（4）综合仿真子模块：该子模块包括各个层次的综合工具，理想的情况是从高层次到低层次的综合仿真全部由 EDA 工具自动实现。

（5）布局布线子模块：该子模块实现由逻辑设计到物理实现的映射，因此与物理实现的方式密切相关。例如，最终的物理实现可以是门阵列、可编程逻辑器件等，由于对应的器件不同，所以各自的布局布线工具有很大的差异。

近些年，许多生产可编程逻辑器件的公司都相继推出适合开发自己公司器件的 EDA 工具，这些 EDA 工具一般都具有上面提到的各个子模块，操作简单，对硬件环境要求低，运行平台是 PC 机和 Windows 或 Windows NT 操作系统。例如，Xilinx、Altera、Lattice、Actel、AMD 等公司都有自己的 EDA 工具。

EDA 工具不只面向 ASIC 的应用与开发，还涉及电子设计各个方面，包括数字电路设计、模拟电路设计、数模混合设计、系统设计、仿真验证等电子设计的许多领域。这些 EDA 工具对硬件环境要求高，一般运行平台要求是工作站和 UNIX 操作系统，功能齐全、性能优良，一般由专门开发 EDA 工具的软件公司提供，如 Cadence、Mentel Graphics、Viewlogic、Synopsys 等软件公司都有其特色 EDA 工具。

Viewlogic 公司的 EDA 工具包含基本工具、系统设计工具和 ASIC/FPGA 设计工具三大类 20 多个。

其中，基本工具包括原理图输入工具 ViewDraw、数字仿真器 ViewSim、波形编辑与显示器 ViewTrace、静态时序分析工具 Motive、设计流程管理工具 ViewFlow。

系统设计工具包括模拟电路仿真器 ViewSpice、PLD 开发工具包 ViewPLD、库开发工具 ViewLibrarian、PCB 信号串扰分析工具 XTK、PCB 布线前信号分析工具 PDQ、电磁兼容设计工具 QUIET、PCB 版面规划工具 ViewFloorplanner。

ASIC/FPGA 设计工具包括 VHDL 仿真器 SpeedWave、SpeedWave Verilog 仿真器 VCS、逻辑综合工具 ViewSynthesis、自动测试矢量生成工具 Test Gen/Sunrise、原理图自动生成工具 ViewGen、有限状态机设计工具 ViewFSM、Datapath 设计工具 ViewDatapath、VHDL 与 Verilog 混合仿真环境 FusionHDL。

1.5 EDA 工具的发展趋势

1. 设计输入工具

早期 EDA 工具设计输入普遍采用原理图输入方式，以文字和图形作为设计载体和文件，将设计信息加载到后续的 EDA 工具，完成设计分析工作。原理图输入方式的优点是直观，能满足以设计分析为主的一般要求，但是原理图输入方式不适用于 EDA 综合工具。20 世纪 80 年代末，电子设计开始采用新的综合工具，设计描述开始由原理图设计描述转向以各种硬件描述语言为主的编程方式。用硬件描述语言进行描述设计，更接近系统行为描述，且便于综合，更适用于传递和修改设计信息，还可以建立独立于工艺的设计文件，其不便之处是不太直观，要求电子设计师学会编程。

很多电子设计师都具有原理图设计的经验，不具有编程经验，因此仍然希望继续在比较熟悉的符号与图形环境中完成设计，而不是利用编程完成设计。为此，EDA 公司在 20 世纪 90 年代相继推出一批图形化免编程的设计输入工具，它们允许电子设计师用他们认为最方便并熟悉的设计方式，如框图、状态图、真值表和逻辑方程建立设计文件，然后由 EDA 工具自动生成综合所需的硬件描述语言文件。

2. 具有混合信号处理能力的 EDA 工具

目前，数字电路设计的 EDA 工具远比模拟电路设计的 EDA 工具多，模拟电路设计的

EDA 工具开发的难度较大，但是，由于物理量本身多以模拟形式存在，所以实现高性能的复杂电子系统的设计离不开模拟信号。因此，20 世纪 90 年代以来 EDA 工具厂商都比较重视数/模混合信号设计工具的开发。对于数字信号，IEEE 已经制定了 VHDL 标准，对于模拟信号，IEEE 正在制定 AHDL 标准，此外，还提出了对于微波信号的 MHDL。

具有混合信号处理能力的 EDA 工具能进行含有数字信号处理、专用集成电路宏单元、数模变换和模数变换模块、各种压控振荡器在内的混合系统设计。美国 Cadence、Synopsys 等公司开发的 EDA 工具已经具有混合信号处理能力。

3．更为有效的仿真工具

通常可以将电子系统设计的仿真过程分为两个阶段：设计前期的系统级仿真和设计过程的电路级仿真。系统级仿真主要验证系统的功能；电路级仿真主要验证系统的性能，决定怎样实现设计所需的精度。在整个电子系统设计过程中，仿真是花费时间最多的工作，也是占用 EDA 工具资源最多的一个环节。通常，设计活动的大部分时间集中于仿真，如验证设计的有效性、测试设计的精度、处理和保证设计要求等。仿真过程中仿真收敛的快慢同样是关键因素之一。提高仿真的有效性一方面在于合理的仿真算法的建立，另一方面在于系统级仿真中系统级模型的建模、电路级仿真中电路级模型的建模。预计在下一代 EDA 工具中，仿真工具将有较大的发展。

4．更为理想的设计综合工具

如今，电子系统和电路的集成规模越来越大，几乎不可能直接面向版图做设计，找出版图中的错误更是难上加难。将电子设计师的精力从烦琐的版图设计和分析中转移到设计前期的算法开发和功能验证上，这是设计综合工具要达到的目的。高层次设计综合工具可以将低层次的硬件设计转换到物理级的设计，实现不同层次、不同形式的设计描述转换，通过各种综合算法实现设计目标所规定的优化设计。当然，电子设计师的经验在设计综合中仍将起到重要的作用，设计综合工具将有效地提高优化设计效率。

设计综合工具由最初的只能实现逻辑综合，逐步发展到可以实现设计前端的综合，直到设计后端的版图综合以及测试综合的理想且完整的综合工具。设计前端的综合工具，可以实现从算法级的行为描述到寄存器传输级结构描述的转换，给出满足约束条件的硬件结构。在确定寄存器传输结构描述后，由逻辑综合工具完成硬件的门电路级结构的描述，逻辑综合的结果将作为版图综合的输入数据，进行版图综合。版图综合则是将门电路级和 RTL 级的结构描述转换成物理版图的描述。版图综合通过自动交互的设计环境，按面积、速度和功率完成布局布线的优化，实现最佳的版图设计。人们希望将设计测试工作尽可能地提前到设计前期，以便缩短设计周期，减少测试费用，因此，测试综合贯穿在设计过程的始终。测试综合时可以消除设计中的冗余逻辑，诊断不可测的逻辑结构，自动插入可测性结构，生成测试矢量。当整个电路设计完成时，测试设计也随之完成。

面对当今飞速发展的电子产品市场，电子设计师需要更加实用、快捷的 EDA 工具，使用统一的集成化设计环境，改变传统设计思路，即优先考虑具体物理实现方式，将精力集中于进行设计构思、方案比较和寻找优化设计等方面，以最快的速度开发出性能优良、质量一流的电子产品。今天的 EDA 工具将向着功能强大、简单易学、使用方便的方向发展。

1.6 EDA 的工程设计流程

1. 源程序的编辑和编译

利用 EDA 技术进行一项工程设计，首先需要利用 EDA 工具的文本编辑器或图形编辑器将工程用文本方式或图形方式表达出来，进行排错编译，变成 VHDL 文件格式，为进一步的逻辑综合做准备。

常用的源程序输入方式有三种。

（1）原理图输入方式：利用 EDA 工具提供的图形编辑器以原理图的方式进行输入。原理图输入方式比较容易掌握，直观且方便，所画的电路原理图（请注意，这种电路原理图与利用 Protel 画的电路原理图有本质的区别）与传统的器件连接方式完全一样，很容易被人接受，而且图形编辑器中有许多现成的单元器件可以利用，也可以根据需要设计元件。然而原理图输入法的优点同时也是它的缺点：①随着设计规模增大，设计的易读性迅速下降，对于图中密密麻麻的电路连线，极难明确电路的实际功能；②设计一旦完成，电路结构的改变将十分困难，因此几乎没有可再利用的设计模块；③移植困难、入档困难、交流困难、设计交付困难，因为不可能存在一个标准化的图形编辑器。

（2）状态图输入方式：以图形的方式表示状态图进行输入。当填好时钟信号名、状态转换条件、状态机类型等要素后，就可以自动生成 VHDL 程序。这种设计方式简化了状态机的设计，比较流行。

（3）VHDL 软件程序的文本方式：最一般化、最具普遍性的源程序输入方式，任何支持 VHDL 的 EDA 工具都支持文本方式的编辑和编译。

2. 逻辑综合和优化

要把 VHDL 的软件设计与硬件的可实现挂钩，需要利用 EDA 软件系统的综合器进行逻辑综合。

综合器的功能将设计者在 EDA 平台上完成的针对某个系统项目的硬件描述语言、电路原理图或状态图形的描述，针对给定硬件结构组件进行编译、优化、转换和综合，最终获得门电路级甚至更底层的电路描述文件。由此可见，综合器工作前，必须给定最后实现的硬件结构参数，它的功能就是将软件描述与给定硬件结构用某种网表文件的方式联系起来。显然，综合器是软件描述与硬件实现的一座桥梁。逻辑综合过程就是将电路的高级语言描述转换成低级的、可与 FPGA/CPLD 或构成 ASIC 的门阵列基本结构相映射的网表文件。

由于 VHDL 仿真器的行为仿真功能是面向高层次的系统仿真，只能对 VHDL 的系统描述作可行性的评估测试，不针对任何硬件系统，所以基于这一仿真层次的许多 VHDL 语句不能被综合器接受。这就是说，这类语句的描述无法在硬件系统中实现（至少在现阶段），这时，综合器不支持的语句在综合过程中将被忽略。综合器对源 VHDL 文件的综合是针对某一可编程逻辑器件供应商的产品系列的，因此，综合后的结果可以被硬件系统接受，具有硬件可实现性。

3. 目标器件的布线/适配

逻辑综合通过后必须利用适配器将逻辑综合后的网表文件针对某一具体的目标器件进

行逻辑映射操作，其中包括底层器件配置、逻辑分割、逻辑优化、布线与操作。适配完成后可以利用适配所产生的仿真文件进行精确的时序仿真。

适配器的功能是将由综合器产生的网表文件配置于指定的目标器件中，产生最终的下载文件，如 JEDEC 格式的文件。适配所选定的目标器件（FPGA/CPLD 芯片）必须属于原综合器指定的目标器件系列。对于一般的可编程模拟器件所对应的 EDA 软件来说，一般仅需包含一个适配器即可，如 Lattice 公司的 PAC – DESIGNER。通常，EDA 软件中的综合器可由专业的第三方 EDA 公司提供，而适配器则需由 FPGA/CPLD 供应商自己提供，因为适配器的适配对象直接与目标器件的结构对应。

4. 目标器件的编程/下载

如果编译、逻辑综合、布线/适配和行为仿真、功能仿真、时序仿真等过程都没有发现问题，即满足原设计的要求，则可以将由 FPGA/CPLD 布线/适配器产生的配置/下载文件，通过编程器或下载电缆载入 FPGA 或 CPLD 目标芯片。

5. 设计过程中的有关仿真

在逻辑综合以前，可以先对 VHDL 所描述的内容进行行为仿真，即将 VHDL 源程序直接送到 VHDL 仿真器中仿真，这就是所谓的 VHDL 行为仿真，因为此时的仿真只是根据 VHDL 的语义进行的，与具体电路没有关系。在 VHDL 行为仿真中，可以充分发挥 VHDL 中的适用于仿真控制的语句及有关的预定义函数和库文件。

在逻辑综合之后，VHDL 综合器一般都可以生成一个 VHDL 网表文件。VHDL 网表文件中描述的电路与生成的 EDIF/XNF 等网表文件一致。VHDL 网表文件采用 VHDL 语法，只是其中的电路描述采用结构描述方法，即首先描述最基本的门电路，然后将这些门电路用例化语句连接起来。这样的 VHDL 网表文件送到 VHDL 仿真器中进行所谓的功能仿真，仿真结果与门电路级仿真器的功能仿真结果基本一致。

需要注意的是，仿真器有两种，一种是 VHDL 仿真器，另一种是门电路级仿真器，它们都能进行功能仿真和时序仿真。二者的不同是仿真所用的文件格式不同，即网表文件不同。这里所谓的网表（Netlist）特指电路网络。网表文件描述了一个电路网络。目前流行多种网表文件格式，其中最通用的是 EDIF 格式的网表文件，Xilinx XNF 网表文件格式也很流行，不过一般只在使用 Xilinx 的 FPGA/CPLD 时才会用到该格式。VHDL 文件格式也可以用来描述电路网络，即采用 VHDL 语法描述各级电路互连，称为 VHDL 网表。

功能仿真仅对 VHDL 描述的逻辑功能进行测试模拟，以了解其实现的功能是否满足原设计的要求。功能仿真过程不涉及具体器件的硬件特性，如延时特性。时序仿真是接近真实器件运行的仿真，在时序仿真过程中已考虑了器件特性，因此时序仿真精度要高得多。但时序仿真文件必须来自针对具体器件的布线/适配器所产生的仿真文件。逻辑综合后所得到的 EDIF/XNF 门电路级网表文件通常作为 FPGA 布线器或 CPLD 适配器的输入文件。通过布线/适配器的处理后，布线/适配器将生成一个 VHDL 网表文件。VHDL 网表文件包含了较为精确的延时信息，VHDL 网表文件中描述的电路结构与布线/适配后的结果是一致的。此时，将这个 VHDL 网表文件传送到 VHDL 仿真器中进行仿真，就可以得到精确的时序仿真结果。

6. 硬件仿真/硬件测试

这里所谓的硬件仿真是针对 ASIC 设计而言的。在 ASIC 设计中，比较常用的方法是利用 FPGA 对系统设计进行功能检测，检测通过后再将其 VHDL 设计以 ASIC 形式实现。硬件测试是针对 FPGA 或 CPLD 直接用于应用系统的检测而言的。

硬件仿真和硬件测试的目的是在更真实的环境中检验 VHDL 设计的运行情况，特别是对于设计不是十分规范、语义含有一定歧义的 VHDL 程序。一般的仿真器包括 VHDL 行为仿真器和 VHDL 功能仿真器，它们对于同一 VHDL 设计的"理解"（即仿真模型的产生）与 VHDL 综合器的"理解"（即综合模型的产生）常常是不一致的。此外，由于目标器件功能的可行性约束，综合器对于设计的"理解"常在一个有限范围内选择，而 VHDL 仿真器的"理解"是纯软件行为，其选择范围要宽得多，这种"理解"的偏差势必导致仿真结果与逻辑综合后实现的硬件电路在功能上的不一致。当然，还有许多其他的因素也会导致这种不一致。由此可见，VHDL 设计的硬件仿真和硬件测试是十分必要的。

1.7 数字系统的设计

1.7.1 数字系统的设计模型

数字系统指的是交互式的、以离散形式表示的具有存储、传输、信息处理能力的逻辑子系统的集合。用于描述数字系统的模型有多种，各种模型描述数字系统的侧重点不同。下面介绍一种普遍采用的模型。这种模型根据数字系统的定义，将整个数字系统划分为两个模块或两个子系统：数据处理子系统和控制子系统。

数据处理子系统主要完成数据的采集、存储、运算和传输。数据处理子系统主要由存储器、运算器、数据选择器等功能电路组成。数据处理子系统与外界进行数据交换，在控制子系统（或称控制器）发出的控制信号的作用下，数据处理子系统进行数据的存储和运算等操作。数据处理子系统接收由控制器发出的控制信号，同时将自己的操作进程或操作结果作为条件信号传送给控制器。

控制子系统是执行数字系统算法的核心，具有记忆功能，因此控制子系统是时序系统。控制子系统由组合逻辑电路和触发器组成，与数据处理子系统共用时钟。控制子系统的输入信号是外部控制信号和由数据处理子系统送来的条件信号。控制子系统按照数字系统设计方案要求的算法流程，在时钟信号的控制下进行状态的转换，同时产生与状态和条件信号对应的输出信号，该输出信号控制数据处理子系统的具体操作。

把数字系统划分成数据处理子系统和控制子系统进行设计只是一种手段，而不是目的。它用来帮助设计者有层次地理解和处理问题，进而获得清晰、完整、正确的电路图。因此，数字系统的划分应当遵循自然、易于理解的原则。

设计数字系统时，采用该模型的优点如下。

（1）把数字系统划分为控制子系统和数据处理子系统两个主要部分，使设计者面对的电路规模减小，二者可以分别设计。

（2）由于数字系统中控制子系统的逻辑关系比较复杂，所以将其独立划分出来后，可以突出设计重点和分散设计难点。

（3）将数字系统划分为控制子系统和数据处理子系统后，其逻辑分工清楚，各自的任务明确，使电路的设计、调试和故障处理都比较方便。

采用该模型设计数字系统时，必须先分析和找出实现系统逻辑的算法，根据具体的算法要求提出系统内部的结构要求，再根据各个部分分担的任务划分控制子系统和数据处理子系统。算法不同，系统的内部结构不同，控制子系统和数据处理子系统电路也不同。有时控制子系统和数据处理子系统的界限划分比较困难，需要反复比较和调整才能确定。

1.7.2 数字系统的设计方法

数字系统的设计方法有多种，如模块设计法、自顶向下设计法和自底向上设计法等。

数字系统的设计一般采用自顶向下、由粗到细、逐步求精的方法。自顶向下是指将数字系统的整体逐步分解为各个子系统和模块，若子系统规模较大，则还需要将子系统进一步分解为更小的子系统和模块，层层分解，直至整个系统中各子系统关系合理，并便于逻辑电路级的设计和实现为止。采用该方法设计时，高层设计进行功能和接口描述，说明子系统的功能和接口，子系统功能的更详细的描述在下一设计层次说明，最底层的设计才涉及具体的寄存器和逻辑门电路等实现方式的描述。

自顶向下设计法有如下优点。

（1）自顶向下设计法是一种模块化设计方法。对设计的描述从上到下逐步由粗略到详细，符合常规的逻辑思维习惯。由于高层设计与器件无关，所以设计易于在各种集成电路工艺或可编程逻辑器件之间移植。

（2）适合多个设计者同时进行设计。随着技术的不断进步，许多设计由一个设计者已无法完成，由多个设计者分工协作完成一项设计的情况越来越多。在这种情况下，应用自顶向下设计法便于由多个设计者同时进行设计，对设计任务进行合理分配，用系统工程的方法对设计进行管理。

针对具体的设计，实施自顶向下设计法的形式会有所不同，但均需要遵循以下两条原则：逐层分解功能、分层次进行设计。同时，应在各个设计层次上考虑相应的仿真验证问题。

1.7.3 数字系统的设计准则

进行数字系统设计时，通常需要考虑多方面的条件和要求，如设计的功能和性能要求、元器件的资源分配和设计工具的可实现性、系统的开发费用和成本等。虽然具体设计的条件和要求千差万别，实现的方法也各不相同，但数字系统设计还是具备一些共同的方法和准则。

1. 系统功能分割

使用自顶向下设计法或其他层次化设计方法时，需要先对系统功能进行分割，然后用逻辑语言进行描述。在分割过程中，若分割过粗，则不易用逻辑语言表达；若分割过细，则带来不必要的重复工作且比较烦琐。因此，分割的粗细需要根据具体的设计情况和设计工具而定。要掌握分割程度，可以遵循以下原则：分割后最底层的逻辑块应适合使用逻辑语言进行表达；相似的功能应该设计成共享的基本模块；接口信号尽可能少；同层次的模块之间，在资源和I/O分配上应尽可能平衡，以使结构匀称；模块的划分和设计应尽可能做到通用性好，易于移植。

2. 系统的可观测性

在数字系统设计中，应该同时考虑功能检查和性能测试，即系统的可观测性问题。一些有经验的设计者会自觉地在设计数字系统的同时设计观测电路，即观测器，指示系统内部的工作状态。

建立观测器时应遵循以下原则：具有系统的关键点信号，如时钟信号、同步信号和状态信号等；具有代表性的节点和线路上的信号；具备简单的"系统工作是否正常"的判断能力。

3. 同步和异步电路

异步电路会造成较大延时和逻辑竞争，容易引起系统的不稳定，而同步电路则是按照统一的时钟工作，稳定性好。因此，在设计数字系统时应尽可能采用同步电路进行设计，避免使用异步电路进行设计。在必须使用异步电路进行设计时，应采取措施来避免竞争和增加稳定性。

4. 最优化设计

由于可编程逻辑器件的逻辑资源、连接资源和 I/O 资源有限，所以其速度和性能也是有限的，用器件设计系统的过程相当于求最优解的过程。因此，需要给定两个约束条件：边界条件和最优化目标。

所谓边界条件，是指器件的资源及性能限制。最优化目标有多种，设计中常见的最优化目标有：器件资源利用率最高；系统工作速度最快，即延时最小；布线最容易，即可实现性最好。在具体设计中，各个最优化目标可能会产生冲突，这时应满足设计的主要要求。

5. 系统设计的艺术

在进行数字系统设计时，通常需要经过反复的修改、优化才能达到设计的要求。一个好的设计应该满足"和谐"的基本特征。对于数字系统设计，可以根据以下几点进行判断：设计是否总体上流畅，无拖泥带水的感觉；资源分配、I/O 分配是否合理，是否没有任何设计上和性能上的瓶颈，系统结构是否协调；是否具有良好的可观测性；是否易于修改和移植；器件的特点是否能得到充分的发挥。

1.7.4 数字系统的设计步骤

1. 系统任务分析

数字系统设计的第一步是明确系统任务。在设计任务书中，可用各种方式提出对整个数字系统的逻辑要求，常用的方式有自然语言、逻辑流程图、时序图或几种方式的结合。当数字系统规模较大或逻辑关系较复杂时，系统任务（逻辑要求）逻辑的表述和理解都不是一件容易的工作。因此，分析系统任务时必须细致、全面，不能有理解上的偏差和疏漏。

2. 确定逻辑算法

实现系统逻辑运算的方法称为逻辑算法，简称算法。数字系统的逻辑运算往往有多种方法，设计者不但要找出各种算法，还必须比较各种算法的优劣，取长补短，从中确定最合理的算法。数字系统的算法是逻辑设计的基础，算法不同，则数字系统的结构也不同，算法的合理与否直接影响数字系统结构的合理性。确定算法是数字系统设计中最具创造性的一环，也是最难的一步。

3. 建立系统及子系统模型

在算法明确后，应根据算法构造数字系统的硬件框架（也称为系统框图），将数字系统划分为若干个部分，各部分分别承担算法中不同的逻辑操作功能。如果某一部分的规模仍嫌大，则需要进一步划分。划分后的各个部分应逻辑功能清楚，规模大小合适，便于进行电路级设计。

4. 子系统（或模块）逻辑描述

在系统中各个子系统（指最低层子系统）和模块的逻辑功能和结构确定后，需要采用比较规范的形式描述子系统的逻辑功能。设计方案的描述方法可以有多种，常用的有方框图、逻辑流程图和描述语言等。

对子系统的逻辑描述可先采用较粗略的逻辑流程图，再将逻辑流程图逐步细化为详细逻辑流程图，最后将详细逻辑流程图表示成与硬件有对应关系的形式，为下一步的电路级设计提供依据。

5. 电路级设计及系统仿真

电路级设计是指选择合理的器件和连接关系以实现系统逻辑要求。电路级设计的结果常采用两种方式表达：电路图方式和硬件描述语言方式。EDA 软件允许以这两种方式输入，以便进行后续处理。

在电路设计完成后必须验证设计是否正确。在早期，只能通过搭建硬件电路才能得到设计的结果。目前，数字电路设计的 EDA 软件都具有仿真功能，先进行系统仿真，在系统仿真结果正确后再进行实际电路测试。EDA 软件的验证结果十分接近实际结果，可极大地提高数字电路设计的效率。

6. 系统的物理实现

物理实现是指用实际的器件实现数字系统的设计，用仪表测量设计的数字系统是否满足设计要求。现在的数字系统往往采用大规模和超大规模集成电路，由于器件集成度高、导线密集，故一般在电路设计完成后即设计 PCB，在 PCB 上组装电路进行测试。需要注意的是，PCB 本身的物理特性也会影响电路的逻辑关系。

习　题

1.1　EDA 的中文含义是什么？

1.2　什么是 EDA 技术？

1.3　利用 EDA 技术进行电子系统设计有什么特点？

1.4　什么叫作可编程逻辑器件？

1.5　自顶向下设计法有何优点？

1.6　Altera 公司和 Xilinx 公司开发的 EDA 工具有哪些？

1.7　简述 EDA 技术的发展历程。

1.8　EDA 技术的主要内容是什么？

1.9　数字系统设计的准则是什么？

1.10　简述 EDA 软件系统的构成。

第 2 章

VHDL 编程基础

2.1 概述

2.1.1 常用硬件描述语言简介

常用硬件描述语言有 VHDL、Verilog 和 ABEL。VHDL 起源于美国国防部的 VHSIC，Verilog 起源于集成电路设计，ABEL 则起源于可编程逻辑器件设计。下面从使用方面将三者进行对比。

（1）逻辑描述层次。一般的硬件描述语言可以在三个层次上进行电路描述，其层次由高到低依次可分为行为级、RTL 级和门电路级。VHDL 是一种高级描述语言，适用于行为级和 RTL 级的描述，最适合描述电路的行为；Verilog 和 ABEL 是较低级的描述语言，适用于 RTL 级和门电路级的描述，最适合描述门电路。

（2）设计要求。使用 VHDL 进行电子系统设计时可以不了解电路的结构细节，设计者所做的工作较少；使用 Verilog 和 ABEL 进行电子系统设计时需要了解电路的结构细节，设计者需要做大量的工作。

（3）综合过程。任何一种语言源程序，最终都要转换成门电路级才能被布线器或适配器所接受。因此，VHDL 源程序的综合通常要经过行为级→RTL 级→门电路级的转换，VHDL 几乎不能直接控制门电路的生成。而 Verilog 和 ABEL 源程序的综合过程稍简单，即经过 RTL 级→门电路级的转换，易于控制电路资源。

（4）对综合器的要求。VHDL 层次较高，不易控制底层电路，因此对综合器的性能要求较高，Verilog 和 ABEL 对综合器的性能要求较低。

（5）EDA 工具的支持。支持 VHDL 和 Verilog 的 EDA 工具很多，但支持 ABEL 的综合器仅 Dataio 一种。

（6）国际化程度：VHDL 和 Verilog 已成为 IEEE 标准，而 ABEL 正朝国际标准努力。

2.1.2 VHDL 的优点

VHDL 的英文全称是 Very – High – Speed Integrated Circuit Hardware Description Language，诞生于 1982 年。1987 年年底，VHDL 被 IEEE 和美国国防部确认为标准硬件描述语言。自 IEEE 公布了 VHDL 的标准版本（IEEE – 1076）之后，各 EDA 公司相继推出了自己的 VHDL 设计环境，或宣布自己的设计工具可以和 VHDL 接口。此后，VHDL 在电子设计领域被广泛接受，并逐步取代了原有的非标准硬件描述语言。1993 年，IEEE 对

VHDL 进行了修订，从更高的抽象层次和系统描述能力上扩展 VHDL 的内容，公布了新版本的 VHDL，即 IEEE 标准的 1076-1993 版本。现在，VHDL 和 Verilog 作为 IEEE 的工业标准硬件描述语言得到众多 EDA 公司的支持，在电子工程领域已成为事实上的通用硬件描述语言。

VHDL 主要用于描述数字系统的结构、行为、功能和接口。除了含有许多具有硬件特征的语句外，VHDL 的语言形式、描述风格与句法十分类似一般的计算机高级语言。VHDL 程序结构的特点是将一项工程设计（或称为设计实体，可以是一个元件、一个电路模块或一个系统）分成外部（或称为可视部分，即端口）和内部（或称为不可视部分，即设计实体的内部功能和算法完成部分）两部分。在对一个设计实体定义了外部界面后，一旦其内部开发完成，其他设计就可以直接调用这个设计实体。这种将设计实体分成内、外部分的概念是 VHDL 系统设计的基本点。

VHDL 进行工程设计的优点是多方面的，具体如下。

（1）与其他硬件描述语言相比，VHDL 具有更强的行为描述能力。

强大的行为描述能力是避开具体的器件结构，从逻辑行为上描述和设计大规模电子系统的重要保证。就目前流行的 EDA 工具和 VHDL 综合器而言，将基于抽象的行为描述风格的 VHDL 程序综合成为具体的 FPGA 和 CPLD 等目标器件的网表文件已不成问题，只是在综合与优化效率上略有差异。

（2）VHDL 具有丰富的仿真语句和库函数。

丰富的仿真语句和库函数使得在任何大规模系统的设计早期就能查验系统设计的功能可行性，随时可对系统进行仿真模拟，从而对整个工程的结构和功能可行性做出判断。

（3）VHDL 语句的行为描述能力和程序结构，决定了它具有支持大规模设计的分解和对已有设计进行再利用的功能。

高效、高速地完成满足市场需求的大规模系统设计，必须在多人甚至多个开发组共同并行工作的条件下才能实现。VHDL 中设计实体的概念、程序包的概念、设计库的概念为设计的分解和并行工作提供了有力的支持。

（4）使用 VHDL 完成一个确定的设计时，可以利用 EDA 工具进行逻辑综合和优化，并自动把 VHDL 描述设计转变成门电路级网表（根据不同的实现芯片）。

这种方式突破了门电路级设计的瓶颈，极大地缩短了电路设计的时间，减少了可能发生的错误，降低了开发成本。利用 EDA 工具的逻辑优化功能，可以自动地把一个综合后的设计变成一个更小、更高速的电路系统。反过来，设计者还可以容易地从综合和优化的电路获得设计信息，返回修改 VHDL 设计描述，使之更加完善。

（5）VHDL 对设计的描述具有相对独立性。

设计者可以不懂硬件的结构，也不必理会最终设计的目标器件是什么，而只进行独立的设计即可。正因为 VHDL 的硬件描述与具体的工艺技术和硬件结构无关，所以 VHDL 程序设计的硬件实现目标器件有广阔的选择范围，其中包括各种系列的 CPLD、FPGA 及各种门阵列器件。

（6）由于 VHDL 具有类属描述语句和子程序调用等功能，所以对于完成的设计，在不改变源程序的条件下，只需改变类属参数或函数，就能轻易地改变设计的规模和结构。

2.1.3 VHDL 程序设计约定

为了便于程序的阅读和调试，本书对 VHDL 程序设计特别进行如下约定。

（1）语句结构描述中方括号"[ ]"内的内容为可选内容。

（2）对于 VHDL 的编译器和综合器来说，程序文字的大、小写是不加区分的。本书一般使用大写。

（3）程序中的注释使用双横线"—"。在 VHDL 程序的任何一行中，双横线"—"后的文字都不参与编译和综合。

（4）为了便于程序的阅读与调试，书写和输入程序时使用层次缩进格式，同一层次的对齐，低层次的、较高层次的缩进两个字符。

（5）在 EDA 软件中，要求 VHDL 源程序文件名与实体名必须一致，因此，为了使同一个 VHDL 源程序文件能适应各个 EDA 软件的使用要求，建议各个 VHDL 源程序文件名均与其实体名一致。

2.2 VHDL 语言要素

VHDL 具有计算机编程语言的一般特性，其语言要素是编程语句的基本单元，也是 VHDL 作为硬件描述语言的基本结构元素，反映了 VHDL 重要的语言特征。准确无误地理解和掌握 VHDL 语言要素的基本含义和用法，对于正确地完成 VHDL 程序设计十分重要。

VHDL 语言要素主要有数据对象（Data Object），包括变量、信号和常量，数据类型和各类操作数及运算操作符。

2.2.1 VHDL 文字规则

与其他计算机高级语言一样，VHDL 也有自己的文字规则，在编程时需要认真遵循。除了具有类似计算机高级语言的一般文字规则外，VHDL 还包括特有的文字规则和表达方式。VHDL 文字主要包括数值型文字和标识符。数值型文字主要有数字型文字、字符串型文字。

1. 数字型文字

数字型文字的值有多种表达方式，现列举如下。

（1）整数文字。整数文字都是十进制的数，例如：

```
5,678,0,156E2( =15600),45_234_287( =45234287)
```

数字间的下划线仅是为了提高文字的可读性，相当于一个空的间隔符，而没有其他意义。

（2）实数文字。实数文字也是十进制的数，但必须带小数点，例如：

```
188.933,88_670_551.453_909( =88670551.453909)
```

（3）以数制基数表示的文字。用这种方式表示的数由 5 个部分组成。第一部分，用十进制数标明数制进位的基数；第二部分，数制隔离符号"#"；第三部分，表达的文字；第四部分，指数隔离符号"#"；第五部分，用十进制表示的指数部分，这一部分的数如果为 0 则可以省去不写。

例 2-1

```
SIGNAL d1,d2,d3,d4,d5: INTEGER RANGE 0 TO 255;
d1 <= 10#170# ;           -- 十进制表示,等于170
d2 <= 16#FE# ;            -- 十六进制表示,等于254
d3 <= 2#1111_1110# ;      -- 二进制表示,等于254
d4 <= 8#376# ;            -- 八进制表示,等于254
d5 <= 16#E# E1;           -- 十六进制表示,等于224
```

（4）物理量文字（VHDL 综合器不接受此类文字）。例如：

60 s(60 秒),100 m(100 米),1 kΩ(1 千欧姆),177 A(177 安培)

2. 字符串型文字

字符是用单引号引起来的 ASCII 字符,可以是数值,也可以是符号或字母,例如：

'R','a','*','Z','U'

字符串则是一维的字符数组,需放在双引号中。字符串有两种类型：文字字符串和数位字符串。

1）文字字符串

文字字符串是用双引号引起来的一串文字,例如：

"ERROR", "X", "BB$CC"

2）数位字符串

数位字符串也称为位矢量,是预定义的数据类型 BIT 的一维数组。数位字符串与文字字符串相似,但它所代表的是二进制、八进制或十六进制的数组。数位字符串的长度即等值的二进制数的位数。字符串数值的数据类型是一维的枚举型数组。与文字字符串表示不同,数位字符串的表示首先要有计算基数,然后将该基数的值放在双引号中,基数符以"B""O"和"X"表示,并放在字符串的前面。它们的含义分别如下。

（1）B：二进制基数符号,表示二进制位 0 或 1,字符串中的每一个位表示一个 bit。

（2）O：八进制基数符号,字符串中的每一个数代表一个八进制数,即代表一个 3 位的二进制数。

（3）X：十六进制基数符号,代表一个十六进制数,即代表一个 4 位的二进制数。

例 2-2

```
data1 <= B"1_1101_1110";    -- 二进制数组,数位字符串长度是9
data2 <= O"15";             -- 八进制数组,数位字符串长度是6
data3 <= X"AD0";            -- 十六进制数组,数位字符串长度是12
data4 <= "1_1101_1110";     -- 表达错误,缺 B
data5 <= "AD0";             -- 表达错误,缺 X
```

3. 标识符

标识符用来定义常数、变量、信号、端口、子程序或参数的名称。

VHDL 的基本标识符就是以英文字母开头,不连续使用下划线"_",不以下划线"_"结尾的,由 26 个大、小写英文字母、数字 0~9 以及下划线"_"组成的字符串。VHDL' 93 标准还支持扩展标识符,但是目前仍有许多 VHDL 工具不支持扩展标识符。标识符中的英文字母不区分大、小写。VHDL 的保留字不能用作标识符。例如，DECODER_1、FFT、Sig_N、NOT_ACK、State0、Idle 是合法的标识符；_DECODER_1、2FFT、SIG_#N、NOT - ACK、RYY_RST_、data_ _BUS、RETURN 则是非法的标识符。

4. 下标名

下标名用于指示数组型变量或信号的某一元素，而下标段名则用于指示数组型变量或信号的某一段元素。

下标的表达形式如下。

标识符(表达式)

标识符必须是数组型的变量或信号的名称，表达式所代表的值必须是数组下标范围中的一个值，这个值将对应数组中的一个元素。

如果表达式是一个可计算的值，则操作数可很容易地进行综合。如果表达式是不可计算的值，则操作数只能在特定的情况下综合，且耗费资源较大。

例 2 – 3

```
SIGNAL a,b: BIT_VECTOR(0 TO 3);
SIGNAL m: INTEGER RANGE 0 TO 3;
SIGNAL y,z:BIT;
y  <= a(m);            -- 不可计算型下标表示
z  <= b(3);            -- 可计算型下标表示
```

5. 段名

段名即多个下标名的组合，段名对应数组中某一段的元素。段名的表达形式如下。

标识符(表达式 方向 表达式)

这里的标识符必须是数组类型的信号名或变量名，每个表达式的数值都必须在数组元素下标范围以内，并且必须是可计算的（立即数）。方向用 TO 或者 DOWNTO 表示。TO 表示数组下标序列由低到高，如（2 TO 8）；DOWNTO 表示数组下标序列由高到低，如（8 DOWNTO 0）。因此，段中两表达式值的方向必须与原数组一致。

例 2 – 4 中各信号分别以段的方式进行赋值，内部则按对应位的方式分别进行赋值。

例 2 – 4

```
SIGNAL a, z : BIT_VECTOR (0 TO 7) ;
SIGNAL b : STD_LOGIC_VECTOR (4 DOWNTO 0);
SIGNAL c : STD_LOGIC_VECTOR (0 TO 4) ;
SIGNAL e : STD_LOGIC_VECTOR (0 TO 3) ;
SIGNAL d : STD_LOGIC ;
...
z(0 TO 3) <= a(4 TO 7);        -- 赋值对应:z(0)<=a(4)、z(1)<=a(5)、…
z(4 TO 7) <= a(0 TO 3);
b(2) <= '1';
b(3 DOWNTO 0) <= "1010";       -- b(3) <= '1'、b(2) <='0'…
c(0 TO 3) <= "0110";
c(2) <= d;
c <= b ;                       -- c(0 TO 4) <=b(4 DOWNTO 0)
e <= c ;                       -- 错误,双方位矢量长度不相等
```

```
e <= c(0 TO 3);
e <= c(1 TO 4);
```

2.2.2 VHDL 数据对象

在 VHDL 中，数据对象类似一种容器，它接收不同数据类型的赋值。数据对象有三种，即常量（CONSTANT）、变量（VARIABLE）和信号（SIGNAL）。

前两种数据对象可以从传统的计算机高级语言中找到对应的数据类型，其语言行为与高级语言中的变量和常量十分相似。信号这一数据对象比较特殊，它具有更多硬件特征，是 VHDL 中最具特色的语言要素之一。

从硬件电路系统来看，变量和信号相当于组合电路系统中门与门间的连线及其连线上的信号值；常量相当于电路中的恒定电平，如 GND 或 VCC 接口。从行为仿真和 VHDL 语句功能上看，信号与变量具有比较明显的区别，其差异主要表现在接收和保持信号的方式和信息保持与传递的区域大小上。例如，信号可以设置传输延迟量，而变量则不能；变量只能作为局部的信息载体，如只能在所定义的进程中有效，而信号则可作为模块间的信息载体，如在结构体中各进程间传递信息。变量的设置有时只是一种过渡，最后的信息传输和界面间的通信都靠信号完成。综合后的 VHDL 文件中信号对应更多硬件结构。需要注意的是，对于信号和变量，单从行为仿真和语法要求的角度认识是不完整的。事实上，在许多情况下，综合后的 VHDL 文件所对应的硬件电路结构中，信号和变量并没有什么区别，例如在满足一定条件的进程中，综合后它们都能引入寄存器。其关键在于，它们都具有能够接受赋值这一重要的共性，而 VHDL 综合器并不理会它们在接受赋值时存在的延时特性（只有 VHDL 行为仿真器才会考虑这一特性差异）。

1. 常量

常数的定义和设置主要是为了使设计实体中的常数更容易阅读和修改。例如，将位矢量的宽度定义为一个常量，只要修改这个常量就能很容易地改变位矢量的宽度，从而改变硬件结构。

在程序中，常量是一个恒定不变的值，一旦进行了数据类型和赋值定义，在程序中就不能改变，因此常量具有全局性意义。

常量的定义形式如下：

```
CONSTANT 常量名:数据类型:=表达式;
```

例 2-5

```
CONSTANT FBUS : BIT_VECTOR := "01011";
CONSTANT VCC : REAL := 5.0;
CONSTANT DELY : TIME := 25 ns;
```

常量定义语句所允许的设计单元有实体、结构体、程序包、块、进程和子程序。在程序包中定义的常量可以暂不设置具体数值，可以在程序包体中设置具体数值。

2. 变量

在 VHDL 语法规则中，变量是一个局部量，只能在进程和子程序中使用。变量不能将信息带出对它作出定义的当前设计单元。变量的赋值是一种理想化的数据传输，是立即发生、不存在任何延时的行为。

变量的定义形式如下。

```
VARIABLE 变量名:数据类型:= 初始值;
```

例 2 – 6

```
VARIABLE A:INTEGER;              -- 定义 A 为整型变量
VARIABLE B,C:INTEGER: = 2;       -- 定义 B 和 C 为整型变量,初始值为 2
```

变量作为局部量,其适用范围仅限于定义变量的进程或子程序中。仿真过程中唯一的例外是共享变量。变量的值将随变量赋值语句的运算而改变。变量定义语句中的初始值可以是一个与变量具有相同数据类型的常数值,也可以是一个全局静态表达式,这个表达式的数据类型必须与所赋值的变量一致。此初始值不是必需的,综合过程中综合器将略去所有初始值。

变量的赋值形式如下。

```
目标变量名:= 表达式;
```

变量赋值符号是":=",变量数值的改变是通过变量赋值来实现的。变量赋值语句右边的表达式必须是一个与目标变量具有相同数据类型的数值,这个表达式可以是一个运算表达式,也可以是一个数值。通过赋值操作,新的变量值的获得是立刻发生的。变量赋值语句左边的目标变量可以是单值变量,也可以是一个变量的集合,即数组型变量。

例 2 – 7

```
VARIABLE x, y : REAL ;
VARIABLE a, b : BIT_VECTOR( 0 TO 7 ) ;
x : = 100.0 ;                         -- 实数赋值,x 是实数变量
y : = 1.5 + x ;                       -- 运算表达式赋值,y 也是实数变量
a : = b;
a : = "10101010" ;                    -- 位矢量赋值,a 的数据类型是位矢量
a ( 3 TO 6 ) : = ( '1', '1', '0', '1'); -- 段赋值,注意赋值格式
a ( 0 TO 5 ) : = b ( 2 TO 7 ) ;
a ( 7 ) : = '0' ;                     -- 位赋值
```

3. 信号

信号是描述硬件系统的基本数据对象,它类似连接线。信号可以作为设计实体中并行语句模块间的信息交流通道(交流来自顺序语句结构的信息)。在 VHDL 中,信号及其相关的信号赋值语句、决断函数、延时语句等很好地描述了硬件系统的许多基本特征,如硬件系统运行的并行性、信号传输过程中的惯性延迟特性、多驱动源的总线行为等。

信号作为一种数值容器,不但可以容纳当前值,还可以保持历史值。这一属性与触发器的记忆功能有很好的对应关系,因此它又类似 ABEL 中定义了"REG"的节点 NODE 的功能,只是不必注明信号上数据流动的方向。

信号的定义形式如下。

```
SIGNAL 信号名:数据类型 := 初始值;
```

同样,信号初始值的设置不是必需的,而且初始值仅在 VHDL 的行为仿真中有效。与

变量相比，信号的硬件特征更为明显，它具有全局性特征。例如，在程序包中定义的信号，对于所有调用此程序包的设计实体都是可见（可直接调用的）的；在实体中定义的信号，在其对应的结构体中都是可见的。

事实上，除了没有方向说明以外，信号与实体的端口（Port）概念是一致的。对于端口来说，其区别只是输出端口不能读入数据，输入端口不能被赋值。信号可以看成实体内部的端口。反之，实体的端口只是一种隐形的信号，端口的定义实质上是隐式的信号定义，并附加了数据流动的方向。信号本身的定义是一种显式的定义。因此，在实体中定义的端口，在其结构体中都可以看成一个信号并加以使用，而不必另作定义。以下是信号的定义示例。

例 2-8

```
SIGNAL  temp:STD_LOGIC: = '0';
SIGNAL  flaga,flagb:BIT;
SIGNAL  dara:STD_LOGIC_VECTOR(15 DOWNTO 0);
SIGNAL  a:INTEGER RANGE 0 TO 15;
```

此例中第一组定义了一个单值信号 temp，数据类型是标准逻辑位 STD_LOGIC，信号初始值为低电平；第二组定义了两个数据类型为 BIT 的信号 flaga 和 flagb；第三组定义了一个位矢量信号（或者称为总线信号），数据类型是 STD_LOGIC_VECTOR，共有 16 个信号元素；最后一组定义了信号 a 的数据类型是整数，变化范围是 0~15。

此外需要注意，信号的使用和定义范围是实体、结构体和程序包。在进程中不允许定义信号。信号可以有多个驱动源（或者称为赋值信号源），但必须将此信号的数据类型定义为决断性数据类型。

需要注意的是，在进程中，只能将信号列入敏感表，而不能将变量列入敏感表。可见进程只对信号敏感，而对变量不敏感，这是因为只有信号才能把进程外的信息带入进程内部。

当信号定义了数据类型和表达方式后，在 VHDL 设计中就能对信号进行赋值了。信号的赋值形式如下。

```
目标信号名 <= 表达式；
```

这里的表达式可以是一个运算表达式，也可以是数据对象（变量、信号或常量）。符号"<="表示赋值操作，即将数据信息传入。数据信息的传入可以设置延时量，因此目标信号获得传入的数据并不是即时的。即使是零延时（不作任何显式的延时设置），也要经历一个特定的延时过程。符号"<="两边的数值并不总是一致的，这与实际器件的传播延迟特性十分接近，显然与变量的赋值过程有很大差别，因此，信号赋值符号用"<="而非": ="。但须注意，信号的初始赋值符号仍是": ="，这是因为仿真的时间坐标是从初始赋值开始的，在此之前无所谓延时时间。以下是 3 个赋值语句示例。

例 2-9

```
x <= 9;
y <= x;
z <= x AFTER 5 ns ;
```

第三句信号的赋值是在 5ns 后将 x 赋予 z 的，关键词 AFTER 后是延时时间值，这与变量的赋值很不相同。尽管如前所述，综合器在综合过程中将略去所设置的延时时间值，但是即使没有利用关键词 AFTER 设置信号的赋值延时时间值，任何信号赋值也都是存在延时的。在综合后的功能仿真中，信号或变量间的延时是看成零延时的，但为了给信息传输的先后作出符合逻辑的排序，将自动设置一个小的延时量，即所谓的 δ 延时量。δ 延时量在仿真中即一个 VHDL 模拟器的最小分辨时间。

信号的赋值可以出现在一个进程中，也可以直接出现在结构体的并行语句结构中，但它们运行的含义是不一样的。前者属于顺序信号赋值，这时的信号赋值操作有进程是否已被启动有关，后者属于并行信号赋值，其赋值操作是各自独立并行地发生的。

例 2 – 10

```
SIGNAL a, b, c, x, y, z: INTEGER;
PROCESS (a, b, c)
BEGIN
   y <= a * b;
   z <= c - x;
   y <= b;
END PROCESS ;
```

在此例的进程中，a、b、c 被列入进程敏感表，当进程运行后，信号赋值将自上而下顺序执行，但第一项赋值操作并不会发生，这是因为 y 的最后一项驱动源是 b，因此 y 被赋值 b。

在结构体中（包括块中）的并行信号赋值语句的运行是独立于结构体中的其他语句的，每当驱动源改变，都会引发并行赋值操作。以下是一位半加器结构体的逻辑描述。

例 2 – 11

```
ARCHITECTURE fun1 OF adder_h IS
BEGIN
   sum <= a XOR b;
   carry <= a AND b;
END fun1;
```

在此例中，每当 a 或 b 的值发生改变，两个赋值语句就同时启动，并将新值分别赋予 sum 和 carry。

2.2.3 VHDL 数据类型

VHDL 数据类型可以分成四大类。

(1) 标量型（SCALAR TYPE）：属于单元素的最基本的数据类型，通常用于描述一个单值数据对象，包括实数类型、整数类型、枚举类型和时间类型。

(2) 复合类型（COMPOSITE TYPE）：可以由细小的数据类型复合而成，如可由标量复合而成。复合类型主要有数组型（ARRAY）和记录型（RECORD）。

(3) 存取类型（ACCESS TYPE）：为给定的数据类型的数据对象提供存取方式。

(4) 文件类型（FILES TYPE）：用于提供多值存取类型。

这四大数据类型又可分成在现成程序包中可以随时获得的预定义数据类型和用户自定义数据类型两个类别。预定义数据类型是 VHDL 中最常用、最基本的数据类型。这些数据类型都已在 VHDL 的标准程序包 STANDARD 和 STD_LOGIC_1164 及其他的标准程序包中作了定义，并可在设计中随时调用。

1. VHDL 预定义数据类型

1）布尔（BOOLEAN）数据类型

在程序包 STANDARD 中定义布尔数据类型的源代码如下。

```
TYPE BOOLEAN IS(FALSE,TRUE);
```

布尔数据类型实际上是一个二值枚举型数据类型，它的取值有 FALSE 和 TRUE 两种。

2）位（BIT）数据类型

位数据类型也属于二值枚举型数据类型，其取值只能是 1 或 0。在程序包 STANDARD 中定义位数据类型的源代码如下。

```
TYPE BIT IS ('0','1');
```

3）位矢量（BIT_VECTOR）数据类型

位矢量只是基于位数据类型的数组。在程序包 STANDARD 中定义位矢量数据类型的源代码如下。

```
TYPE BIT _VECTOR IS ARRAY(NATURAL RANGE <>)OF BIT;
```

例 2 – 12

```
SIGNAL A:BIT_VECTOR(7 DOWNTO 0);
```

4）字符（CHARACTER）数据类型

字符数据类型通常用单引号引起来，如'A'。字符数据类型区分大、小写，如'B'不同于'b'。字符数据类型已在 STANDARD 程序包中作了定义。

注意：在 VHDL 程序设计中，标识符一般是不区分大、小写的，但使用单引号的字符是区分大、小写的。

5）整数（INTEGER）数据类型

整数数据类型代表正整数、负整数和零。在 VHDL 中，整数的取值范围是 – 21 473 647 ~ + 21 473 647，即可用 32 位有符号的二进制数表示。VHDL 综合器要求用 RANGE 子句为所定义的数限定范围，然后根据所限定的范围来决定表示此信号或变量的二进制数的位数，因为 VHDL 综合器无法综合未限定的整数数据类型的信号或变量。

例 2 – 13

```
SIGNAL TYPE1:INTEGER RANGE 0 TO 15;
```

此例规定整数 TYPE1 的取值范围是 0 ~ 15 共 16 个值，可用 4 位二进制数表示，因此，TYPE1 将被综合成由 4 条信号线构成的信号。

6）自然数（NATURAL）和正整数（POSITIVE）数据类型

自然数是整数的一个子类型，是非负的整数，即零和正整数；正整数也是整数的一个子类型，它包括整数中非零和非负的数值。它们在 STANDARD 程序包中定义的源代码如下。

```
SUBTYPE NATURAL IS INTEGER RANGE 0 TO INTEGER HIGH;
SUBTYPE POSITIVE IS INTEGER RANGE 1 TO INTEGER HIGH;
```

7) 实数（REAL）数据类型

VHDL 的实数数据类型类似数学中的实数，也称为浮点数。实数的取值范围为 $-1.0E38 \sim +1.0E38$。在通常情况下，实数数据类型仅能在 VHDL 仿真器中使用，VHDL 综合器不支持实数数据类型，因为实数数据类型的实现相当复杂，目前在电路规模上难以承受。

实数常量的书写方式举例如下。

```
65971.333333              --十进制浮点数
8#43.6#E+4                --八进制浮点数
43.6E-4                   --十进制浮点数
```

8) 字符串（STRING）数据类型

字符串数据类型是字符数据类型的一个非约束型数组，或称为字符串数组。字符串必须用双引号标明。

例 2-14

```
VARIABLE STRING_VAR:STRING(1 TO 7);
STRING_VAR: = "A B C D";
```

9) 时间（TIME）数据类型

VHDL 中唯一的预定义物理类型是时间。完整的时间数据类型包括整数和物理量单位两部分，整数和物理量单位之间至少留一个空格，如 55 ms、20 ns。

10) 错误等级（SEVERITY LEVEL）

在 VHDL 仿真器中，错误等级用来指示设计系统的工作状态，共有 4 种可能的状态值，即 NOTE（注意）、WARNING（警告）、ERROR（出错）、FAILURE（失败）。在仿真过程中，可输出这 4 种值来提示仿真系统当前的工作情况。其定义形式如下。

```
TYPE severity_level IS(note,warning,error,failure);
```

11) VHDL 综合器不支持的数据类型

（1）物理类型：VHDL 综合器不支持物理类型的数据，如具有量纲的数据，包括时间数据类型。这些数据类型只能用于仿真过程。

（2）浮点类型：如 REAL 类型。

（3）Access 类型：VHDL 综合器不支持存取型结构，因为不存在对应的硬件结构。

（4）File 类型：VHDL 综合器不支持磁盘文件类型，硬件对应的文件仅为 RAM 和 ROM。

2. IEEE 预定义标准逻辑位与矢量

在 IEEE 库的程序包 STD_LOGIC_1164 中定义了两个非常重要的数据类型，即标准逻辑位（STD_LOGIC）和标准逻辑矢量（STD_LOGIC_VECTOR）。

1) 标准逻辑位（STD_LOGIC）数据类型

以下是定义在 IEEE 库程序包 STD_LOGIC_1164 中的数据类型。STD_LOGIC 数据类型的定义形式如下。

```
TYPE STD_LOGIC IS ('U','X','0','1','Z','W','L','H','-');
```

各值的含义如下。

'U'——未初始化的；'X'——强未知的；'0'——强0；'1'——强1；'Z'——高阻态；'W'——弱未知的；'L'——弱0；'H'——弱1；'-'——忽略。

在程序中使用此数据类型前，需要加入下面的语句。

```
LIBRARY IEEE;
USE IEEE.STD_LOGIC_1164.ALL;
```

由定义可见，STD_LOGIC 是标准 BIT 数据类型的扩展，共定义了9种取值，这意味着对于数据类型定义为 STD_LOGIC 的数据对象，其可能的取值已非传统的 BIT 那样只有0和1两种取值，而是如上定义的那样有9种可能的取值。

在编程时应当特别注意 STD_LOGIC 数据类型的多值性，因为在条件语句中，如果未考虑 STD_LOGIC 的所有可能的取值情况，综合器可能插入不希望的锁存器。

在仿真和综合中，STD_LOGIC 值是非常重要的，它可以使设计者精确地模拟一些未知的和高阻态的线路情况。对于综合器，高阻态和"-"忽略态可用于三态的描述。但就综合而言，STD_LOGIC 数据类型能够在数字器件中实现的只有其中的4种值，即 -、0、1 和 Z。当然，这并不表明其余5种值不存在。这9种值对于 VHDL 的行为仿真都有重要意义。

2) 标准逻辑矢量（STD_LOGIC_VECTOR）数据类型

STD_LOGIC_VECTOR 数据类型的定义形式如下。

```
TYPE STD_LOGIC_VECTOR IS ARRAY (NATURAL RANGE <>) OF STD_LOGIC;
```

显然，STD_LOGIC_VECTOR 是定义在程序包 STD_LOGIC_1164 中的标准一维数组，数组中的每个元素的数据类型都是以上定义的 STD_LOGIC。

在使用中，向 STD_LOGIC_VECTOR 数据类型的数据对象赋值的方式与普通的一维数组 ARRAY 是一样的，即必须严格考虑位矢量的宽度。同位宽、同数据类型的矢量间才能进行赋值。例2-15 描述的是 CPU 中数据总线上位矢量赋值的操作示意，注意例中信号的数据类型定义和赋值操作中信号的数组位宽。

例 2-15

```
TYPE t_data IS ARRAY(7 DOWNTO 0) OF STD_LOGIC;   -- 自定义数组类型
SIGNAL databus,memory:t_data;                     -- 定义信号 databus,memory
CPU:PROCESS                                       -- CPU 工作进程开始
VARIABLE rega:t_data;                             -- 定义寄存器变量 rega
BEGIN
...
databus <= rega;                                  -- 向8位数据总线赋值
END PROCESS CPU;                                  -- CPU 工作进程结束
MEM:PROCESS                                       -- RAM 工作进程开始
BEGIN
databus <= memory;
END PROCESS MEM;
...
```

描述总线信号时，使用 STD_LOGIC_VECTOR 数据类型是最方便的，但需要注意的是总线中的每根信号都必须定义为同一种数据类型 STD_LOGIC。

3. 其他预定义标准数据类型

VHDL 综合工具配备的扩展程序包中定义了一些有用的类型。如 Synopsys 公司在 IEEE 库中加入的程序包 STD_LOGIC_ARITH 中定义了如下数据类型。

（1）无符号（UNSIGNED）数据类型。
（2）有符号（SIGNED）数据类型。
（3）小整（SMALL_INT）数据类型。

在程序包 STD_LOGIC_ARITH 中数据类型的定义形式如下。

```
TYPE UNSIGNED IS ARRAY (NATURAL range <>) OF STD_LOGIC;
TYPE SIGNED IS ARRAY (NATURAL range <>) OF STD_LOGIC;
SUBTYPE SMALL_INT IS INTEGER RANGE 0 TO 1;
```

如果将信号或变量定义为这几个数据类型，就可以使用该程序包中定义的运算符。在使用之前，请注意必须加入下面的语句。

```
LIBRARY IEEE;
USE IEEE.STD_LOIGC_ARITH.ALL;
```

UNSIGNED 和 SIGNED 是用来设计可综合的数学运算程序的重要数据类型，UNSIGNED 用于无符号数的运算，SIGNED 用于有符号数的运算。在实际应用中，大多数运算都需要用到它们。

在 IEEE 程序包 NUMERIC_STD 和 NUMERIC_BIT 中也定义了 UNSIGNED 数据类型及 SIGNED 数据类型，NUMERIC_STD 是针对 STD_LOGIC 定义的，而 NUMERIC_BIT 是针对 BIT 型定义的。在以上程序包中还定义了相应的运算符重载函数。有些综合器没有附带程序包 STD_LOGIC_ARITH，此时只能使用程序包 NUMERIC_STD 和 NUMERIC_BIT。

在程序包 STANDARD 中没有定义 STD_LOGIC_VECTOR 的运算符，而整数数据类型一般只在仿真时用来描述算法或进行数组下标运算，因此 UNSIGNED 和 SIGNED 的使用率是很高的。

1）无符号（UNSIGNED）数据类型

UNSIGNED 数据类型代表一个无符号的数值，在综合器中，这个数值被解释为一个二进制数，这个二进制数的最左位是其最高位。例如，十进制的 8 可以作如下表示。

```
UNSIGNED'("1000")
```

如果要定义一个变量或信号的数据类型为 UNSIGNED，则其位矢量长度越大，其所代表的数值就越大。如一个 4 位变量的最大值为 15，一个 8 位变量的最大值为 255，0 是其最小值，不能用 UNSIGNED 定义负数。以下是两个无符号数据定义的示例。

例 2-16

```
VARIABLE var:UNSIGNED(0 TO 10);
SIGNAL sig:UNSIGNED(5 DOWNTO 0);
```

其中变量 var 有 11 位数值，最高位是 var(0)，而非 var(10)；信号 sig 有 6 位数值，最高位是 sig(5)。

2) 有符号（SIGNED）数据类型

SIGNED 数据类型表示一个有符号的数值，综合器将其解释为补码，此数的最高位是符号位。

例 2-17

```
SIGNED'("0101")      --代表+5,5
SIGNED'("1011")      --代表-5
```

2.2.4 用户自定义数据类型

VHDL 允许用户自行定义新的数据类型，它们可以有多种，如枚举类型（ENUMERATION TYPE）、整数类型（INTEGER TYPE）、数组类型（ARRAY TYPE）、记录类型（RECORD TYPE）、时间类型（TIME TYPE）、实数类型（REAL TYPE）等。用户自定义数据类型是用类型定义语句 TYPE 和子类型定义语句 SUBTYPE 实现的。

1. TYPE 语句用法

TYPE 语句的语法格式如下。

```
TYPE 数据类型名 IS 数据类型定义 [OF 基本数据类型];
```

利用 TYPE 语句进行数据类型自定义有两种不同的格式，但方式是相同的。其中，数据类型名由设计者自定，此名将用于数据类型定义，其方法与以上提到的预定义数据类型一样；数据类型定义部分用来描述所定义的数据类型的表达方式和表达内容；关键词 OF 后的基本数据类型是指数据类型定义中元素的基本数据类型，一般都是取已有的预定义数据类型，如 BIT、STD_LOGIC 或 INTEGER 等。

例 2-18 两种不同的用户自定义数据类型的定义方式。

```
TYPE ST1 IS ARRAY(0 TO 15) OF STD_LOGIC;
TYPE WEEK IS (SUN,MON,TUE,WED,THU,FRI,SAT);
```

第一句定义的数据类型 ST1 是一个具有 16 个元素的数组型数据类型，数组中的每个元素的数据类型都是 STD_LOGIC；第二句定义的数据类型是由一组文字表示的，其中的每个文字都代表一个具体的数值。

2. SUBTYPE 语句用法

子类型 SUBTYPE 只是由 TYPE 所定义的原数据类型的一个子集，它满足原数据类型的所有约束条件，原数据类型称为基本数据类型。

SUBTYPE 语句的语法格式如下。

```
SUBTYPE 子类型名 IS 基本数据类型 RANGE 约束范围;
```

子类型的定义只在基本数据类型上作一些约束，并没有定义新的数据类型，这是它与 TYPE 最大的不同之处。子类型定义中的基本数据类型必须以已用 TYPE 语句定义的数据类型为基础，包括已在 VHDL 预定义程序包中用 TYPE 语句定义的数据类型。

例 2-19

```
SUBTYPE DIGITS IS INTEGER RANGE 0 TO 9;
```

此例中，INTEGER 是标准程序包中已定义的数据类型，子类型 DIGITS 只是把 INTEGER 约束为只含 10 个值的数据类型。

2.2.5 枚举类型

VHDL 中的枚举类型是一种特殊的数据类型，它是用文字符号来表示一组实际的二进制数。例如，状态机的每一状态在实际电路中是以一组触发器的当前二进制数位的组合表示的，但设计者在状态机的设计中，为了便于阅读、编译和 VHDL 综合器的优化，往往将表征每一状态的二进制数位用文字符号代表，即状态符号化。

例 2 – 20

```
TYPE M_STATE IS( STATE1,STATE2,STATE3,STATE4,STATE5);
SIGNAL CURRENT_STATE,NEXT_STATE:M_STATE;
```

在这里，信号 CURRENT_STATE 和 NEXT_STATE 的数据类型被定义为 M_STATE，它们的取值范围是可枚举的，即 STATE1 ~ STATE5 共 5 种，而这些状态代表 5 组唯一的二进制数位。

2.2.6 整数类型和实数类型

整数类型和实数类型在标准的程序包中已作了定义。在实际应用中，特别在综合中，由于这两种非枚举的数据类型的取值范围太大，VHDL 综合器无法进行综合，所以定义为整数或实数的数据对象的具体数据类型必须由用户根据实际需要重新定义，并限定其取值范围，以便能为 VHDL 综合器所接受，从而提高芯片资源的利用率。

在实用中，VHDL 仿真器通常将整数或实数作为有符号数处理，VHDL 综合器对整数或实数的编码方法如下。

(1) 将用户已定义的数据类型和子类型中的负数编码为二进制补码。
(2) 将用户已定义的数据类型和子类型中的正数编码为二进制原码。

编码的位数，即综合后信号线的数目只取决于用户定义的数值的最大值。在综合中，以浮点数表示的实数将首先转换成相应数值大小的整数。因此，在使用整数时，VHDL 综合器要求使用数值限定关键词 RANGE 对整数的使用范围作明确的限制，如例 2 – 21 所示。

例 2 – 21

```
TYPE percent IS RANGE -100 TO 100;
```

此例定义了一个隐含的整数类型，仿真中用 8 位位矢量表示，其中包括 1 位符号位、7 位数据位。

可从例 2 – 22 看到对整数类型进行综合的方式。

例 2 – 22

```
数据类型定义                              综合结果
TYPE num1 IS range 0 to 100 ;            --7 位二进制原码
TYPE num2 IS range 10 to 100 ;           --7 位二进制原码
TYPE num3 IS range -100 to 100 ;         --8 位二进制补码
SUBTYPE num4 IS num3 RANGE 0 to 6;       --3 位二进制原码
```

2.2.7 数组类型

数组类型属于复合类型,是将一组具有相同数据类型的元素集合在一起,作为一个数据对象来处理的数据类型。数组可以是一维(每个元素只有一个下标)数组或多维数组(每个元素有多个下标)。VHDL 仿真器支持多维数组,但 VHDL 综合器只支持一维数组。

VHDL 允许定义两种不同类型的数组,即限定性数组和非限定性数组。它们的区别是,限定性数组下标的取值范围在数组定义时就确定了,而非限定性数组下标的取值范围需随后根据具体数据对象确定。

限定性数组的定义形式如下。

```
TYPE 数组名 IS ARRAY (数组范围) OF 数据类型;
```

其中,数组名是新定义的限定性数组类型的名称,可以是任何标识符,其类型与数组元素相同;数组范围明确指出数组元素的定义数量和排序方式,以整数表示其数组的下标;数据类型即数组中各元素的数据类型。

例 2-23

```
TYPE STB IS ARRAY(7 DOWNTO 0) OF STD_LOGIC;
```

此例中数组类型的名称是 STB,它有 8 个元素,它们的下标排序是 7,6,5,4,3,2,1,0,各元素的排序是 STB (7), STB (6), …, STB (1), STB (0)。

非限制性数组的定义形式如下。

```
TYPE 数组名 IS ARRAY (数组下标名 RANGE <>) OF 数据类型;
```

其中,数组名是定义的非限定性数组类型的名称;数组下标名是以整数类型设定的一个数组下标名称;符号"<>"是下标范围待定符号,用到该数组类型时再填入具体的数值范围,注意符号"<>"间不能有空格,例如"< >"的书写方式是错误的;数据类型是数组中每一元素的数据类型。

例 2-24

```
TYPE BIT_VECTOR IS ARRAY(NATURAL RANE <>) OF BIT;
VARIABLE VA:BIT_VECTOR(1 TO 6);
```

2.2.8 记录类型

记录类型与数组类型都属于数组,由相同数据类型的对象元素构成的数组称为数组类型的对象,由不同数据类型的对象元素构成的数组称为记录类型的对象。记录是一种异构复合类型,也就是说,记录中的元素可以是不同的数据类型。构成记录类型的各种不同的数据类型可以是任何一种已定义的数据类型,也包括数组类型和已定义的记录类型。显然,具有记录类型的数据对象的数值是一个复合值,这些复合值是由该记录类型的元素决定的。

记录类型的定义形式如下。

```
TYPE 记录类型名 IS RECORD
    元素名:元素数据类型;
    元素名:元素数据类型;
    …
END RECORD[记录类型名];
```

记录类型定义示例如例 2-25 所示。

例 2-25

```
TYPE GlitchDataType IS RECORD      --将 GlitchDataType 定义为四元素记录类型
    SchedTime       : TIME ;       --将元素 SchedTime 定义为时间类型
    GlitchTime      : TIME ;       --将元素 GlitchTime 定义为时间类型
    SchedValue      : STD_LOGIC ;  --将元素 SchedValue 定义为标准位类型
    CurrentValue    : STD_LOGIC ;  --将元素 CurrentValue 定义为标准位类型
END RECORD ;
```

记录类型的数据对象赋值方式可以是整体赋值或对其中的单个元素赋值。在使用整体赋值方式时,有位置关联和名称关联两种方式。如果使用位置关联方式,则默认元素的赋值顺序与记录类型声明时的顺序相同。如果使用 OTHERS 选项,则至少应有一个元素被赋值,如果有两个或更多元素由 OTHERS 选项赋值,则这些元素必须具有相同的数据类型。此外,如果有两个或两个以上元素具有相同的子类型,就可以以记录类型的方式放在一起定义。

2.3 VHDL 操作符

与传统的程序设计语言一样,VHDL 各种表达式中的基本元素也是由不同的运算符相连而成的。这里所说的基本元素称为操作数(Operand),运算符称为操作符(Operator)。操作数和操作符结合就成了描述 VHDL 算术或逻辑运算的表达式。其中操作数是各种运算的对象,而操作符规定了运算的方式。

1. 操作符的种类及对应的操作数类型

在 VHDL 中有四类操作符,即算术操作符(Arithmetic Operator)、关系操作符(Relational Operator)、逻辑操作符(Logical Operator)和符号操作符(Sign Operator),此外还有重载操作符(Overloading Operator)。前三类操作符是完成逻辑和算术运算的最基本的操作符,重载操作符是对基本操作符作了重新定义的函数型操作符。VHDL 操作符列表见表 2-1,VHDL 操作符优先级见表 2-2。

表 2-1 VHDL 操作符列表

类 型	操作符	功 能	操作数数据类型
算术操作符	+	加	整数
	-	减	整数
	&	并置	一维数组
	*	乘	整数和实数(包括浮点数)

续表

类　　型	操作符	功　能	操作数数据类型
算术操作符	/	除	整数和实数（包括浮点数）
	MOD	取模	整数
	REM	取余	整数
	SLL	逻辑左移	BIT 或 BOOLEAN 一维数组
	SRL	逻辑右移	BIT 或 BOOLEAN 一维数组
	SLA	算术左移	BIT 或 BOOLEAN 一维数组
	SRA	算术右移	BIT 或 BOOLEAN 一维数组
	ROL	逻辑循环左移	BIT 或 BOOLEAN 一维数组
	ROR	逻辑循环右移	BIT 或 BOOLEAN 一维数组
	**	乘方	整数
	ABS	取绝对值	整数
关系操作符	=	等于	任何数据类型
	/=	不等于	任何数据类型
	<	小于	枚举与整数类型及对应的一维数组
	>	大于	枚举与整数类型及对应的一维数组
	<=	小于等于	枚举与整数类型及对应的一维数组
	>=	大于等于	枚举与整数类型及对应的一维数组
逻辑操作符	AND	与	BIT、BOOLEAN、STD_LOGIC
	OR	或	BIT、BOOLEAN、STD_LOGIC
	NAND	与非	BIT、BOOLEAN、STD_LOGIC
	NOR	或非	BIT、BOOLEAN、STD_LOGIC
	XOR	异或	BIT、BOOLEAN、STD_LOGIC
	XNOR	异或非	BIT、BOOLEAN、STD_LOGIC
	NOT	非	BIT、BOOLEAN、STD_LOGIC
符号操作符	+	正	整数
	−	负	整数

表 2-2 VHDL 操作符优先级

操作符	优先级
NOT、ABS、**	最高优先级 ↑ 最低优先级
*、/、MOD、REM	
+（正号）、-（负号）	
+、-、&	
SLL、SLA、SRL、SRA、ROL、ROR	
=、/=、<、<=、>、>=	
AND、OR、NAND、NOR、XOR、XNOR	

2. 各种操作符的使用说明

（1）严格遵循在基本操作符间操作数是同数据类型的规则；严格遵循操作数的数据类型必须与操作符所要求的数据类型完全一致的规则。

（2）注意操作符之间的优先级。当一个表达式中有两个以上操作符时，可使用括号将这些运算分组。

（3）VHDL 共有 7 种基本逻辑操作符，对于数组型（如 STD_LOGIC_VECTOR）数据对象的相互作用是按位进行的。在一般情况下，经 VHDL 综合器综合后，逻辑操作符将直接生成门电路。信号或变量在这些操作符的直接作用下可构成组合电路。

（4）关系操作符的作用是将相同数据类型的数据对象进行数值比较（=、/=）或关系排序判断（<、<=、>、>=），并将结果以布尔类型（BOOLEAN）的数据表示出来，即 TRUE 或 FALSE 两种。对于数组或记录类型的操作数，VHDL 编译器将逐位比较对应位置各位数值的大小，然后进行比较或关系排序。

就综合而言，用简单的比较操作符（=和/=）实现的硬件结构比用排序操作符构成的电路芯片资源利用率要高。

（5）表 2-2 中所列的前 17 种操作符可以分为求和操作符、求积操作符、符号操作符、混合操作符、移位操作符五类。

①求和操作符包括加、减操作符和并置操作符。加、减操作符的运算规则与常规的加、减法是一致的，VHDL 规定它们的操作数的数据类型是整数。对于位宽大于 4 的加法器和减法器，VHDL 综合器将调用库元件进行综合。

在综合后，由加、减运算符（+、-）产生的组合逻辑门所耗费的硬件资源的规模都比较大，但当加、减运算符的其中一个操作数或两个操作数都为整型常数时，则只需很少的电路资源。

并置操作符"&"的操作数的数据类型是一维数组，可以利用并置操作符将普通操作数或数组组合起来形成各种新的数组。例如" VH"&" DL"的结果为" VHDL"；'0'&'1'的结果为"01"。并置操作符常用于字符串，但在实际运算过程中，要注意并置操作符前后的数组长度应一致。

②求积操作符包括"*"（乘）、"/"（除）、"MOD"（取模）和"REM"（取余）四种。VHDL 规定，乘与除的数据类型是整数和实数（包括浮点数）。在一定条件下，还可

对物理类型的数据对象进行运算操作。

需要注意的是,虽然在一定条件下乘法和除法运算是可以综合的,但从优化综合、节省芯片资源的角度出发,最好不要轻易使用乘、除操作符。乘、除运算可以使用其他变通的方法实现。

操作符"MOD"和"REM"的本质与除法操作符是一样的,因此,可综合的取模和取余的操作数必须是以2为底数的幂。操作符"MOD"和"REM"的操作数只能是整数,运算操作结果也是整数。

③符号操作符"+"和"-"的操作数只有一个,操作数的数据类型是整数,操作符"+"对操作数不作任何改变,操作符"-"作用于操作数后的返回值是对原操作数取负。在实际使用中,取负操作需加括号,如"Z: = X * (-Y)"。

④混合操作符包括乘方操作符"**"和取绝对值操作符"ABS"两种。VHDL规定,它们的操作数的数据类型一般为整数。乘方运算符"**"的左边可以是整数或浮点数,但右边必须为整数,而且只有在左边为浮点数时,其右边才可以为负数。一般地,VHDL综合器要求乘方操作符所作用的操作数的底数必须是2。

⑤六种移位操作符"SLL""SRL""SLA""SRA""ROL"和"ROR"都是VHDL'93标准新增的操作符,在VHDL'87标准中没有。VHDL'93标准规定移位操作符所作用的操作数的数据类型应是一维数组,并要求数组中的元素必须是BIT或BOOLEAN数据类型,移位的位数则是整数。在EDA工具所附的程序包中重载了移位操作符以支持STD_LOGIC_VECTOR及INTEGER等类型。移位操作符左边可以是它支持的数据类型,其右边则必定是INTEGER类型。如果移位操作符右边是INTEGER类型常数,则移位操作符实现起来比较节省硬件资源。

其中SLL是将位矢量向左移,右边跟进的位补零;SRL的功能恰好与SLL相反;ROL和ROR的移位方式稍有不同,它们移出的位将用于依次填补移空的位,执行的是自循环式移位方式;SLA和SRA是算术移位操作符,其移空的位用最初的首位填补。

移位操作符的语法格式如下。

标识符　移位操作符　移位位数;

操作符可以用于产生电路。就提高综合效率而言,使用常量或简单的一位数据类型能够产生较紧凑的电路,而表达式复杂的数据类型(如数组)将相应地产生更多电路。如果组合表达式的一个操作数为常数,则能减少产生的电路;如果两个操作数都是常数,则在编译期间,相应的逻辑被压缩或者被忽略,从而产生零个门。在任何可能的情况下,使用常数意味着设计描述不会包含不必要的函数,并将被快速综合,产生一个更有效的电路实现方案。

3. 重载操作符

为了方便各种不同数据类型间的运算,VHDL允许用户对原有的基本操作符重新定义,赋予其新的含义和功能,从而建立一种新的操作符,这就是重载操作符。定义重载操作符的函数称为重载函数。事实上,在程序包STD_LOGIC_UNSIGNED中已定义了多种可供不同数据类型间操作的重载函数。

Synopsys的程序包STD_LOGIC_ARITH、STD_LOGIC_UNSIGNED和STD_LOGIC_

SIGNED 中已经为许多类型的运算重载了算术操作符和关系操作符,因此只要引用这些程序包,SINGNED、UNSIGNED、STD_LOGIC 和 INTEGER 之间即可混合运算,INTEGER、STD_LOGIC 和 STD_LOGIC_VECTOR 之间也可以混合运算。

习　题

2.1　简述常用硬件描述语言 VHDL、Verilog 和 ABEL 的区别。

2.2　VHDL 中的数据对象有几种?各种数据对象的作用范围如何?

2.3　什么叫作标识符?VHDL 的基本标识符是怎样规定的?

2.4　信号和变量在描述和使用时有哪些主要区别?

2.5　VHDL 中的标准数据类型有哪几类?用户自己定义数据类型有哪几类?简单介绍各类数据类型。

2.6　BIT 数据类型和 STD_LOGIC 数据类型有什么区别?

2.7　用户怎样自定义数据类型?试举例说明。

2.8　VHDL 有哪几类操作符?一个表达式中有多种操作符时应按怎样的准则进行运算?下列三个表达式是否等效?①A <= NOT B AND C OR D;②A <= (NOT B AND C) OR D;③A <= NOT B AND(C OR D)。

2.9　什么叫作重载操作符?使用重载操作符有什么好处?怎样使用重载操作符?含有重载操作符的运算怎样确定运算结果?

2.10　写出 TYPE 与 SUBTYPE 的区别。

第 3 章
VHDL 程序结构

在 VHDL 程序中，实体和结构体这两个基本结构是必需的，它们可以构成最简单的 VHDL 程序。实体是设计实体的组成部分，它包含了对设计实体输入和输出的定义和说明，而设计实体包含实体和结构体这两个 VHDL 程序中最基本的部分。通常，最简单的 VHDL 程序结构还应包括另一重要的部分，即库和程序包。一个实用的 VHDL 程序可以由一个或多个实体构成，可以将一个设计实体作为一个完整的系统直接利用，也可以将其作为其他设计实体的一个低层次的结构，即元件来例化（元件调用和连接），也就是用实体来说明一个具体的器件。配置结构的设置常用于行为仿真中，如用于对特定结构体的选择控制。VHDL 程序结构的一个显著特点就是，任何一个完整的设计实体都可以分成内、外两个部分。外面的部分称为可视部分，它由实体名和端口组成，里面的部分称为不可视部分，它由实际的功能描述组成。一旦对已完成的设计实体定义了它的可视界面，其他设计实体就可以将其作为已开发的成果直接调用，这正是一种基于自顶向下的多层次的系统设计概念的实现途径。

3.1 实体

实体作为设计实体的组成部分，其功能是对设计实体与外部电路进行端口描述。实体是设计实体的表层设计单元，实体说明部分规定了设计单元的输入/输出端口信号或引脚，它是设计实体对外的通信界面。就一个设计实体而言，外界所看到的仅是它的通信界面上的各种端口。设计实体可以拥有一个或多个结构体，用于描述此设计实体的逻辑结构和逻辑功能。对于外界来说，这一部分是不可见的。不同逻辑功能的设计实体可以拥有相同的实体描述，这是因为实体类似原理图中的部件符号，而其具体的逻辑功能是由设计实体中结构体的描述确定的。实体是 VHDL 的基本设计单元，它可以对一个门电路、一块芯片、一块电路板乃至整个系统进行端口描述。

1. 实体的语法格式

实体的语法格式如下。

```
ENTITY 实体名 IS
      [GENERIC(类属参数表);]
      [PORT(端口参数表);]
END 实体名;
```

实体说明语句必须按照这一语法格式编写，应以语句 "ENTITY 实体名 IS" 开始，以语句 "END 实体名;" 结束，其中的实体名可以由设计者自己添加。中间方括号中的语句描述在特定的情况下并非必需的。例如,构建一个 VHDL 仿真测试基准时可以省略方括号中的语句描述。对于 VHDL 编译器和综合器来说,程序文字的大、小写是不加区分的。

2. 实体名

一个设计实体无论多大和多复杂,在实体中定义的实体名即该设计实体的名称。在例化(已有元件的调用和连接)中,即可以用此名称对相应的设计实体进行调用。

注意:实体名必须与 VHDL 的源文件名一致。

3. GENERIC 类属说明

(1)类属说明语句。

类属(GENERIC)参数是一种端口界面常量,常以一种说明的形式放在实体或块结构体前的说明部分。

类属为所说明的环境提供了一种静态信息通道。

类属与常量不同,常量只能从设计实体的内部得到赋值,且不能再改变,而类属的值可以由设计实体外部提供。

(2)类属说明语句的一般语法格式如下。

```
GENERIC(常量名:数据类型[:=设定值]
       {;常量名:数据类型[:=设定值]});
```

以关键词 GENERIC 引导一个类属参数表,在表中提供时间参数或总线宽度等静态信息。类属参数表说明用于设计实体和其外部环境通信的参数和传递信息。类属在所定义的环境中的地位与常量相似,但能从环境(如设计实体)外部动态地接受赋值,其行为又类似端口 PORT。

在一个实体中定义的、来自外部赋入类属的值可以在实体内部或与之相应的结构体中读到。对于同一个设计实体,可以通过类属说明为它创建多个行为不同的逻辑结构。比较常见的情况是利用类属动态地规定一个实体的端口的大小或设计实体的物理特性,或结构体中的总线宽度,或设计实体中底层同种元件的例化数量等。

一般在结构体中,类属的应用与常量是一样的。例如,当用实体例化一个设计实体的器件时,可以用类属参量表中的参数项定制这个器件,如可以将一个实体的传输延时、上升和下降延时等参数加到类属参量表中,然后根据这些参量进行定制,这对于系统仿真控制是十分方便的。其中的常数名是由设计者确定的类属常数名,其数据类型通常取 INTEGER 或 TIME 等类型,设定值即常数名所代表的数值。需要注意,VHDL 综合器仅支持数据类型为整数的类属值。

例 3-1 应用类属说明语句的程序。

```
ENTITY mcu1 IS
      GENERIC(addrwidth : INTEGER :=16);
      PORT(add_bus : OUT STD_LOGIC_VECTOR(addrwidth-1 DOWNTO 0));
……
```

类属说明语句中将实体 mcu1 中的 addrwidth 作为地址总线端口,相当于

```
PORT(add_bus : OUT STD_LOGIC_VECTOR(15 DOWNTO 0);
```

由此可见,对类属值 addrwidth 的改变将使结构体中所有相关总线的定义同时改变。

4. PORT 端口说明

端口说明语句是对设计实体界面的说明及对设计实体与外部电路的端口通道的说明，其中包括对每一端口的输入/输出模式和数据类型的定义。

在实体说明的前面可以有库的说明，即由关键词 LIBRARY 和 USE 引导一些对库和程序包使用的说明语句，其中的一些内容可以为实体端口数据类型的定义所用。

端口说明语句的一般语法格式如下。

```
PORT(端口名:端口模式    数据类型;
    {端口名:端口模式    数据类型});
```

其中的端口名是设计者为实体的每一个对外通道所取的名称，端口模式是指这些通道上的数据流动方式，如输入/输出等。数据类型是指端口上流动的数据的表达式或取值类型，这是由于 VHDL 是一种强类型语言，即对语句中的所有端口信号、内部信号和操作数的数据类型有严格的规定，只有相同数据类型的端口信号和操作数才能相互作用。

一个实体通常有一个或多个端口，端口类似原理图部件符号上的管脚；实体与外界交流的信息必须通过端口通道流入或流出。例 3-2 是一个 2 输入与非门的实体描述示例，图 3-1 所示为对应的原理图。

例 3-2 写出一个实体的例子。

```
LIBRARY IEEE;
USE IEEE.STD_LOGIC_1164.ALL;
ENTITY nand2 IS
      PORT(a: IN STD_LOGIC;
           b: IN STD_LOGIC;
           c: OUT STD_LOGIC);
END nand2;
```

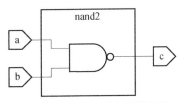

图 3-1 nand2 对应的原理图

图 3-1 中的 nand2 可以看成一个设计实体，它的外部端口界面由输入/输出信号端口 a、b 和 c 构成，内部逻辑功能是一个与非门。在电路图上，端口对应器件符号的外部引脚，端口名作为外部引脚的名称，端口模式用来定义外部引脚的信号流向，IEEE-1076 标准程序包中定义了以下常用端口模式。

（1）IN 模式：IN 定义的通道确定为输入端口，并规定为单向只读模式，可以通过此端口将变量信息或信号信息读入设计实体。

（2）OUT 模式：OUT 定义的通道确定为输出端口，并规定为单向输出模式，可以通过此端口将信号输出设计实体，或者说可以将设计实体中的信号向此端口赋值。

（3）INOUT 模式：INOUT 定义的通道确定为输入/输出双向端口。从端口的内部看，可以对此端口进行赋值,也可以通过此端口读入外部数据信息;从端口的外部看,信号既可以从此端口流出,也可以向此端口输入信号。INOUT 模式包含了 IN、OUT 和 BUFFER 3 种模式,因此可替代其中任何一种模式,但为了明确程序中各端口的实际任务,一般不作这种替代。

(4) BUFFER 模式:BUFFER 定义的通道确定为具有数据读入功能的输出端口,它与双向端口的区别在于只能接受一个驱动源。BUFFER 模式从本质上仍是 OUT 模式,只是在内部结构中具有将输出外部端口的信号回读的功能,即允许内部回读输出的信号,亦即允许反馈。例如在计数器的设计中,可将计数器输出的计数信号回读,以作下一计数值的初值。BUFFER 模式与 INOUT 模式的区别显然在于回读(输入)的信号不是由外部输入的,而是由内部产生的向外输出的信号,有时往往在时序上有所差异。

例 3 – 3 定义一个 BUFFER 模式的信号。

```
SIGNAL a: BUFFER STD_LOGIC_VECTOR(5 DOWNTO 0);
a <= a + 1;
```

综上所述,在实际的数字集成电路中,IN 相当于只可输入的引脚,OUT 相当于只可输出的引脚,BUFFER 相当于带输出缓冲器并可以回读的引脚,而 INOUT 相当于双向引脚,是由普通输出端口(OUT)加入三态输出缓冲器和输入缓冲器构成的。表 3 – 1 所示为端口模式说明。

表 3 – 1 端口模式说明

端口模式	说明(以设计实体为主体)
IN	输入,只读模式,将变量或信号信息通过该端口读入
OUT	输出,单向赋值模式,将信号通过该端口输出
INOUT	双向,可以通过该端口读入或写出信息
BUFFER	具有读功能的输出模式,可以读入或写出,只能有一个驱动源

3.2 结构体

结构体是实体所定义的设计实体中的一个组成部分。结构体描述设计实体的内部结构和外部设计实体端口间的逻辑关系。结构体由以下部分组成。

(1) 对数据类型、常量、信号、子程序和元件等元素的说明部分。

(2) 描述实体逻辑行为、以各种不同的描述风格表达的功能描述语句,它们包括各种形式的顺序描述语句和并行描述语句。

(3) 以元件例化语句为特征的外部元件(设计实体)端口间的连接方式。

结构体将具体实现一个实体。每个实体可以有多个结构体,每个结构体对应实体的不同结构和算法实现方案,其间的各个结构体的地位是同等的,它们完整地实现了实体的行为,但同一结构体不能为不同的实体所拥有。结构体不能单独存在,它必须有一个界面说明,即一个实体。对于具有多个结构体的实体,必须用配置语句指明用于综合的结构体和用于仿真的结构体,即在综合后的可映射于硬件电路的设计实体中。一个实体只能对应一个结构体。在电路中,如果实体代表一个器件符号,则结构体描述了该符号的内部行为。当把这个符号例化成一个实际的器件安装到电路中时,则需要配置语句为这个例化的器件指定一个结构体(即指定一种实现方案),或由 VHDL 编译器自动选一个结构体。

1. 结构体的语法格式

结构体的语法格式如下。

```
ARCHITECTURE 结构体名 OF 实体名 IS
    [说明语句]
    BEGIN
    [功能描述语句]
END 结构体名;
```

在语法格式中,实体名必须是所在设计实体的名称,而结构体名可以由设计者自己选择,但当一个实体具有多个结构体时,结构体的取名不可重复。结构体的说明语句部分必须放在关键词 ARCHITECTURE 和 BEGIN 之间,结构体必须以"END 结构体名;"结束。

2. 结构体中的说明语句

结构体中的说明语句对结构体的功能描述语句中将要用到的信号、数据类型、常量、元件、函数和过程等加以说明。需要注意的是,在一个结构体中说明和定义的数据类型、常量、元件、函数和过程只能用于该结构体中。如果希望这些定义也能用于其他实体或结构体中,则需要将其作为程序包处理。

3. 功能描述语句

结构体中包含的五类功能描述语句。

(1) 块语句,是由一系列并行执行语句构成的组合体,它的功能是将结构体中的并行语组成一个或多个子模块。

(2) 进程语句,定义顺序语句模块。

(3) 信号赋值语句,将设计实体内的处理结果向定义的信号或界面端口进行赋值。

(4) 子程序调用语句,调用过程或函数,并将获得的结果赋予信号。

(5) 元件例化语句,对其他设计实体作元件调用说明,并将此元件的端口与其他元件、信号或高层次实体的界面端口进行连接。

例 3-4 是一个流水灯结构体的例子。

例 3-4

```
ARCHITECTURE DACC OF LSHD IS
SIGNAL Q: INTEGER RANGE 7 DOWNTO 0;
BEGIN
PROCESS(CLK)
BEGIN
IF(CLK'EVENT AND CLK = '1') THEN
     Q <= Q + 1;
END IF;
END PROCESS;
PROCESS(Q)
```

```
BEGIN
CASE Q IS
    WHEN 0 => SHCH <= "00000001";
    WHEN 1 => SHCH <= "00000010";
    WHEN 2 => SHCH <= "00000100";
    WHEN 3 => SHCH <= "00001000";
    WHEN 4 => SHCH <= "00010000";
    WHEN 5 => SHCH <= "00100000";
    WHEN 6 => SHCH <= "01000000";
    WHEN 7 => SHCH <= "10000000";
    WHEN OTHERS => NULL;
END CASE;
END PROCESS;
END DACC;
```

3.3 块语句

块（BLOCK）是 VHDL 中的一种划分机制。块语句的应用只是一种将结构体中的并行描述语句进行组合的方法，它的主要目的是改善并行语句及其结构的可读性，或利用块的保护表达式关闭某些信号。

实际上，结构体本身就等价于一个块，其区别只是块涉及多个实体和结构体，且综合后硬件结构的逻辑层次有所增加。

1. 块的语法格式

块的语法格式如下。

```
块标号:BLOCK[(块保护表)]
    端口说明
    类属说明
    BEGIN
    并行语句
END BLOCK 块标号;
```

（1）端口说明部分有点类似实体的定义部分，它可包含由关键词 PORT、GENERIC、PORT MAP 和 GENERIC MAP 引导的端口说明等语句，对 BLOCK 的端口设置以及与外界信号的连接状况加以说明。

（2）类属说明部分和端口说明部分的适用范围仅限于当前块。因此，所有这些在块内部的说明对于这个块的外部来说是完全不透明的，即不能适用于外部环境或由外部环境所调用，但对于嵌套于更内层的块却是透明的，即可将信息向内部传递。块的说明部分可以定义的项目主要有：USE 语句、子程序、数据类型、子类型、常量、信号和元件。

例 3-5 块语句的一个使用示例。

```
...
ENTITY gat IS
GENERIC(l_time:TIME;
```

```
                s_time:TIME);                       --类属说明
    PORT(b1,b2,b3:INOUT BIT;                        --结构体全局端口定义
    END gat;
    ARCHITECTURE func OF gat IS
    SIGNAL a1:BIT;                                  --结构体全局信号 a1 定义
    BEGIN
    BLK1:BLOCK                                      --块定义,块标号名是 BLK1
    GENERIC(gb1,gb2:Time);                          --定义块中的局部类属参数
    GENERIC MAP(gb1 => l_time,gb2 => s_time);       --局部端口参数设定
    PORT(pb1:IN BIT;
         pb2:INOUT BIT);                            --块结构中局部端口定义
    PORT MAP(pb1 => b1,pb2 => a1);                  --块结构端口连接说明
    CONSTANT delay:Time: =1 ms;                     --局部常量定义
    SIGNAL s1:BIT;                                  --局部信号定义
    BEGIN
    s1 <= pb1 AFTER delay;
    pb2 <= b1 AFTER gb2;
    END BLOCK BLK1;
    END func;
```

2. 块的应用

块的应用可以使结构体层次鲜明、结构明确。利用块语句可以将结构体中的并行语句划分成多个并行方式的块,每个块都像一个独立的设计实体,具有自己的类属参数说明和界面端口,以及与外部环境的端口描述。

3. 块语句在综合中的地位

与大部分 VHDL 语句不同,块语句的应用,包括其中的类属说明和端口定义,都不会影响对原结构体的逻辑功能的仿真结果。

3.4 进程

进程(PROCESS)的概念产生于软件语言,但在 VHDL 中,进程语句则是最具特色的语句,它的运行方式与软件语言中的进程也完全不同。

进程语句包含了一个代表设计实体中部分逻辑行为的、独立的顺序语句描述的进程。与并行语句的同时执行方式不同,顺序语句可以根据设计者的要求,利用顺序可控的语句,完成逐条执行的功能。语句运行的顺序是同程序语句书写的顺序一致的。一个结构体中可以有多个并行运行的进程,而每个进程的内部结构却是由一系列顺序描述语句构成的。

需要注意的是,在 VHDL 中,所谓顺序仅是指语句执行的顺序性,但这并不意味着进程语句所对应的硬件逻辑行为也具有相同的顺序性。进程结构中的顺序语句及其所谓的顺序执行过程,只是相对于计算机中的软件行为仿真的模拟过程而言的,这个过程与硬件结构中实现的对应的逻辑行为是不同的。进程结构中既可以有时序逻辑的描述,也可以有组合逻辑的描述,它们都可以用顺序语句表达。然而,硬件中的组合逻辑具有最典型的并行逻辑功能,而硬件中的时序逻辑也并非都是以顺序方式工作的。

1. 进程的语法格式

进程的语法格式如下。

```
[进程标号:]PROCESS[(敏感信号参数表)][IS]
    [进程说明部分]
    BEGIN
        顺序描述语句
    END PROCESS[进程标号];
```

每个进程语句结构可以被赋予一个进程标号,但这个标号不是必需的。进程说明部分定义该进程所需的局部数据环境。顺序描述语句部分是一段顺序执行的语句,描述该进程的行为。进程中规定了每个进程语句在当它的某个敏感信号(由敏感信号参数表列出)的值改变时都必须立即完成某一功能行为,这个功能行为由进程语句中的顺序描述语句定义,行为的结果可以赋给信号,并通过信号被其他进程或块读取或赋值。当进程中定义的任一敏感信号发生更新时,由顺序描述语句定义的行为就要重复执行一次,当进程中最后一个语句执行完成后,执行过程将返回到进程的第一个语句,以等待下一次敏感信号变化,如此循环往复以至无限。但当遇到 WAIT 语句时,执行过程将被有条件地终止,即所谓的"挂起"。

一个结构体中可含有多个进程结构,每个进程结构在其敏感信号参数表中定义的任一敏感参数变化时都可以在任何时刻被激活(或者称为启动),而所有被激活的进程都是并行运行的。

进程必须以语句"END PROCESS[进程标号];"结束,对于目前常用的 VHDL 综合器来说,进程标号不是必须的,敏感参数表旁的[IS]也不是必须的。

2. 进程的组成

进程的语法格式是由三个部分组成的,即进程说明部分、顺序描述语句和敏感信号参量表。

(1)进程说明部分主要定义一些局部量,可以包括数据类型、常量、变量、属性、子程序等。需要注意,在进程说明部分中不允许定义信号和共享变量。

(2)顺序描述语句可分为信号/变量赋值语句、进程启动语句、子程序调用语句、顺序描述语句和进程跳出语句等。

①信号赋值语句:在进程中将计算或处理的结果向信号(SIGNAL)赋值。

②变量赋值语句:在进程中以变量(VARIABLE)的形式存储计算的中间值。

③进程启动语句:当进程的敏感信号参量表中没有列出任何敏感信号时,进程的启动只能依靠进程启动语句(WAIT 语句),这时可以利用 WAIT 语句监视信号的变化情况,以便决定是否启动进程。WAIT 语句可以看成一种隐式的敏感信号参数表。

④子程序调用语句:对已定义的过程和函数进行调用,并参与计算。

⑤顺序描述语句:包括 IF 语句、CASE 语句、LOOP 语句和 NULL 语句等。

⑥进程跳出语句:包括 NEXT 语句和 EXIT 语句。

(3)敏感信号参数表需要列出用于启动本进程可读入的信号名(当有 WAIT 语句时例外)。

例 3-6 是一个含有进程的结构体,进程标号为 p1(进程标号不是必须的),进程的敏感信号参数表中来列出敏感信号,因此进程的启动需要依靠 WAIT 语句。在此,信号 clock 即该进程的敏感信号。每当出现一个时钟脉冲 clock 时,即进入 WAIT 语句以下的顺序语句执行进程,且当 driver 为高电平时进入 CASE 语句结构。

例 3-6

```
ARCHITECURE s_mode OF stat IS
BEGIN
p1: PROCESS
    BEGIN
      WAIT UNTIL clock ;                    -- 等待 clock 激活进程
      IF driver = '1' THEN
         CASE output IS
            WHEN s1 => output <= s2 ;
            WHEN s2 => output <= s3 ;
            WHEN s3 => output <= s4 ;
            WHEN s4 => output <= s1 ;
         END CASE
      END IF ;
END PROCESS p1;
END s_mode;
```

3. 进程要点

VHDL 程序与普通软件语言程序有很大的不同,普通软件语言程序中语句的执行方式和功能实现十分具体和直观,在编程中几乎可以立即作出判断。但对于 VHDL 程序,特别是进程结构,设计者应当从三个方面判断它的功能和执行情况。

(1) 基于 CPU 的纯软件的行为仿真运行方式。

(2) 基于 VHDL 综合器的综合结果所可能实现的运行方式。

(3) 基于最终实现的硬件电路的运行方式。

与其他语句相比,进程语句具有更多特点,认识进程和进行进程设计需要注意以下几方面的问题。

(1) 在同一结构体中的任一进程是一个独立的无限循环程序结构,但进程中却不必放置诸如软件语言中的返回语句,它的返回是自动的。进程只有两种运行状态,即执行状态和等待状态。进程是否进入执行状态,取决于是否满足特定的条件,如敏感信号是否发生变化。如果满足条件,即进入执行状态,当遇到 END PROCESS 语句后即停止执行,自动返回到起始语句 PROCESS,进入等待状态。

(2) 必须注意,进程中的顺序语句的执行方式与通常的软件语言中的语句的顺序执行方式有很大的不同。软件语言中每条语句都是按照 CPU 的机器周期的节拍顺序执行的,每条语句的执行的时间与 CPU 的工作方式、工作晶振的频率、机器周期及指令周期的长短有密切的关系。在进程中,一个执行状态的运行周期,即从进程的启动执行到遇到 END PROCESS 为止所花的时间与任何外部因素都无关(从综合结果来看),甚至与进程语法结构中的顺序描述语句的多少也没有关系,其执行时间从行为仿真的角度看只有 VHDL 模拟器的最小分辨时间,即一个 δ 时间;但从综合和硬件运行的角度看,其执行时间是 0,这与信号的传输延时无关,与被执行语句的实现时间也无关,即在同一进程中,10 条语句和 1 000 条语句的执行时间是一样的。

(3) 虽然同一结构体中的不同进程是并行运行的,但同一进程中的顺序描述语句则是顺序运行的,因此在进程中只能设置顺序语句。

（4）进程必须由敏感信号参数表中定义的任一敏感信号的变化来启动，否则必须有一个显式的 WAIT 语句来激活。这就是说，进程既可以通过敏感信号的变化来启动，也可以由满足条件的 WAIT 语句激活；反之，在遇到不满足条件的 WAIT 语句后进程将被挂起。因此，进程中必须定义显式或隐式的敏感信号。如果一个进程对一个信号集合总是敏感的，那么可以使用敏感信号参数表来指定进程的敏感信号。但是，在一个使用了敏感信号参数表的进程中不能含有任何 WAIT 语句。

（5）结构体中多个进程之所以能并行同步运行，一个很重要的原因是进程之间的通信是通过传递信号和共享变量值来实现的。因此，相对于结构体来说，信号具有全局特性，它是进程间进行并行联系的重要途径。可见，在任一进程的进程说明部分不允许定义信号和共享变量。

（6）进程是 VHDL 的重要建模工具。它与块不同的一个重要方面是，进程不但被 VHDL 综合器所支持，而且进程的建模方式将直接影响仿真和综合结果。

（7）进程有组合进程和时序进程两种类型，组合进程只产生组合电路，时序进程产生时序和与之配合的组合电路，这两种类型的进程设计必须密切注意 VHDL 语句应用的特殊方面。在多进程的状态机的设计中，各进程有明确分工。在设计中需要特别注意的是，组合进程中所有输入信号，包括赋值符号右边的所有信号和条件表达式中的所有信号，都必须包含于此进程的敏感信号参数表中，否则，当没有被包括在敏感信号参数表中的信号发生变化时，进程中的输出信号不能按照组合逻辑的要求得到即时的新的信号，VHDL 综合器将会给出错误判断，误判为设计者有存储数据的意图，即判断为时序电路。这时 VHDL 综合器将会为对应的输出信号引入一个保存原值的锁存器，这样就违背了设计组合进程的初衷。在实际电路中，这类组合进程的运行速度、逻辑资源效率和工作可靠性都将受到不良影响。

时序进程必须是列入敏感信号参数表中某一时钟信号的同步逻辑，或同一时钟信号使结构体中的多个时序进程构成同步逻辑。当然，一个时序进程也可以利用另一进程（组合或时序进程）中产生的信号作为自己的时钟信号。

例 3 – 7 十进制计数器（完整的程序）。用 VHDL 设计一个模为 10 的计数器，要求该计数器有使能端和复位端。

```vhdl
LIBRARY IEEE;
USE IEEE.STD_LOGIC_1164.ALL;
USE IEEE.STD_LOGIC_UNSIGNED.ALL;
ENTITY CNT10 IS
PORT(CLK,RST,EN:IN STD_LOGIC;
     CQ:OUT STD_LOGIC_VECTOR(3 DOWNTO 0);
     COUT:OUT STD_LOGIC);
END CNT10;
ARCHITECTURE behav OF CNT10 IS
BEGIN
PROCESS(CLK,RST,EN)
VARIABLE CQI:STD_LOGIC_VECTOR(3 DOWNTO 0);
BEGIN
IF RST = '1' THEN CQI: = (OTHERS =>'0');        -- 计数器复位
   ELSIF CLK'EVENT AND CLK = '1' THEN           -- 检测时钟上升沿
```

```
        IF EN = '1' THEN                          -- 检测是否允许计数
            IF CQI < "1001" THEN CQI : = CQI + 1; -- 允许计数
            ELSE CQI: = ( OTHERS =>'0');          -- 大于9,计数值清零
            END IF;
        END IF;
    END IF;
        IF CQI = "1001" THEN COUT <= '1';         -- 计数大于9,输出进位信号
        ELSE COUT <= '0';
        END IF;
        CQ <= CQI;                                -- 将计数值向端口输出
    END PROCESS;
END behav;
```

RST 为计数器复位端，EN 为计数器使能端，CLK 为计数器脉冲输入端，COUT 为计数器进位输出端，CQ 为计数输出端。十进制计数器的仿真波形图如图 3-2 所示。

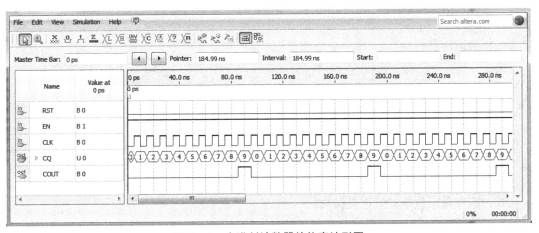

图 3-2　十进制计数器的仿真波形图

3.5　子程序

子程序是一个 VHDL 程序模块，这个模块利用顺序语句来定义和完成算法，因此只能使用顺序语句，这一点与进程相似。与进程不同的是，子程序不能像进程那样可以从本结构体的并行语句或进程结构中直接读取信号值或者向信号赋值。子程序只能通过子程序调用或与子程序的界面端口进行通信。子程序可以在 VHDL 程序的三个不同位置进行定义，即在程序包、结构体和进程中定义。

在使用中必须注意，综合后的子程序将映射于目标芯片中的一个相应的电路模块，且每次调用都将在硬件结构中产生具有相同结构的不同的模块，这一点与在普通的软件中调用子程序有很大的不同。因此，在面向 VHDL 的实用中，要密切关注和严格控制子程序的调用次数，每调用一次子程序都意味着增加了一个硬件电路模块。

由于只有在程序包中定义的子程序才可以被几个不同的设计所调用，所以一般应该将子程序放在程序包中。

子程序具有可重载的特点，即允许有许多重名的子程序，但这些子程序的参数类型以

及返回值类型是不同的。子程序的可重载性是一个非常有用的特性。

子程序有两种类型,即过程和函数。

过程的调用可通过其界面提供多个返回值,或不提供任何返回值;而函数只能返回一个值。在函数入口中,所有参数都是输入参数,而过程有输入参数、输出参数和双向参数。过程一般被看作一种语句结构,常在结构体或进程中以分散的形式存在;而函数通常是表达式的一部分,常在赋值语句或表达式中使用。过程可以单独存在,其行为类似进程;而函数通常作为语句的一部分被调用。

3.5.1 函数

在 VHDL 中有多种函数形式,包括用于不同目的的用户自定义函数和在库中现成的具有专用功能的预定义函数,如转换函数和决断函数。转换函数用于从一种数据类型到另一种数据类型的转换,如在元件例化语句中利用转换函数可允许不同数据类型的信号和端口间进行映射;决断函数用于在多驱动信号时解决信号竞争问题。

1. 函数的语法格式

函数的语法格式如下。

```
FUNCTION 函数名(参数表) RETURN    数据类型;           --函数首
FUNCTION 函数名(参数表) RETURN    数据类型 IS         --函数体
    [说明部分]
    BEGIN
    顺序语句;
END FUNCTION 函数名;
```

一般地,函数定义应由两部分组成,即函数首和函数体,在进程或结构体中不必定义函数首,而在程序包中必须定义函数首。

2. 函数首

函数首是由函数名、参数表和返回值的数据类型三部分组成的。如果将所定义的函数组织成程序包入库,则定义函数首是必需的,这时的函数首就相当于一个入库货物名称与货物位置表,入库的是函数体。函数首的名称即函数的名称,需要放在关键词 FUNCTION 之后,此名称可以是普通的标识符,也可以是操作符,操作符必须加上双引号,这就是所谓的操作符重载。操作符重载就是对 VHDL 中现存的操作符进行重新定义,以获得新的功能。新功能的定义是靠函数体完成的,函数的参数表是用来定义输出值的,因此不必以显式表示参数的方向,函数参数可以是信号或常量,参数名必须在关键词 CONSTANT 或 SIGNAL 之后。如果没有特别说明,则参数被默认为常量。如果要将一个已编制好的函数并入程序包,则函数首必须放在程序包的说明部分,而函数体需要放在程序包的包体内。如果只是在一个结构体中定义并调用函数,则仅需函数体即可。由此可见,函数首的作用只是作为程序包的有关此函数的一个端口界面。

3. 函数体

函数体包括对数据类型、常量、变量等的局部说明,以及用以完成规定算法或转换的顺序语句,并以关键词 END FUNCTION 以及函数名结尾。一旦函数被调用,就将执行这部分语句。

例 3-8

```
LIBRARY IEEE;
USE IEEE.STD_LOGIC_1164.ALL;
PACKAGE packexp IS                              -- 定义程序包
  FUNCTION max( a,b:IN STD_LOGIC_VECTOR)        -- 定义函数首
    RETURN STD_LOGIC_VECTOR;
  FUNCTION func1 ( a,b,c:REAL )                 -- 定义函数首
    RETURN REAL;
  FUNCTION "*" ( a,b :INTEGER )                 -- 定义函数首
    RETURN INTEGER;
  FUNCTION as2 (SIGNAL in1,in2:REAL )           -- 定义函数首
    RETURN REAL;
END packexp;
PACKAGE BODY packexp IS
  FUNCTION max( a,b:IN STD_LOGIC_VECTOR)        -- 定义函数体
    RETURN STD_LOGIC_VECTOR IS
  BEGIN
    IF a > b THEN
      RETURN a;
    ELSE
      RETURN b;
    END IF;
  END FUNCTION max;                             -- 结束 FUNCTION 语句
END packexp;                                    -- 结束 PACKAGE BODY 语句
                                                -- 函数应用实例
LIBRARY IEEE;
USE IEEE.STD_LOGIC_1164.ALL;
USE WORK.packexp.ALL;
ENTITY axamp IS
  PORT(dat1,dat2:IN STD_LOGIC_VECTOR(3 DOWNTO 0);
       dat3,dat4:IN STD_LOGIC_VECTOR(3 DOWNTO 0);
       out1,out2:OUT STD_LOGIC_VECTOR(3 DOWNTO 0) );
END axamp;
ARCHITECTURE behave OF axamp IS
BEGIN
  out1 <= max(dat1,dat2);                       -- 用在赋值语句中的并行函数调用语句
  PROCESS(dat3,dat4)
  BEGIN
    out2 <= max(dat3,dat4);                     -- 顺序函数调用语句
  END PROCESS;
END behave;
```

例 3-8 中有四个不同的函数首，它们都放在程序包 packexp 的说明部分。第 1 个函数中的参数 a、b 的数据类型是标准矢量类型，返回值是 a、b 中的最大值，其数据类型也是标准位矢量类型。第 2 个函数中的参数 a、b、c 的数据类型都是实数类型，返回值也是实数类型。第 3 个函数定义了一种乘法操作符，即通过用此函数定义的操作符"∗"可以进行两个整数间的乘法，且返回值也是整数类型。第 4 个函数定义输入量是信号，书写格式是在函数名后的括号中先写上参数目标类型 SIGNAL，以表示 in1 和 in2 是两个信号，最后写上两个信号的数据类型是实数类型 REAL，返回值也是实数类型。

3.5.2 重载函数

VHDL 允许以相同的函数名定义函数，即重载函数，但这时要求函数中定义的操作数具有不同的数据类型，以便调用时用以分辨不同功能的同名函数。在由具有不同数据类型操作数构成的同名函数中，以操作符重载式函数最为常用。

例 3 – 9

```
LIBRARY IEEE ;
USE IEEE.STD_LOGIC_1164.ALL ;
PACKAGE packexp IS                              -- 定义程序包
   FUNCTION max( a,b : IN STD_LOGIC_VECTOR)     -- 定义函数首
      RETURN STD_LOGIC_VECTOR ;
   FUNCTION max( a,b : IN BIT_VECTOR)
      RETURN BIT_VECTOR;
   FUNCTION max( a,b : IN INTEGER)
      RETURN INTEGER;
END packexp;

PACKAGE BODY packexp IS
FUNCTION max( a,b : IN STD_LOGIC_VECTOR)        -- 定义函数体
   RETURN STD_LOGIC_VECTOR IS
BEGIN
   IF a > b THEN
      RETURN a;
   ELSE
      RETURN b;
   END IF;
END FUNCTION max;                               -- 结束 FUNCTION 语句
FUNCTION max( a,b: IN INTEGER)                  -- 定义函数体
   RETURN INTEGER IS
BEGIN
   IF a > b THEN
      RETURN a;
   ELSE
      RETURN b;
   END IF;
END FUNCTION max;                               -- 结束 FUNCTION 语句
FUNCTION max( a,b : IN BIT_VECTOR)              -- 定义函数体
   RETURN BIT_VECTOR IS
BEGIN
   IF a > b THEN
      RETURN a;
   ELSE
      RETUEN b;
   END IF;
END FUNCTION max;                               -- 结束 FUNCTION 语句
END packexp;                                    -- 结束 PACKAGE BODY 语句
-- 以下是调用重载函数 max 的程序
```

```
LIBRARY IEEE ;
USE IEEE.STD_LOGIC_1164.ALL;
USE WORK.packexp.ALL;
ENTITY axamp IS
   PORT( a1,b1: IN STD_LOGIC_VECTOR(3 DOWNTO 0);
         a2,b2: IN BIT_VECTOR(4 DOWNTO 0);
         a3,b3: IN INTEGER RANGE 0 TO 15;
         c1 : OUT STD_LOGIC_VECTOR(3 DOWNTO 0);
         c2 : OUT BIT_VECTOR(4 DOWNTO 0);
         c3 : OUT INTEGER RANGE 0 TO 15);
END axamp;
ARCHITECTURE behave OF axamp IS
BEGIN
   c1 <= max(a1,b1);    --对函数 max(a,b : IN STD_LOGIC_VECTOR)的调用
   c2 <= max(a2,b2);    --对函数 max(a,b : IN BIT_VECTOR) 的调用
   c3 <= max(a3,b3);    --对函数 max(a,b : IN INTEGER) 的调用
END behave;
```

VHDL 不允许不同数据类型的操作数间进行直接操作或运算。为此，在由具有不同数据类型操作数构成的同名函数中，可定义以操作符重载式函数，这种函数为不同数据类型操作数间的运算带来极大的方便。

3.5.3 过程

在 VHDL 中，子程序的另外一种形式是过程（PROCEDURE）。

1. 过程的语法格式

过程的语法格式如下。

```
PROCEDURE  过程名(参数表);           --过程首
PROCEDURE  过程名(参数表) IS         --过程体
      [说明部分]
      BEGIN                          --过程体
         顺序语句
END PROCEDURE 过程名;
```

与函数一样，过程由过程首和过程体构成，过程首不是必需的，过程体可以独立存在和使用，即在进程或结构体中不必定义过程首，而在程序包中必须为每个过程体定义过程首。

2. 过程首

过程首由过程名和参数表组成。参数表用于对常量、变量和信号三类数据对象目标作出说明，并用关键词 IN、OUT 和 INOUT 定义这些参数的工作模式，即信号流向模式。如果没有指定信号流向模式，则默认为 IN 模式。

以下是三个过程首的定义示例。

例 3-10

```
PROCEDURE pro1 (VARIABLE a,b:INTOUT REAL);
PROCEDURE pro2 (CONSTANT a1:IN INTEGER;
```

```
                    VARIABLE b1:OUT INTEGER);
PROCEDURE pro3 (SIGNAL sig:INTOUT BIT);
```

过程 pro1 定义了两个实数双向变量 a 和 b；过程 pro2 定义了两个参数，第一个是常量，它的数据类型为整数，信号流向模式是 IN，第二个参数是变量，信号流向模式和数据类型分别是 OUT 和整数；过程 pro3 中只定义了一个信号参数，即 sig，它的信号流向模式是双向 INOUT，数据类型是 BIT。一般地，可在参数表中定义三种信号流向模式，即 IN、OUT 和 INOUT。如果只定义了 IN 模式而未定义目标参数类型，则默认为常量；若只定义了 INOUT 或 OUT 模式，则默认目标参数类型是变量。

3. 过程体

过程体是由顺序语句组成的，调用过程即启动了对过程体的顺序语句的执行。过程体中的说明部分只是局部的，其中的各种定义只适用于过程体内部。过程体的顺序语句部分可以包含任何顺序执行的语句，包括 WAIT 语句。但如果一个过程是在进程中调用的，且这个进程已列出了敏感信号参数表，则不能在此过程中使用 WAIT 语句。

在不同的调用环境中，可以有两种不同的语句方式对过程进行调用，即顺序语句方式或并行语句方式。对于前者，在一般的顺序语句自然执行过程中，一个过程被执行，则属于顺序语句方式，因为这时它只相当于一条顺序语句的执行；对于后者，一个过程相当于一个小的进程，当这个过程处于并行语句环境中时，其过程体中定义的任一 IN 或 INOUT 模式的目标参数（即数据对象：变量、信号、常量）发生改变时，都将启动过程的调用，这时的调用属于并行语句方式。以下是两个过程的使用示例。

例 3 – 11

```
PROCEDURE prg1(VARIABLE value:INOUT BIT_VECTOR(0 TO 3) ) IS
BEGIN
CASE value IS
    WHEN "0000"  => value: = "0101";
    WHEN "0101"  => value: = "0000";
    WHEN OTHERS  => value: = "1111";
END CASE;
END PROCEDURE prg1;
```

例 3 – 12

```
PROCEDURE comp (a:IN REAL;
                m:IN INTEGER;
                v1,v2:OUT REAL) IS
VARIABLE cnt:INTEGER;
BEGIN
v1 := 1.6 * a;                       -- 赋初始值
v2 := 1.0;                           -- 赋初始值
Q1:FOR cnt IN 1 TO m LOOP
v2: = v2 * v1;
EXIT Q1 WHEN v2 > v1;
END LOOP Q1;
ASSERT (v2 < v1 )
REPORT "OUT OF RANGE"                -- 输出错误报告
```

```
        SEVERITY ERROR;
END PROCEDURE comp;
```

在以上过程 comp 的参数表中，定义了 a 为 IN 模式，数据类型为实数；m 为 IN 模式，数据类型为整数。这两个参数都没有以显式定义它们的目标参数类型，显然它们的默认类型都是常量。由于 v1、v2 定义为 OUT 模式的实数，所以默认为变量。在过程 comp 的 LOOP 语句中，对 v2 进行循环计算，直到 v2 大于 v1，EXIT 语句中断运算，并由 REPORT 语句给出错误报告。

3.5.4 重载过程

两个或两个以上有相同的过程名和互不相同的参数数量及数据类型的过程称为重载过程。对于重载过程，也是靠参数类型来辨别究竟调用哪一个过程。

例 3 – 13

```
PROCEDURE calcu( v1,v2:IN REAL;
        SIGNAL out1:INOUT INTEGER);
PROCEDURE calcu(v1,v2:IN INTEGER;
        SIGNAL out1:INOUT REAL);
...
calcu(20.15,1.42,sign1);      --调用第一个重载过程 calcu
calcu(23,320,sign2);          --调用第二个重载过程 calcu
```

此例中定义了两个重载过程，它们的过程名、参数数量及各参数的模式是相同的，但参数的数据类型是不同的。第一个过程中定义的两个 IN 模式的参数 v1 和 v2 为实数常量，out1 为 INOUT 模式的整数信号；第二个过程中 v1、v2 则为整数常量，out1 为实数信号。

3.6 库

在利用 VHDL 进行工程设计时，为了提高设计效率以及使设计遵循某些统一的语言标准或数据格式，有必要将一些有用的信息汇集在一个或几个库中以供调用。这些信息可以是预先定义好的数据类型、子程序等设计单元的集合体（程序包），或预先设计好的各种设计实体（元件库程序包）。因此，可以把库看成一种用来存储预先完成的程序包和数据集合体的仓库。

VHDL 的库分为两类：一类是设计库，如在具体设计项目中设定的目录所对应的 WORK 库；另一类是资源库，资源库是存放常规元件和标准模块的库。

1. 库的种类

VHDL 程序设计中常用的库有 IEEE 库、STD 库、WORK 库以及 VITAL 库。

1) IEEE 库

IEEE 库是 VHDL 程序设计中最为常用的库，它包含 IEEE 标准的程序包和其他一些支持工业标准的程序包。对于一般基于 FPGA/CPLD 的开发，IEEE 库中的四个程序包 STD_LOGIC_1164、STD_LOGIC_ARITH、STD_LOGIC_SIGNED 和 STD_LOGIC_UNSIG – NED 已足够使用。

2) STD 库

VHDL 语言标准定义了两个标准的程序包,即程序包 STANDARD 和 TEXTIO(文件输出/输入程序包)。由于 STD 符合 VHDL 标准,所以在应用中不必如 IEEE 库那样显式表达,如在程序中,以下库的使用语句是不必要的。

```
LIBRARY STD;
```

3) WORK 库

WORK 库是用户的 VHDL 程序设计的现行工作库,用于存放用户设计和定义的一些设计单元和程序包,因此是用户自己的仓库。用户设计项目的成品、半成品模块,以及先期已设计好的元件放在 WORK 库中。WORK 库自动满足 VHDL 标准,在实际调用中也不必显式表达。

4) VITAL 库

使用 VITAL 库可以提高 VHDL 门电路级时序模拟的精度,因此它只在 VHDL 仿真器中使用。由于各 FPGA/CPLD 生产厂商的适配器工具都能为各自芯片生成带时序信息的 VHDL 门电路级网表,用 VHDL 仿真器仿真该网表可以得到精确的时序仿真结果,所以在 FPGA/CPLD 设计开发过程中,一般并不需要 VITAL 库中的程序包。

2. 库的用法

在 VHDL 中,库语句总是放在实体单元前面,这样在设计实体内的语句就可以使用库中的数据和文件。库语句一般必须与 USE 语句同用。库语句的关键词是 LIBRARY,它指明所使用的库名;USE 语句指明库中的程序包。

USE 语句有两种常用语法格式,如下所示。

```
USE 库名.程序包名.项目名;
USE 库名.程序包名.ALL;
```

第一个语法格式的作用是向本设计的实体开放指定库中的特定程序包内所选择的项目。

第二个语法格式的作用是向本设计的实体开放指定库中的特定程序包内所有的内容。

合法的 USE 语句的使用方法是将 USE 语句说明中所要开放的设计实体对象紧跟在 USE 语句之后,如 "USE IEEE.STD_LOGIC_1164.ALL;" 表明打开 IEEE 库中的程序包 STD_LOGIC_1164,并使程序可任意使用该程序包中的公共资源。这里用到了关键词 ALL,它代表程序包中所有的资源。

示例如下。

```
LIBRARY IEEE;
USE IEEE.STD_LOGIC_1164.STD_ULOGIC;
USE IEEE.STD_LOGIC_1164.RISING_EDGE;
```

上例中向当前设计文件实体开放了程序包 STD_LOGIC_1164 中的 RISING_EDGE 函数,但由于此函数需要用到数据类型 STD_ULOGIC,所以在上一条 USE 语句中开放了同一程序包中的这一数据类型。

3.7 程序包

已在设计实体中定义的数据类型、子程序或数据对象对于其他设计实体是不可用的，或者说是不可见的。为了使已定义的常量、数据类型、元件调用说明以及子程序能被其他设计实体方便地访问和共享，可以将它们收集在一个程序包中。多个程序包可以并入一个库，使之适用于更一般的访问和调用范围。程序包主要由如下四种基本结构组成，一个程序包中至少应包含以下基本结构中的一种。

（1）常量说明：如定义系统数据总线通道的宽度。

（2）数据类型说明：主要用于说明在整个设计中通用的数据类型，如通用的地址总线数据类型定义等。

（3）元件定义：主要规定在整个设计中参与文件例化的文件端口界面。

（4）子程序：并入程序包的子程序有利于在设计中的任意位置进行方便地调用。

通常程序包中的内容应具有更大的适用面和良好的独立性，以供各种不同设计需求调用，如程序包 STD_LOGIC_1164 定义的数据类型 STD_LOGIC 和 STD_LOGIC_VECTOR。一旦定义了一个程序包，各种独立的设计就能方便地调用它。

1. 程序包的语法格式

程序包的语法格式如下。

```
PACKAGE 程序包名 IS                      -- 程序包首
    程序包首说明部分
END 程序包名；
PACKAGE BODY 程序包名 IS                 -- 程序包体
    程序包体说明部分以及程序包体内容
END 程序包名；
```

程序包的语法格式由程序包的说明部分（即程序包首）和程序包的内容部分（即程序包体）两部分组成。一个完整的程序包中，程序包首名与程序包体名是相同的。

2. 程序包首

程序包首说明部分可收集多个不同的设计所需的公共信息，其中包括数据类型说明、信号说明、子程序说明及元件说明等。所有这些信息虽然也可以在每一个设计实体中逐一单独地定义和说明，但如果将这些常用的，并且具有一般性的说明定义放在程序包中供随时调用，显然可以提高设计的效率和程序的可读性。

在程序包结构中，程序包体并非是必须的，程序包首可以独立定义和使用。

3. 程序包体

程序包体用于定义在程序包首中已定义的子程序的子程序体。程序包体说明部分的组成可以是 USE 语句（允许调用其他程序包）、子程序定义、子程序体、数据类型说明、子类型说明和常量说明等。没有子程序说明的程序包体可以省略。

程序包常用来封装多个设计单元所分享的信息，程序包定义的信号、变量不能在设计实体之间共享。

常用的预定义的程序包有四种。

（1）程序包 STD_LOGIC_1164。

(2) 程序包 STD_LOGIC_ARITH。
(3) 程序包 STD_LOGIC_UNSIGNED 和 STD_LOGIC_SIGNED。
(4) 程序包 STANDARD 和 TEXTIO。

程序包的定义及其应用示例如例 3 – 14 所示。

例 3 – 14

```
PACKAGE pac1 IS                              --程序包首开始
    TYPE byte IS RANGE 0 TO 255;             --定义数据类型 byte
    SUBTYPE nibble IS byte RANGE 0 TO 15;    --定义子类型 nibble
    CONSTANT byte_ff:byte: = 255;            --定义常量 byte_ff
    SIGNAL addend:nibble;                    --定义信号 addend
    COMPONENT byte_adder                     --定义元件
    PORT(a,b:IN byte;
         c:OUT byte;
         overflow:OUT BOOLEAN);
    END COMPONENT;
    FUNCTION my_function(a:IN byte) Return byte;    --定义函数
END pac1;                                    --程序包首结束
```

此例是一个程序包首，其程序包名是 pac1，在其中定义了一个新的数据类型 byte 和一个子类型 nibble；接着定义了一个数据类型为 byte 的常量 byte_ff 和一个数据类型为 nibble 的信号 addend，还定义了一个元件和函数。由于元件和函数必须有具体的内容，所以将这些内容安排在程序包体中。如果要使用这个程序包中的所有定义，可利用 USE 语句按如下方式获得访问此程序包的方法。

```
LIBRARY WORK;
USE WORK.pac1.ALL;
ENTITY …
ARCHITECTURE …
    …
```

由于 WORK 库是默认打开的，所以可省略 LIBRARY WORK 语句，只要加入相应的 USE 语句即可。

3.8 配置

配置可以把特定的结构件关联到一个确定的实体。配置语句就是用来为较大的系统设计提供管理和工程组织的。通常在大而复杂的 VHDL 工程设计中，配置语句可以为实体指定或配置一个结构体，如可以利用配置语句使 VHDL 仿真器为同一实体配置不同的结构体以使设计者比较不同结构体的仿真差别，或者为例化的各元件实体配置指定的结构体，从而形成一个所希望的例化元件层次构成的设计实体。

配置也是 VHDL 设计实体中的一个基本单元，在综合或仿真中，可以利用配置语句为确定整个设计提供许多有用信息。例如，对于以元件例化的层次方式构成的 VHDL 设计实体，可以把配置语句的设置看成一个元件，以配置语句指定在顶层设计中的每个元件与一个特定结构体相衔接或赋予特定属性。配置语句还能用于对元件的端口连接进行重新安排等。

VHDL综合器允许将配置规定为一个设计实体中的最高层设计单元,但只支持对最顶层的实体进行配置。

配置语句的语法格式如下。

```
CONFIGURATION 配置名 OF 实体名 IS
    配置说明
END 配置名;
```

配置主要为顶层设计实体指定结构体或为参与例化的元件实体指定所希望的结构体,以层次方式对元件例化作结构配置。如前所述,每个实体可以拥有多个不同的结构体,而每个结构体的地位是相同的,在这种情况下,可以利用配置说明为这个实体指定一个结构体。例3-15是一个配置的简单方式应用示例,即在一个描述与非门的设计实体中有两个以不同的逻辑描述方式构成的结构体,用配置语句为特定的结构体需求作配置指定。

例 3-15

```
LIBRARY IEEE;
USE IEEE.STD_LOGIC_1164.ALL;
ENTITY YF IS
   PORT(A:IN STD_LOGIC;
        B:IN STD_LOGIC;
        C:OUT STD_LOGIC);
END YF;
ARCHITECTURE ART1 OF YF IS
BEGIN
     C <= NOT (A AND B );
END ART1;

ARCHITECTURE ART2 OF YF IS
BEGIN
  C <= '1' WHEN (A = '0') AND(B = '0') ELSE
       '1' WHEN (A = '0') AND(B = '1') ELSE
       '1' WHEN (A = '1') AND(B = '0') ELSE
       '0' WHEN (A = '1') AND(B = '1') ELSE
       '0';
END ART2;

CONFIGURATION SECOND OF YF IS
  FOR ART2
  END FOR;
END SECOND;

CONFIGURATION FIRST OF YF IS
  FOR ART1
  END FOR;
END FIRST;
```

在例3-15中若指定配置名为SECOND,则实体YF配置的结构体为ART2;若指定配置名为FIRST,则实体YF配置的结构体为ART1。这两种结构的描述方式是不同的,但它们具有相同的逻辑功能。

习 题

3.1 在 VHDL 程序设计中，必不可少的是哪两部分？

3.2 什么是进程语句？如何理解进程语句的并行性和顺序性的双重特性？

3.3 进程之间的通信是通过什么方式实现的？

3.4 什么是子程序？过程语句用于什么场合？其所带参数是怎样定义的？函数语句用于什么场合？其所带参数是怎样定义的？

3.5 在 VHDL 中常见的库有哪几种？

3.6 一个包集合由哪两大部分组成？包集合体通常包含哪些内容？

3.7 子程序调用与元件例化有何区别？函数与过程在具体使用上有何不同？

3.8 是否有这样的可能，进程的运行状态已结束，即已从运行状态进入等待状态，而进程中的某条赋值语句尚未完成赋值操作？为什么？从行为仿真和电路实现两方面来谈。

3.9 类属参数与常量有何区别？

3.10 什么是重载函数？

3.11 写出 8 位锁存器（如 74LS373）的实体，输入为 D、CLOCK 和 OE，输出为 Q。

3.12 画出与下列实体描述对应的原理图。

(1)
```
ENTITY buf3s IS                              －－三态缓冲器
    PORT(Input:IN STD_LOGIC;                 －－输入端
         Enable:IN STD_LOGIC;                －－使能端
         Output:OUT STD_LOGIC);              －－输出端
END buf3s;
```

(2)
```
ENTITY mux21 IS                              －－2 选 1 多路选择器
    PORT(In0,                                －－数据输入 0
         In,                                 －－数据输入 1
         Sel: IN STD_LOGIC;                  －－选择信号输入
         Output:OUT STD_LOGIC);              －－输出
END mux21;
```

3.13 端口模式有哪几种？各是什么？它们有什么特点？

3.14 VHDL 中子程序包括哪些？

第 4 章
VHDL 顺序语句

顺序语句和并行语句是 VHDL 程序设计中两大基本描述语句系列。在逻辑系统的设计中，这些语句从多侧面完整地描述了数字系统的硬件结构和基本逻辑功能，其中包括通信的方式、信号的赋值、多层次的元件例化以及系统行为等。

顺序语句是相对于并行语句而言的。顺序语句的特点是，每条顺序语句的执行（指仿真执行）顺序是与它们的书写顺序基本一致的。顺序语句只能出现在进程和子程序中，子程序包括函数和过程。

VHDL 中的顺序语句与传统的软件编程语言中语句的执行方式十分相似。所谓顺序，主要指的是语句的执行顺序，或者说在行为仿真中语句的执行次序。应注意的是，这里的顺序是从仿真软件的运行或顺应 VHDL 语法的编程逻辑思路而言的，其相应的硬件逻辑工作方式未必如此。

在 VHDL 中，一个进程是由一系列顺序语句构成的，而进程本身属于并行语句，这就是说，在同一设计实体中，所有进程是并行执行的。然而，在任一给定的时刻内，在每个进程内，只能执行一条顺序语句（基于行为仿真）。一个进程与其设计实体的其他部分进行数据交换的方式只能通过信号或端口。如果要在进程中完成某些特定的算法和逻辑操作，也可以通过依次调用子程序来实现，但子程序本身并无顺序和并行之分。利用顺序语句可以描述逻辑系统中的组合逻辑、时序逻辑或它们的综合体。

VHDL 有六类基本顺序语句：赋值语句、转向控制语句、等待语句、空操作语句、子程序调用语句、返回语句。

4.1 赋值语句

赋值语句的功能就是将一个值或一个表达式的运算结果传递给某一数据对象，如信号或变量，或由此组成的数组。

1. 信号和变量赋值

赋值语句有两种，即信号赋值语句和变量赋值语句。每一种赋值语句都由 3 个基本部分组成，它们是赋值目标、赋值符号和赋值源。赋值目标是所赋值的受体，它的基本元素只能是信号或变量，但表现形式可以有多种，如文字、标识符、数组等。赋值符号只有两种，信号赋值符号是"<="，变量赋值符号是": ="。赋值源是赋值的主体，它可以是一个数值，也可以是一个逻辑或运算表达式。VHDL 规定，赋值目标与赋值源的数据类型必须严格一致。

变量赋值与信号赋值的区别在于，变量具有局部特征，它的有效性只局限于所定义的一个进程或一个子程序中，它是一个局部的、暂时性的数据对象（在某些情况下），对于它的赋值是立即发生的（假设进程已启动），即它是一种延时为零的赋值行为。信号则不同，信号具有全局性特征，它不但可以作为一个设计实体内部各单元之间数据传送的载体，而且可以与其他实体进行通信（端口本质上也是一种信号）。信号赋值并不是立即发生的，它发生在一个进程结束时。信号赋值过程总是有某种延时，它反映了硬件系统的重要特性，综合后可以找到与信号对应的硬件结构，如一根传输导线、一个输入/输出端口或一个 D 触发器等。

必须注意的是，千万不要从以上对信号和变量的描述中得出结论：变量赋值只是一种纯软件效应，不可能产生与之对应的硬件结构。事实上，变量赋值的特性是 VHDL 语法的要求，是行为仿真流程的规定。实际情况是，在某些条件下变量赋值行为与信号赋值行为所产生的硬件结果是相同的，如都可以向系统引入寄存器。

变量赋值语句和信号赋值语句的语法格式如下。

```
变量赋值目标 := 赋值源;
信号赋值目标 <= 赋值源;
```

在信号赋值中需要注意的是，当在同一进程中，同一信号赋值目标有多个赋值源时，信号赋值目标获得的是最后一个赋值源的赋值，其前面相同的信号赋值目标没有任何变化。

例 4 – 1

```
SIGNAL S1,S2:STD_LOGIC;
SIGNAL SVEC:STD_LOGIC_VECTOR(0 TO 7);
...
PROCESS(S1,S2)
VARIABLE V1,V2:STD_LOGIC;
BEGIN
    V1 := '1';         -- 立即将 V1 置位为 1
    V2 := '1';         -- 立即将 V2 置位为 1
    S1 <= '1';         -- S1 被赋值为 1
    S2 <= '1';         -- 由于在本进程中,这里的 S2 不是最后一个赋值语句,故不进行
                       -- 赋值操作
    SVEC(0) <= V1;     -- 将 V1 在上面的赋值 1,赋给 SVEC(0)
    SVEC(1) <= V2;     -- 将 V2 在上面的赋值 1,赋给 SVEC(1)
    SVEC(2) <= S1;     -- 将 S1 在上面的赋值 1,赋给 SVEC(2)
    SVEC(3) <= S2;     -- 将最下面的赋予 S2 的值'0',赋给 SVEC(3)
    V1 := '0';         -- 将 V1 置入新值 0
    V2 := '0';         -- 将 V2 置入新值 0
    S2 <= '0';         -- 由于这是 S2 最后一次赋值,所以赋值有效
                       -- 此'0'将上面准备赋入的'1'覆盖
    SVEC(4) <= V1;     -- 将 V1 在上面的赋值 0,赋给 SVEC(4)
    SVEC(5) <= V2;     -- 将 V2 在上面的赋值 0,赋给 SVEC(5)
    SVEC(6) <= S1;     -- 将 S1 在上面的赋值 1,赋给 SVEC(6)
    SVEC(7) <= S2;     -- 将 S2 在上面的赋值 0,赋给 SVEC(7)
END PROCESS;
```

2. 赋值目标

赋值语句中的赋值目标有四种类型。

1) 标识符赋值目标及数组单元素赋值目标

标识符赋值目标是以简单的标识符作为被赋值的信号或变量名。

数组单元素赋值目标的表达形式如下。

```
数组类信号或变量名(下标名)
```

2) 段下标元素赋值目标及集合块赋值目标

段下标元素赋值目标可用以下方式表示。

```
数组类信号或变量名(下标1 TO/DOWNTO 下标2)
```

括号中的两个下标必须用具体数值表示，并且其数值范围必须在所定义的数组下标范围内，两个下标的排序要符合方向关键词 TO 或 DOWNTO，具体用法如例 4-2 所示。

例 4-2

```
VARIABLE A,B:STD_LOGIC_VECTOR (1 TO 4);
A (1 TO 2) := "10";              --等效于 A(1):='1', A(2):='0'
A (4 DOWNTO 1) := "1011";
```

集合块赋值目标是以一个集合的方式来赋值的。对赋值目标中的每个元素进行赋值的方式有两种，即位置关联赋值方式和名称关联赋值方式，具体用法如例 4-3 所示。

例 4-3

```
SIGNAL A,B,C,D :STD_LOGIC;
SIGNAL S:STD_LOGIC_VECTOR( 1 TO 4);
…
VARIABLE E, F:STD_LOGIC;
VARIABLE G:STD_LOGIC_VECTOR(1 TO 2 );
VARIABLE H:STD_LOGIC_VECTOR(1 TO 4 );
S <= ('0','1','0','0');
(A, B, C,D) <= S;                      --位置关联赋值方式
           …                            --其他语句
(3 => E,4 =>F, 2 =>G(1),1 =>G(2) ) := H;  --名称关联赋值方式
```

此例中的信号赋值语句属于位置关联赋值方式，其赋值结果等效于

```
A <= '0';B <= '1';C <= '0';D <= '0';
```

此例中的变量赋值语句属于名称关联赋值方式，其赋值结果等效于

```
G(2) := H(1) ;G(1) := H(2) ; E := H(3) ;F := H(4) ;
```

4.2 转向控制语句

转向控制语句通过条件控制开关决定是否执行一条或几条语句，或重复执行一条或几条语句，或跳过一条或几条语句。转向控制语句共有五种：IF 语句、CASE 语句、LOOP 语句、NEXT 语句和 EXIT 语句。

4.2.1 IF 语句

IF 语句是一种条件语句,它根据语句中所设置的一种或多种条件,有选择地执行指定的顺序语句,其语法格式如下。

(1) IF 语句的第一种语法格式。

```
IF   条件语句   THEN
     顺序语句
END IF;
```

(2) IF 语句的第二种语法格式。

```
IF   条件语句   THEN
     顺序语句 1
ELSE
     顺序语句 2
END IF;
```

(3) IF 语句的第三种语法格式。

```
IF   条件语句 1   THEN
     顺序语句 1
ELSIF   条件语句 2   THEN
     顺序语句 2
ELSIF   条件语句 3   THEN
     顺序语句 3
     …
ELSE
     顺序语句 n;
END IF;
```

例 4-4

```
K1:IF (A>B) THEN
       OUTPUT <= '1';
    END IF K1;
```

此例中,K1 是条件语句名称,可有可无。若条件语句(A>B)的检测结果为 TRUE,则向信号 OUTPUT 赋值 '1',否则此信号维持原值。

例 4-5 利用 IF 语句中的各条语句向上相与这一功能,以十分简洁地描述并完成一个 8 线-3 线优先编码器的设计,表 4-1 是此编码器的真值表。

```
LIBRARY IEEE;
USE IEEE.STD_LOGIC_1164.ALL;
ENTITY CODER IS
     PORT (SR:IN STD_LOGIC_VECTOR(0 TO 7);
           SC:OUT STD_LOGIC_VECTOR(0 TO 2));
END CODER;
ARCHITECTURE ART OF CODER IS
BEGIN
```

```
PROCESS(SR)
BEGIN
  IF(SR(7) = '0') THEN
      SC <= "000";              --(SR(7) = '0')
  ELSIF(SR(6) = '0') THEN
      SC <= "100";              --(SR(7) = '1') AND (SR(6) = '0')
  ELSIF(SR(5) = '0') THEN
      SC <= "010";              --(SR(7) = '1')AND(SR(6) = '1')AND(SR(5) = '0')
  ELSIF(SR(4) = '0') THEN
      SC <= "110";
  ELSIF(SR(3) = '0') THEN
      SC <= "001";
  ELSIF(SR(2) = '0') THEN
      SC <= "101";
  ELSIF(SR(1) = '0') THEN
      SC <= "011";
  ELSIF(SR(0) = '0') THEN
      SC <= "111";
  ELSE
      NULL;
  END IF;
  END PROCESS;
END ART;
```

表 4-1 8 线 -3 线优先编码器的真值表

输 入								输 出		
SR0	SR1	SR2	SR3	SR4	SR5	SR6	SR7	SC0	SC1	SC2
x	x	x	x	x	x	x	0	0	0	0
x	x	x	x	x	x	0	1	1	0	0
x	x	x	x	x	0	1	1	0	1	0
x	x	x	x	0	1	1	1	1	1	0
x	x	x	0	1	1	1	1	0	0	1
x	x	0	1	1	1	1	1	1	0	1
x	0	1	1	1	1	1	1	0	1	1
0	1	1	1	1	1	1	1	1	1	1

注:"x"表示任意。

在图 4-1 所示的 8 线 -3 线优先编码器仿真波形图中,将 SR(0 TO 7)的输入值设置为"11101111",将 SC(0 TO 2)输出值为"001"。

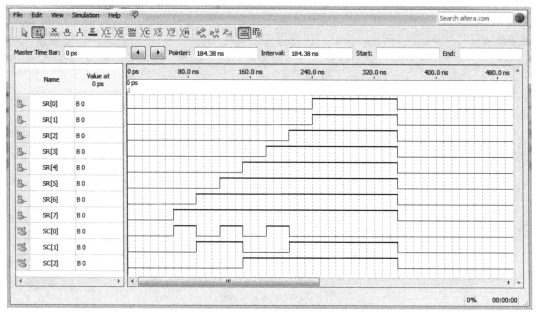

图 4-1　8 线 -3 线优先编码器仿真波形图

4.2.2　CASE 语句

CASE 语句根据满足的条件直接选择多条顺序语句中的一条执行。

CASE 语句的语法格式如下。

```
CASE  表达式  IS
      WHEN  选择值   =>顺序语句;
      WHEN  选择值   =>顺序语句;
      [ WHEN  OTHERS  =>顺序语句;]
      …
END  CASE;
```

选择值可以有四种不同的表达方式。

（1）单个普通数值，如 4。

（2）数值选择范围，如（2 TO 4），表示取值为 2、3 或 4。

（3）并列数值，如 3|5，表示取值为 3 或者 5。

（4）混合方式，以上三种方式的混合。

使用 CASE 语句时需注意以下几点。

（1）条件语句中的选择值必须在表达式的取值范围内。

（2）除非所有条件语句中的选择值能完整覆盖 CASE 语句中表达式的取值，否则最末一个条件语句中的选择必须用 "OTHERS" 表示。它代表已给的所有条件语句中未能列出的其他可能的取值，这样可以避免 VHDL 综合器插入不必要的寄存器。这一点对于定义为 STD_LOGIC 和 STD_LOGIC_VECTOR 数据类型的值尤为重要，因为这些数据对象的取值除了 1 和 0 以外，还可能有其他取值，如高阻态 Z、不定态 X 等。

（3）CASE 语句中每一条件语句的选择值只能出现一次，不能有相同选择值的条件语句出现。

(4) CASE 语句执行中必须选中，且只能选中所列条件语句中的一条。这表明 CASE 语句中至少要包含一条条件语句。

例 4-6 用 CASE 语句描述 4 选 1 多路选择器。

```vhdl
LIBRARY IEEE;
USE IEEE.STD_LOGIC_1164.ALL;
ENTITY MUX_41 IS
    PORT(S1,S2: IN STD_LOGIC;
         A,B,C,D:IN STD_LOGIC;
         Z:OUT STD_LOGIC);
END MUX_41;
ARCHITECTURE ART OF MUX_41 IS
SIGNAL S:STD_LOGIC_VECTOR(1 DOWNTO 0);
BEGIN
S <= S1&S2;
PROCESS(S1,S2,A,B,C,D)
BEGIN
    CASE S IS
        WHEN "00" => Z <= A;
        WHEN "01" => Z <= B;
        WHEN "10" => Z <= C;
        WHEN "11" => Z <= D;
        WHEN OTHERS => Z <= 'X';
    END  CASE;
END PROCESS;
END  ART;
```

用 CASE 语句描述的 4 选 1 多路选择器仿真波形图如图 4-2 所示。在图 4-2 中，将 S1 和 S2 的值分别设置为 0；将 A、B、C、D 的值分别设置为 1、0、0、0；程序运行之后 Z 输出 A 的值，即 Z 的值为 1。

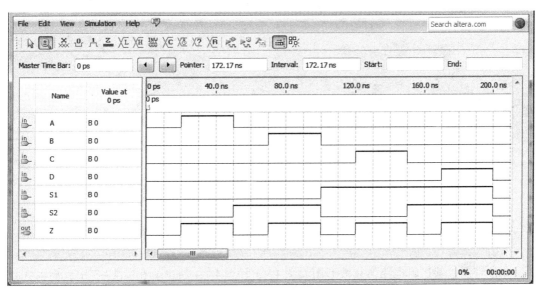

图 4-2　用 CASE 语句描述的 4 选 1 多路选择器仿真波形图

4.2.3 LOOP 语句

LOOP 语句就是循环语句,它可以使所包含的一组顺序语句被循环执行,其执行次数可由设定的循环参数决定,循环的方式由 NEXT 和 EXIT 语句来控制。

LOOP 语句的语法格式如下。

```
[LOOP 标号:][重复模式] LOOP
    顺序语句
END LOOP [LOOP 标号];
```

重复模式有两种,即 WHILE 和 FOR 循环语句,格式分别如下。

```
[LOOP 标号:] FOR 循环变量 IN 循环变量取值范围 LOOP    --重复次数已知
[LOOP 标号:] WHILE 循环控制条件 LOOP                --重复次数未知
```

例 4-7 简单 LOOP 语句的使用。

```
…
L2:LOOP
    A: = A + 1;
    EXIT L2 WHEN A > 10;        --当 A 大于 10 时跳出循环
END LOOP L2;
…
```

例 4-8 FOR_LOOP 语句的使用(8 位奇偶校验逻辑电路的 VHDL 程序)。

```
LIBRARY IEEE;
USE IEEE.STD_LOGIC_1164.ALL;
ENTITY P_CHECK IS
  PORT (A:IN STD_LOGIC_VECTOR(7 DOWNTO 0);
        Y:OUT STD_LOGIC);
END P_CHECK;
ARCHITECTURE ART OF P_CHECK IS
BEGIN
  PROCESS(A)
  VARIABLE TMP: STD_LOGIC;
  BEGIN
    TMP: = '0';
    FOR N IN 0 TO 7 LOOP
        TMP: = TMP XOR A(N);
    END LOOP;
    Y <= TMP;
  END PROCESS;
END ART;
```

8 位奇偶校验逻辑电路仿真波形图如图 4-3 和图 4-4 所示。在图 4-3 中,输入 A 设置为 00000011,输出 Y 是 0;在图 4-4 中,输入 A 设置为 00000001,输出 Y 是 1。

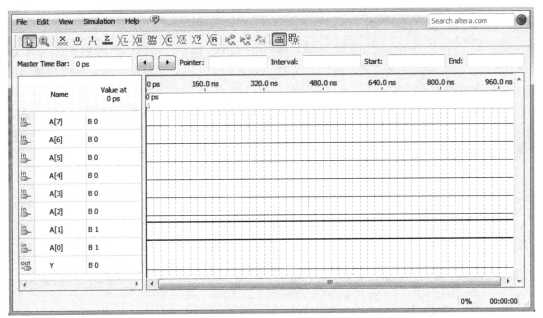

图 4-3 8 位奇偶校验逻辑电路仿真波形图（输入 A 设置为 00000011）

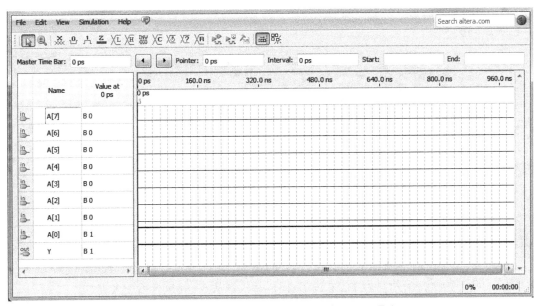

图 4-4 8 位奇偶校验逻辑电路仿真波形图（输入 A 设置为 00000001）

4.2.4 NEXT 语句

NEXT 语句主要用于 LOOP 语句执行中有条件的或无条件的转向控制。它的语法格式有以下三种。

```
NEXT;                              -- 第一种语法格式
NEXT LOOP 标号;                     -- 第二种语法格式
NEXT LOOP 标号 WHEN 条件表达式;       -- 第三种语法格式
```

对于第一种语法格式,当 LOOP 内的顺序语句执行到 NEXT 语句时,即刻无条件终止当前的循环,跳回到本次循环 LOOP 语句处,开始下一次循环。

对于第二种语法格式,即在 NEXT 旁加"LOOP 标号"后的语句功能,与未加"LOOP 标号"的功能是基本相同的,只是当有多重 LOOP 语句嵌套时,前者可以转跳到指定 LOOP 标号的 LOOP 语句处,重新开始执行循环操作。

对于第三种语法格式,分句"WHEN 条件表达式"是执行 NEXT 语句的条件,如果条件表达式的值为 TRUE,则执行 NEXT 语句,进入转跳操作,否则继续向下执行。但当只有单层 LOOP 语句时,关键词 NEXT 与 WHEN 之间的"LOOP 标号"可以省略。

例 4 – 9

```
...
L1:FOR CNT_VALUE IN 1 TO 8 LOOP
S1:A(CNT_VALUE):= '0';
    NEXT WHEN (B=C);
S2:A(CNT_VALUE +8):= '0';
END LOOP L1;
```

此例中,当程序执行到 NEXT 语句时,如果条件表达式 B = C 的结果为 TRUE,则执行 NEXT 语句,并返回到 L1,使 CNT_VALUE 加 1 后执行 S1 开始的赋值语句,否则将执行 S2 开始的赋值语句。

例 4 – 10

```
...
L_X: FOR CNT_VALUE IN 1 TO 8 LOOP
  S1:A(CNT_VALUE):= '0';
     K:=0;
  L_Y:LOOP
  S2:B(K):= '0';
     NEXT L_X WHEN (E>F);
  S3:B(K +8):= '0';
     K:=K+1;
  NEXT LOOP L_Y;
NEXT LOOP L_X;
...
```

此例中,当 E > F 为 TRUE 时,执行语句 NEXT L_X,跳转到 L_X,使 CNT_VALUE 加 1,从 S1 处开始执行语句;当 E > F 为 FALSE 时,则从 S3 处执行后使 K 加 1。

4.2.5 EXIT 语句

EXIT 语句与 NEXT 语句具有十分相似的语法格式和转移功能,它们都是 LOOP 语句的内部循环控制语句,其语法格式如下。

```
EXIT;                              -- 第一种语法格式
EXIT LOOP 标号;                     -- 第二种语法格式
EXIT LOOP 标号 WHEN 条件表达式;      -- 第三种语法格式
```

这里每种语法格式都与 NEXT 语句的语法格式和操作功能非常相似,唯一的区别是

NEXT 语句转跳的方向是 LOOP 标号指定的 LOOP 语句处，当没有 LOOP 标号时，转跳到当前 LOOP 语句的循环起始点，而 EXIT 语句的转跳方向是 LOOP 标号指定的 LOOP 语句的结束处，即完全跳出指定的循环，并开始执行此循环体之后的语句。这就是说，NEXT 语句是跳向 LOOP 语句的起始点，而 EXIT 语句则是跳向 LOOP 语句的终点。只要清晰地把握这一点就不会混淆这两种语句的用法。

例 4-11 是一个两元素位矢量值比较程序。在该程序中，当发现比较值 A 和 B 不同时，由 EXIT 语句跳出比较程序，并报告比较结果。

例 4-11

```
SIGNAL A,B:STD_LOGIC_VECTOR(1 DOWNTO 0);
SIGNAL A_LESS_THEN_B:BOOLEAN;
...
A_LESS_THEN_B <= FALSE;                    --设置初始值
FOR I IN 1 DOWNTO 0 LOOP
   IF (A(I) = '1'AND B(I) = '0') THEN
       A_LESS_THEN_B <= FALSE;
       EXIT;
   ELSIF (A(I) = '0'AND B(I) = '1') THEN
       A_LESS_THEN_B <= TRUE;              -- A < B
       EXIT;
   ELSE
       NULL;
   END IF;
END LOOP;                                  --当 I=1 时返回 LOOP 语句继续比较
```

NULL 为空操作语句，是为了满足 ELSE 的转换。此例先比较 A 和 B 的高位，高位是 1 者为大，输出判断结果 TRUE 或 FALSE 后中断比较程序；当高位相等时，继续比较低位，这里假设 A 不等于 B。

4.3 等待语句

在进程中（包括过程中），当执行到等待（WAIT）语句时，运行程序将被挂起，直到满足此语句设置的结束挂起条件后，才重新开始执行进程或过程中的程序。对于不同的结束挂起条件的设置，WAIT 语句有以下四种不同的语法格式。

```
WAIT;                    --第一种语法格式
WAIT ON 信号表;          --第二种语法格式
WAIT UNTIL 条件表达式;   --第三种语法格式
WAIT FOR 时间表达式;     --第四种语法格式,超时等待语句
```

例 4-12

```
WAIT ON S1,S2;
```

此例表示当 S1 或 S2 中任一信号发生改变时，就恢复执行 WAIT 语句之后的语句。

WAIT UNTIL 条件表达式，称为条件等待语句，该语句将把进程挂起，直到条件表达式中所含信号发生了改变，并且条件表达式为 TRUE 时，进程才能脱离挂起状态，恢复执

行 WAIT 语句之后的语句。

例 4-13 中（a）和（b）两种表达方式是等效的。

例 4-13

```
(a) WAIT_UNTIL 结构              (b) WAIT_ON 结构
    …                            LOOP
WAIT UNTIL ENABLE = '1';            WAIT  ON  ENABLE
    …                               EXIT  WHEN  ENABLE = '1';
                                 END  LOOP;
```

此例中，结束挂起的条件是 ENABLE = '1'，可知 ENABLE 一定是由 0 变化来的，因此例中结束挂起的条件是出现一个上跳信号沿。

一般地，只有 WAIT_UNTIL 结构的 WAIT 语句可以被 VHDL 综合器接受（其余结构的 WAIT 语句只能在 VHDL 仿真器中使用）。WAIT_UNTIL 结构有以下三种表达方式。

```
WAIT UNTIL  信号 = Value;
WAIT UNTIL  信号'EVENT AND  信号 = Value;
WAIT UNTIL NOT  信号'STABLE AND  信号 = Value;
```

如果设 clock 为时钟信号输入端，则以下四条 WAIT 语句所设置的进程启动条件都是时钟上跳沿，因此它们对应的硬件结构是一样的。

```
WAIT UNTIL clock = '1';
WAIT UNTIL rising_edge(clock);
WAIT UNTIL NOT clock'STABLE AND clock = '1';
WAIT UNTIL clock = '1' AND clock'EVENT;
```

第四种 WAIT 语句的语法格式称为超时等待语句，在此语句中定义了一个时间段，从执行 WAIT 语句开始，在此时间段内，进程处于挂起状态，当超出这一时间段后，进程自动恢复执行。

4.4　空操作语句

空操作（NULL）语句的语法格式如下。

```
NULL;
```

NULL 语句不完成任何操作，它唯一的功能就是使逻辑运行流程进入下一步语句的执行。NULL 语句常用于 CASE 语句中，为了满足所有可能的条件，利用 NULL 语句表示所有不用的条件下的操作行为。在例 4-14 的 CASE 语句中，NULL 语句用于排除一些不用的条件。

例 4-14

```
CASE   Opcode IS
     WHEN "001" => tmp : = rega AND regb;
     WHEN "101" => tmp : = rega OR regb;
     WHEN "110" => tmp : = NOT rega;
     WHEN OTHERS => NULL;
END CASE;
```

此例实现了类似 CPU 内部指令译码器的功能,"001","101" 和"110",分别代表指令码,对于它们所对应的寄存器中的操作数的操作算法,CPU 只对这 3 种指令码作反应,当出现其他指令码时,不作任何操作。

4.5 子程序调用语句

在进程中允许对子程序进行调用。子程序包括过程和函数,可以在 VHDL 结构体或程序包中的任何位置对子程序进行调用。

从硬件的角度讲,一个子程序的调用类似一个元件模块的例化,也就是说,VHDL 综合器为子程序的每次调用都生成一个电路逻辑块。所不同的是,元件的例化将产生一个新的设计层次,而子程序调用只对应当前层次的一部分。

如前所述,子程序的结构像程序包一样,也有子程序的说明部分(子程序首)和实际定义部分(子程序体)。将子程序分成子程序首和子程序体的好处是,在一个大规模系统的开发过程中,子程序的界面,即子程序首是在公共程序包中定义的。这样一来,一部分开发者可以开发子程序体,另一部分开发者可以使用对应的公共子程序,即可以对程序包中的子程序作修改,而不会影响对程序包说明部分的使用(当然不是指同时)。这是因为,对子程序体的修改并不会改变子程序首的各种界面参数和输入/输出端口方式的定义,子程序体的改变也不会改变调用子程序的源程序的结构。

1. 过程调用

过程调用就是执行一个给定名称和参数的过程。过程调用的语法格式如下。

```
过程名[([形参名=>]实参表达式
    {,形参名=>]实参表达式})];
```

其中,括号中的实参表达式称为实参,它可以是一个具体的数值,也可以是一个标识符,是当前调用程序中过程形参的接受体。在此语法格式中,形参名即当前欲调用的过程中已说明的参数名,即与实参表达式联系的形参名。被调用过程中的形参名与调用语句中的实参表达式的对应关系有位置关联法和名称关联法两种,位置关联法可以省略形参名。

一个过程的调用将分别完成以下 3 个步骤。

(1)将 IN 和 INOUT 模式的实参值赋给欲调用的过程中与它们对应的形参。

(2)执行这个过程。

(3)将过程中 IN 和 INOUT 模式的形参值赋还给对应的实参。

实际上,在一个过程对应的硬件结构中,其标识形参的输入/输出是与其内部逻辑相连的。例 4–15 是一个完整的设计,可以直接进行综合。它在自定义的程序包中定义了一个整数类型的子类型,即对整数类型进行了约束,在进程中定义了一个名为 swap 的局部过程(没有放在程序包中的过程),这个过程的功能是对一个数组中的两个元素进行比较,如果发现这两个元素的排序不符合要求,就进行交换,使左边的元素值总是大于右边的元素值,连续调用 3 次 swap 后,就能将一个三元素的数组元素从左至右按序排列好,最大值在左边。

例 4-15

```
PACKAGE data_types IS                              -- 定义程序包
  SUBTYPE data_element IS INTEGER RANGE 0 TO 3;    -- 定义数据类型
  TYPE data_array IS ARRAY (1 TO 3) OF data_element;
END data_types;

USE WORK.data_types.ALL;  -- 打开以上建立在当前 WORK 库的程序包 data_types
ENTITY sort IS
    PORT ( in_array:IN data_array ;
           out_array:OUT data_array );
END sort;
ARCHITECTURE exmp OF sort IS
BEGIN
PROCESS ( in_array )            -- 进程开始,设置 in_array 为敏感信号
    PROCEDURE swap( data : INOUT data_array;
                                -- swap 的形参名为 data、low、high
                    low, high : IN INTEGER ) IS
    VARIABLE temp : data_element ;
    BEGIN
      IF ( data(low) > data(high) ) THEN
          temp: = data(low) ;
          data(low): = data(high);
          data(high): = temp ;
      END IF;
    END PROCEDURE swap ;        -- 过程 swap 定义结束
VARIABLE my_array : data_array ;    -- 在本进程中定义变量 my_array
BEGIN                               -- 进程开始
    my_array : = in_array ;         -- 将输入值读入变量
    swap (my_array,1,2);   -- my_array、1、2 是对应 data、low、high 的实参
    swap (my_array,2,3);   -- 位置关联法调用,第 2、第 3 元素交换
    swap (my_array,1,2);   -- 位置关联法调用,第 1、第 2 元素再次交换
    out_array <= my_array ;
END PROCESS ;
END exmp ;
```

2. 函数调用

函数调用与过程调用十分相似,其不同之处是,调用函数将返还一个指定数据类型的值,函数的参数只能是输入值。

4.6 返回语句

返回语句有两种语法格式,分别如下。

```
RETURN;                -- 第一种语法格式
RETURN 表达式;         -- 第二种语法格式
```

第一种语法格式只能用于过程,它只是结束过程,并不返回任何值;第二种语法格式

只能用于函数，并且必须返回一个值。返回语句只能用于子程序体中。执行返回语句将结束子程序的执行，无条件地转跳至子程序的结束处 END。用于函数的返回语句中的表达式提供函数返回值。每一函数必须至少包含一个返回语句，并可以拥有多个返回语句，但是在函数调用时，只有其中一个返回语句可以将值带出。

例 4-16 是一过程定义程序，它实现了一个 RS 触发器的功能。注意其中的时间延迟语句和 REPORT 语句是不可综合的。

例 4-16

```
PROCEDURE rs (SIGNAL s,r:IN STD_LOGIC;
              SIGNAL q,nq:INOUT STD_LOGIC) IS
BEGIN
   IF ( s = '1' AND r = '1') THEN
       REPORT "Forbidden state : s and r are quual to '1'";
       RETURN ;
   ELSE
       q <= s AND nq AFTER 5 ns ;
       nq <= s AND q AFTER 5 ns ;
   END IF ;
END PROCEDURE rs ;
```

当信号 s 和 r 同时为 1 时，在 IF 语句中的返回语句将中断过程。

4.7　其他语句

4.7.1　预定义属性描述与定义语句

VHDL 预定义属性描述语句有许多实际的应用，可用于对信号或其他项目的多种属性进行检测或统计。VHDL 中可以具有属性的项目如下。

（1）类型、子类型。
（2）过程、函数。
（3）信号、变量、常量。
（4）实体、结构体、配置、程序包。
（5）元件。
（6）语句标号。

属性是以上各类项目的特性，某一项目的特定属性或特征通常可以用一个值或一个表达式来表示，通过 VHDL 预定义属性描述语句就可以访问。

属性的值与数据对象（信号、变量和常量）的值完全不同，在任一给定的时刻，一个数据对象只能具有一个值，但却可以具有多个属性。VHDL 还允许设计者自己定义属性（即用户定义的属性）。

表 4-2 所示是常用的预定义属性。其中 VHDL 综合器支持的属性有 LEFT、RIGHT、HIGH、LOW、RANGE、REVERS_RANGE、LENGTH、EVENT、STABLE。

表 4-2 常用的预定义属性

属性名	功能与含义	适用范围
LEFT[(n)]	返回类型或者子类型的左边界,用于数组时,n 表示二维数组行序号	类型、子类型
RIGHT[(n)]	返回类型或者子类型的右边界,用于数组时,n 表示二维数组行序号	类型、子类型
HIGH[(n)]	返回类型或者子类型的上限值,用于数组时,n 表示二维数组行序号	类型、子类型
LOW[(n)]	返回类型或者子类型的下限值,用于数组时,n 表示二维数组行序号	类型、子类型
LENGTH[(n)]	返回数组范围的总长度(范围个数),用于数组时,n 表示一维数组行序号	数组
STRUCTURE[(n)]	当块或结构体只含有元件具体装配语句或被动进程时,属性 STURCTURE 返回 TRUE	块、构造
BEHAVIOR	如果由块标志指定块或者由构造名指定结构体,又不含有元件具体装配语句,则属性 BEHAVIOR 返回 TRUE	块、构造
POS(value)	参数 value 的位置序号	枚举类型
VAL(value)	参数 value 的位置值	枚举类型
SUCC(value)	比 value 的位置序号大的一个相邻位置值	枚举类型
PRED(value)	比 value 的位置序号小的一个相邻位置值	枚举类型
LEFTOF(value)	在 value 左边位置的相邻值	枚举类型
RIGHTOF(value)	在 value 右边位置的相邻值	枚举类型
EVENT	如果当前的 δ 期间内发生了事件,则返回 TRUE,否则返回 FALSE	信号
ACTIVE	如果当前的 δ 期间内信号有效,则返回 TRUE,否则返回 FALSE	信号
LAST_EVENT	从信号最近一次的发生事件至今所经历的时间	信号
LAST_VALUE	最近一次事件发生之前信号的值	信号
LAST_ACTIVE	返回自信号前面一次事件处理至今所经历的时间	信号
DELAYED[(time)]	建立和参考信号同类型的信号,该信号紧跟着参考信号之后,并有一个可选的时间表达式指定延迟时间	信号

续表

属性名	功能与含义	适用范围
STABLE[(time)]	每当在可选的时间表达式指定的时间内信号无事件时,该属性建立一个值为 TRUE 的布尔类型信号	信号
QUIET[(time)]	每当参考信号在可选的时间内无事项处理时,该属性建立一个值为 TRUE 的布尔类型信号	信号
TRANSACTION	在此信号上有事件发生,或每个事项处理中它的值翻转时,该属性建立一个 BIT 类型的信号(每次信号有效时,重复返回 0 和 1 的值)	信号
RANGE[(n)]	返回指定排序范围,参数 n 指定二维数组的第 n 行	数组
REVERSE_RANGE[(n)]	返回指定逆序范围,参数 n 指定二维数组的第 n 行	数组

预定义属性描述语句实际上是一个内部预定义函数,其语法格式如下。

属性测试项目名'属性标识符

1. 信号类属性

信号类属性中最常用的是 EVENT。例如,短语"clock'EVENT"就是对以 clock 为标识符的信号,在当前的一个极小的时间段 δ 内发生事件的情况进行检测。所谓发生事件,就是电平发生变化,从一种电平方式转变到另一种电平方式。如果在此时间段内,clock 由 0 变成 1,或由 1 变成 0,都认为发生了事件,于是这个测试事件发生与否的短语将向测试语句,如 IF 语句,返回一个布尔类型的值 TRUE,否则返回 FALSE。

将短语"clock'EVENT"改成如下语句。

```
clock'EVENT AND clock = '1'
```

该语句表示对 clock 信号上升沿的测试,即一旦测试到 clock 有一个上升沿,该语句就返回一个布尔类型的值 TRUE。当然,这种测试是在过去的一个极小的时间段 δ 内进行的,之后又测得 clock 为 1,从而满足此语句所列条件"clock = '1'",因此也返回 TRUE,两个 TRUE 相与后仍为 TRUE。由此便可以从当前的"clock = '1'"推断,在此前的 δ 时间段内,clock 必为 0。因此,以上语句可以用来对信号 clock 的上升沿进行检测。例 4 – 17 是该语句的实际应用。

例 4 – 17

```
PROCESS (clock)
  IF (clock'EVENT AND clock = '1') THEN
    Q <= DATA ;
  END IF ;
END PROCESS;
```

此例的进程即对上升沿边沿触发器的 VHDL 描述。进程中 IF 语句内的条件表达式即可为此触发器时钟输入端的信号上升沿进行测试,上升沿一旦到来,表达式在返回 TRUE 后,立即执行赋值语句"Q <= DATA",并保持此值于 Q 端,直至下一次上升沿到来。同

理,以下语句表示对信号 clock 下降沿的测试。

```
clock'EVENT AND clock = '0'
```

属性 STABLE 的测试功能与 EVENT 相反,它是信号在 δ 时间段内无事件发生时返回 TRUE。以下两条语句的功能是一样的。

```
NOT clock'STABLE AND clock = '1'
clock'EVENT AND clock = '1'
```

请注意,语句"NOT(clock'STABLE AND clock = '1')"的表达方式是不可综合的。因为对于 VHDL 综合器来说,括号中的语句已等效于一条时钟信号边沿测试专用语句,它已不是普通的操作数,所以不能以操作数的方式对待。

另外还应注意,对于普通的 BIT 类型的 clock,它只有 1 和 0 两种取值,因此语句"clock'EVENT AND clock = '1'"的表述作为对信号上升沿到来与否的测试是正确的。

但是,如果 clock 的数据类型已定义为 STD_LOGIC,则其可能的取值有 9 种。这样一来,就不能从 clock = '1' 为 TRUE 来简单地推断 δ 时刻前 clock 一定是 0。因此,对于这种数据类型的时钟信号边沿检测,可用以下表达式来完成。

```
RISING_EDGE(clock)
```

RISING_EDGE( ) 是 VHDL 在 IEEE 库中标准程序包内的预定义函数,该表达式只能用于标准位数据类型的信号,其用法如下。

```
IF RISING_EDGE(clock) THEN
```

或

```
WAIT UNTIL RISING_EDGE(clock)
```

在实际使用中,EVENT 比 STABLE 更常用。对于目前常用的 VHDL 综合器来说,EVENT 只能用于 IF 和 WAIT 语句中。

2. 数值区间类属性

数据区间类属性有 RANGE [(N)] 和 REVERSE_ RANGE [(N)],这类属性主要是对属性项目取值区间进行测试,返回的内容不是一个具体值,而是一个区间,它们的含义见表 4-2。对于同一属性项目,RANGE 和 REVERSE_ RANGE 返回的区间次序相反,前者与原项目次序相同,后者相反,见例 4-18。

例 4-18

```
...
SIGNAL RANGE1: STD_LOGIC_VECTOR(0 TO 7);
...
FOR I IN RANGE1'RANGE LOOP
...
```

此例中的 FOR_LOOP 语句与语句"FOR I IN 0 TO 7 LOOP"的功能是一样的,这说明 RANGE1'RANGE 返回的区间即位矢量 RANGE1 定义的元素范围。如果用'REVERSE_ RANGE,则返回的区间正好相反,是(7 DOWNTO 0)。

3. 数值类属性

在 VHDL 中数值类属性主要有 LEFT、RIGHT、HIGH、LOW，它们的功能见表 4-2。这些属性主要用于对属性测试目标的一些数值特性进行测试，见例 4-19。

例 4-19

```
…
PROCESS (clock, a, b);
TYPE obj IS ARRAY (0 TO 15) OF BIT;
VARIABLE e1, e2, e3, e4 : INTEGER RANGE 0 TO 15;
BEGIN
  e1 <= obj'RIGHT;
  e2 <= obj'LEFT;
  e3 <= obj'HIGH;
  e4 <= obj'LOW;
…
```

信号 e1、e2、e3 和 e4 获得的赋值分别为 15、0、15 和 0。

4. 数组属性 LENGTH

该属性的用法同前，只是对数组的宽度或元素的个数进行测定。

例 4-20

```
…
TYPE arry1 ARRAY (0 TO 7) OF BIT;
VARIABLE wth1: INTEGER RANGE 0 TO 15;
Wth1: = arry1 'LENGTH;          -- Wth1 = 8
```

5. 用户定义属性

属性与属性值定义的语法格式如下。

```
ATTRIBUTE 属性名:数据类型;
ATTRIBUTE 属性名 OF 对象名:对象类型 IS 值;
```

VHDL 综合器和仿真器通常使用用户定义属性实现一些特殊的功能，由 VHDL 综合器和仿真器支持的一些特殊的属性一般都包含在 EDA 工具厂商的程序包里，例如 Synplify 综合器支持的特殊属性都在程序包 synplify.attributes 中，使用前加入以下语句即可。

```
LIBRARY synplify;
USE synplify.attributes.all;
```

又如在 DATA I/O 公司的 VHDL 综合器中，可以使用属性 pinnum 为端口锁定芯片引脚。

例 4-21

```
LIBRARY IEEE;
USE IEEE.STD_LOGIC.1164.ALL;
ENTITY Cntbuf IS
  PORT( DIR: IN STD_LOGIC;
        CLK,CLR,OE:IN STD_LOGIC;
        A,B:INOUT STD_LOGIC_VECTOR(0 TO 1);
```

```
            Q:INOUT STD_LOGIC_VECTOR(3 DOWNTO 0) );
    ATTRIBUTE PINNUM:STRING;
    ATTRIBUTE PINNUM OF CLK:signal is "1";
    ATTRIBUTE PINNUM OF CLR:signal is "2";
    ATTRIBUTE PINNUM OF DIR:signal is "3";
    ATTRIBUTE PINNUM OF OE:signal is "11";
    ATTRIBUTE PINNUM OF A:signal is "13,12";
    ATTRIBUTE PINNUM OF B:signal is "19,18";
    ATTRIBUTE PINNUM OF Q:signal is "17,16,15,14";
END Cntbuf;
```

Synopsys FPGA Express 中也在程序包 synopsys.attributes 中定义了一些属性，用以辅助 VHDL 综合器完成一些特殊功能。

定义一些 VHDL 综合器和仿真器所不支持的属性通常是没有意义的。

4.7.2 文本文件操作

文本文件操作的概念来自计算机编程语言。这里所谓的文本文件操作只能用于 VHDL 仿真器中，因为在 IC 中并不存在磁盘和文本文件，所以 VHDL 综合器忽略程序中所有与文本文件操作有关的部分。

在完成较大的 VHDL 程序的仿真时，由于输入信号很多，输入数据复杂，所以可以采用文件操作的方式设置输入信号，将仿真时输入信号所需要的数据用文本编辑器编辑到一个文本文件中，然后在 VHDL 程序的仿真驱动信号生成模块中调用程序包 STD.TEXTIO 中的子程序，读取文本文件中的数据，经过处理后或直接驱动输入信号端。

仿真的结果或中间数据也可以用程序包 STD.TEXTIO 中提供的子程序保存在文本文件中，这对复杂的 VHDL 设计的仿真尤为重要。

VHDL 仿真器 ModelSim 支持许多文件操作子程序，附带的程序包 STD.TEXTIO 源程序是很好的参考文件。

文本文件操作用到的一些预定义的数据类型及常量定义如下。

```
type LINE is access string;
type TEXT is file of string;
type SIDE is (right, left);
subtype WIDTH is natural;
file input : TEXT open read_mode is "STD_INPUT";
file output : TEXT open write_mode is "STD_OUTPUT";
```

程序包 STD.TEXTIO 中主要有 4 个过程用于文本文件操作，即 READ、READLINE、WRITE、WRITELINE。因为这些子程序都被多次重载以适应各种情况，所以在实用中请参考 VHDL 仿真器给出的 STD.TEXTIO 源程序获取更详细的信息。

习 题

4.1 阅读下面的程序，写出程序执行完之后 S1、S2、V1、V2、SVEC 的值各是多少。

```
SIGNAL S1,S2:STD_LOGIC;
SIGNAL SVEC :STD_LOGIC_VECTOR(0 TO 7);
...
PROCESS(S1,S2)
VARIABLE V1,V2:STD_LOGIC;
BEGIN
    V1 : = '0';
    V2 : = '1';
    S1 <= '0';
    S2 <= '1';
    SVEC(0) <= V1;
    SVEC(1) <= V2;
    SVEC(2) <= S1;
    SVEC(3) <= S2;
    V1 : = '1';
    V2 : = '0';
    S2 <= '0';
    SVEC(4) <= V1;
    SVEC(5) <= V2;
    SVEC(6) <= S1;
    SVEC(7) <= S2;
END PROCESS;
```

4.2 VHDL 程序设计中的基本语句系列有几种？它们的特点如何？它们各使用在什么场合？

4.3 VHDL 中的顺序语句包括哪些？

4.4 段下标元素和集合块元素是怎样赋值的？试举例说明。

4.5 转向控制语句有几种？它们各用在什么场合？使用它们时特别需要注意什么？

4.6 在 CASE 语句中，在什么情况下不需要 WHEN OTHERS 语句？在什么情况下一定需要 WHEN OTHERS 语句？

4.7 FOR_LOOP 语句应用于什么场合？循环变量怎样取值？是否需要事先在程序中定义？

4.8 分别用 IF 语句、CASE 语句设计一个 4-16 译码器。

4.9 WAIT 语句有几种书写格式？

4.10 VHDL 预定义属性的作用是什么？哪些项目可以具有属性？常用的预定义属性有哪几类？

4.11 试用 EVENT 属性描述一种用时钟 CLK 上升沿触发的 D 触发器及一种用时钟 CLK 下降沿触发的 JK 触发器。

4.12 写出 NEXT 与 EXIT 语句的区别。

4.13 若在进程之中加入 WAIT 语句，应注意哪几个方面的问题？

第 5 章
VHDL 并行语句

在 VHDL 中,并行语句具有多种语法格式,各种并行语句在结构体中的执行是同步进行的,或者说是并行运行的,其执行方式与书写的顺序无关。在执行中,并行语句之间可以有信息往来,也可以是互相独立、互不相关、异步运行的(如多时钟情况)。每一并行语句内部的语句运行可以有两种不同的方式,即并行执行方式(如块语句)和顺序执行方式(如进程语句)。

5.1 进程语句

在前面已对进程语句及其应用作了比较详尽的说明,在此仅从整体上考虑进程语句的功能行为。必须明确认识,进程语句是 VHDL 程序中使用最频繁和最能体现 VHDL 语言特点的一种语句,其原因在于它的并行和顺序行为的双重性,以及其行为描述风格的特殊性。在前面已多次提到,进程语句虽然是由顺序语句组成的,但其本身却是并行语句,进程语句与结构体中的其余部分的信息交流是靠信号完成的。进程语句中有一个敏感信号参数表,这是进程赖以启动的根据。该表中列出的任何信号的改变,都将启动进程,执行进程内相应的顺序语句。事实上,对于某些 VHDL 综合器(许多 VHDL 综合器并非如此),综合后对应进程的硬件系统对进程中的所有输入的信号都是敏感的,不论在源程序的进程中是否把所有信号都列入敏感信号参数表,这是实际与理论的差异,为了使 VHDL 的软件仿真与综合后的硬件仿真对应,以及适应一般的 VHDL 综合器,应当将进程中的所有输入信号都列入敏感信号参数表。

不难发现,在对应的硬件系统中,一个进程和一个并行赋值语句确实有十分相似的对应关系。并行赋值语句就相当于一个将所有输入信号隐性地列入结构体监测范围的(即敏感信号参数表的)进程语句。

综合后的进程语句所对应的硬件逻辑模块的工作方式可以是组合逻辑方式,也可以是时序逻辑方式。例如在一个进程中,一般的 IF 语句,若不放入时钟检测语句,综合出的多为组合逻辑电路(一定条件下);若出现 WAIT 语句,在一定条件下,VHDL 综合器将引入时序元件,如触发器。

例 5-1 中有一个产生组合电路的进程,它描述了一个十进制加法器,对于每 4 位输入 inl(3 DOWNTO 0),此进程对其进行加 1 操作,并将结果从 outl(3 DOWNTO 0)输出,由于是加 1 组合电路,故其无记忆功能。

例 5-1

```vhdl
LIBRARY IEEE;
USE IEEE.STD_LOGIC_1164.ALL;
USE IEEE.STD_LOGIC_UNSIGNED.ALL;
ENTITY CNT_10 IS
    PORT ( clr:IN STD_LOGIC;
           in1:IN STD_LOGIC_VECTOR(3 DOWNTO 0);
           out1:OUT STD_LOGIC_VECTOR(3 DOWNTO 0));
END CNT_10;
ARCHITECTURE actv OF CNT_10 IS
BEGIN
PROCESS (in1,clr)
    BEGIN
      IF (clr = '1' OR in1 = "1001") THEN
          out1 <= "0000";
      ELSE
          out1 <= in1 + 1;
      END IF;
END PROCESS;
END actv;
```

例 5-1 的仿真波形图如图 5-1 所示，从中可以看出，这个十进制加法器只能对输入值进行加 1 操作，却不能将加 1 后的值保存起来。如果要使该十进制加法器有累加作用，必须引入时序元件来存储相加后的结果。

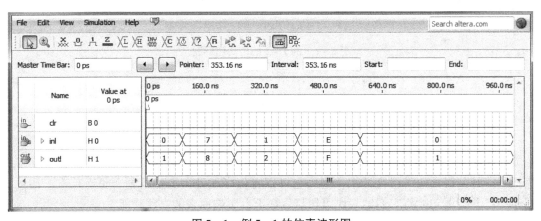

图 5-1 例 5-1 的仿真波形图

例 5-2 描述的是一个典型的十进制时序逻辑加法计数器，例 5-1 与例 5-2 的区别是例 5-2 增加了锁存器，用于存储加 1 之后的结果。

例 5-2

```vhdl
LIBRARY IEEE;
USE IEEE.STD_LOGIC_1164.ALL;
USE IEEE.STD_LOGIC_UNSIGNED.ALL;
ENTITY COUNTER10 IS
    PORT ( clr:IN STD_LOGIC;
           clk:IN STD_LOGIC;
```

```
            cnt:BUFFER STD_LOGIC_VECTOR(3 DOWNTO 0));
END COUNTER10;
ARCHITECTURE art OF COUNTER10 IS
BEGIN
  PROCESS
    BEGIN
      WAIT UNTIL clk'EVENT AND clk = '1';
      IF(clr = '1' OR cnt = 9) THEN
          cnt <= (OTHERS => '0');
      ELSE
          cnt <= cnt + 1;
      END IF;
END PROCESS ;
END art;
```

例 5-2 的仿真波形图如图 5-2 所示。

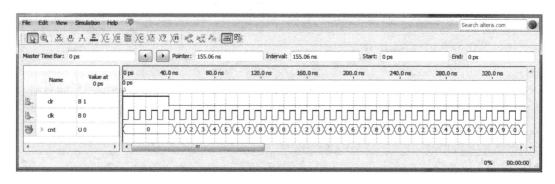

图 5-2 例 5-2 的仿真波形图

5.2 块语句

　　块语句的并行工作方式更为明显。块语句本身是并行语句结构，而且它的内部也都是由并行语句构成的（包括进程）。与其他并行语句相比，块语句本身并没有独特的功能，它只是一种并行语句的组合方式，利用它可以将程序编排得更加清晰、更有层次。因此，对于一组并行语句，将它们纳入块语句与否都不会影响原来的电路功能。

　　块语句的用法已在前面讲过，在块的使用中需要特别注意的是，块中定义的所有数据类型、数据对象（信号、变量、常量）、子程序等都是局部的；对于多层嵌套的块结构，这些局部定义量只适用于当前块，以及嵌套于本层块的所有层次的内部块，而对此块的外部来说是不可见的。这就是说，在多层嵌套的块结构中，内层块的所有定义量对外层块都是不可见的，而对其内层块都是可见的。因此，如果在内层的块结构中定义了一个与外层块同名的数据对象，那么内层的数据对象将与外层的同名数据对象互不干扰。

　　例 5-3 是一个含有三重嵌套块结构的程序，由此能很清晰地了解上述关于块中数据对象的可视性规则。

例 5 – 3

```
    ...
b1 : BLOCK                      -- 定义块 b1
    SIGNAL s : BIT;             -- 在块 b1 中定义 s
    BEGIN
        s <= a AND b;           -- 向块 b1 中的 s 赋值
b2 : BLOCK                      -- 定义块 b2,嵌套于块 b1 中
    SIGNAL s : BIT;             -- 定义块 b2 中的信号 s
    BEGIN
        s <= c AND d;           -- 向块 b2 中的 s 赋值
b3 : BLOCK
    BEGIN
        z <= s;                 -- 此 s 来自块 b2
    END BLOCK b3;
    END BLOCK b2
        y <= s;                 -- 此 s 来自块 b1
    END BLOCK b1;
```

此例是对嵌套块的语法现象作一些说明,它实际描述的是图 5 – 3 所示的两个相互独立的 2 输入与门。

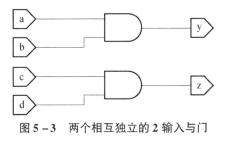

图 5 – 3 两个相互独立的 2 输入与门

5.3 并行信号赋值语句

并行信号赋值语句有以下三种形式。
(1) 简单信号赋值语句。
(2) 条件信号赋值语句。
(3) 选择信号赋值语句。

这三种并行信号赋值语句的共同点是,赋值目标必须都是信号,所有赋值语句与其他并行语句一样,在结构体内的执行是同时发生的,与它们的书写顺序和是否在块语句中没有关系。前面已经提到,每一信号赋值语句都相当于一条缩写的进程语句,而这条语句的所有输入(或读入)信号都被隐性地列入此缩写进程的敏感信号参数表。这意味着,在每一条并行信号赋值语句中的所有输入、读出和双向信号量都在所在结构体的严密监测中,任何信号的变化都将启动相关并行语句的赋值操作,而这种启动完全是独立于其他语句的,它们都可以直接出现在结构体中。

5.3.1 简单信号赋值语句

简单信号赋值语句的语法格式如下。

```
赋值目标 <= 表达式;
```

其中赋值目标的数据对象必须是信号,以下结构体中的五条信号赋值语句的执行是并行发生的。

例 5-4

```
...
ARCHITECTURE curt OF bc1 IS
SIGNAL s1, e, f, g, h : STD_LOGIC;
BEGIN
    output1 <= a AND b;
    output2 <= c + d;
    g <= e OR f;
    h <= e XOR f;
    s1 <= g;
END curt;
```

5.3.2 条件信号赋值语句

条件信号赋值语句的语法格式如下。

```
赋值目标 <= 表达式 WHEN 赋值条件 ELSE
          表达式 WHEN 赋值条件 ELSE
          ...
          表达式;
```

在结构体中的条件信号赋值语句的功能与在进程中的 IF 语句相同,在执行条件信号赋值语句时,每一赋值条件是按书写的先后关系逐项测定的,一旦发现赋值条件为 TRUE,立即将表达式的值赋给赋值目标。从这个意义上讲,条件信号赋值语句与 IF 语句具有十分相似的顺序性(注意,条件信号赋值语句中的 ELSE 不可省),这意味着,条件信号赋值语句将第一个满足关键词 WHEN 后的赋值条件所对应的表达式中的值赋给赋值目标。这里的赋值条件的数据类型是布尔,当它为 TRUE 时表示满足赋值条件,最后一项表达式可以不跟条件子句,用于表示以上各条件都不满足时将此表达式赋予赋值目标。由此可知,条件信号赋值语句允许出现条件重叠现象,这与 CASE 语句有很大的不同。

例 5-5

```
ENTITY MUX_41G IS
    PORT (a,b,c:IN BIT;
          p1,p2:IN BIT;
          z:OUT BIT);
END MUX_41G;
ARCHITECTURE behave OF MUX_41G IS
BEGIN
    z <= a WHEN p1 = '1' ELSE
         b WHEN p2 = '1' ELSE
         c;
END behave;
```

应注意,由于条件测试的顺序性,第一子句具有最高赋值优先级,第二子句次之,第三子句最后。这就是说，如果 p1 和 p2 同时为 1，则 z 获得的赋值是 a。

例 5-5 的仿真波形图如图 5-4 所示。

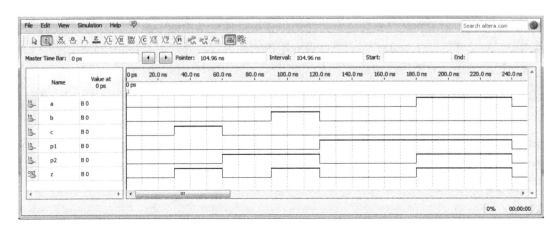

图 5-4　例 5-5 的仿真波形图

5.3.3　选择信号赋值语句

选择信号赋值语句的语法格式如下。

```
WITH 选择表达式 SELECT
    赋值目标 <= 表达式 WHEN 选择值,
             表达式 WHEN 选择值,
             ...
             表达式 WHEN 选择值;
```

选择信号赋值语句本身不能在进程中使用，但其功能却与进程中的 CASE 语句的功能相似。选择信号赋值语句中也有敏感量，即关键词 WITH 旁的选择表达式，每当选择表达式的值发生变化时，就将启动此语句对各语句的选择值进行测试对比，当发现有满足条件的语句时，就将此子句表达式中的选择值赋给赋值目标。与 CASE 语句相类似，选择信号赋值语句对子句条件选择值的测试具有同期性，不像以上条件信号赋值语句那样是按照子句的书写顺序从上至下逐条测试的。因此，选择信号赋值语句不允许出现条件重叠现象，也不允许存在条件涵盖不全的情况。

例 5-6 是一个列出选择条件为不同取值范围的 4 选 1 多路选择器，当不满足条件时，输出呈高阻态。

例 5-6

```
...
WITH selt SELECT
    muxout <= a WHEN 0 | 1,          --0 或 1
              b WHEN 2 TO 5,         --2 或 3,或 4 或 5
              c WHEN 6,
              d WHEN 7,
              'Z' WHEN OTHERS;
...
```

5.4 并行过程调用语句

并行过程调用语句可以作为一个并行语句直接出现在结构体中或块语句中。并行过程调用语句的功能等效于包含了同一个过程调用语句的进程。并行过程调用语句的语法格式与前面讲的顺序过程调用语句是相同的，如下所示。

```
过程名(关联参量名);
```

例 5-7 是个说明性的例子，在这个例子中，首先定义了一个完成半加器功能的过程，此后在一条并行语句中调用了这个过程，而在接下来的一个进程中也调用了同一过程。事实上，这两条语句是并行语句，且完成的功能是一样的。

例 5-7

```
...
PROCEDURE adder(SIGNAL a,b : IN STD_LOGIC;    -- 过程名为 adder
                SIGNAL sum : OUT STD_LOGIC);
...
adder(a1,b1,sum1);                             -- 并行过程调用
...
            -- 在此,a1、b1、sum1 即分别对应 a、b、sum 的关联参数名
PROCESS(c1,c2);       -- 进程语句执行
BEGIN
adder(c1,c2,s1);      -- 顺序过程调用,在此 c1、c2、s1 即分别对
END PROCESS;          -- 对应 a、b、sum 的关联参数名
```

并行过程调用语句常用于获得被调用过程的多个并行工作的复制电路。例如，要同时检测出一系列有不同位宽的位矢量信号，每一位矢量信号中只能有一个位是 1，而其余的位都是 0，否则报告出错。完成这一功能的一种办法是先设计一个具有这种对位矢量信号检测功能的过程，然后对不同位宽的信号并行调用这一过程。

5.5 元件例化语句

元件例化就是引入一种连接关系，将预先设计好的设计实体定义为一个元件，然后利用特定的语句将此元件与当前的设计实体中的指定端口连接，从而为当前设计实体引入一个新的低一级的设计层次。在这里，当前设计实体相当于一个较大的电路系统，所定义的例化元件相当于一个要插在这个电路系统板上的芯片，而当前设计实体中指定的端口则相当于这块电路板上准备接受此芯片的一个插座。元件例化是使 VHDL 设计实体构成自上而下层次化设计的一种重要途径。

在一个结构体中调用子程序，包括并行过程的调用，非常类似元件例化，因为通过调用，为当前系统增加了一个类似元件的功能模块，但这种调用是在同一层次内进行的，并没有因此增加新的电路层次，这类似在原电路系统中增加了一个电容或一个电阻。

元件例化是可以多层次的，在一个设计实体中被调用安插的元件本身也可以是一个低

层次的当前设计实体,因此可以调用其他元件,以便构成更低层次的电路模块。因此,元件例化就意味着在当前结构体内定义一个新的设计层次,这个设计层次总称元件,但它可以以不同的形式出现。如上所说,这个元件可以是已设计好的 VHDL 设计实体,可以是来自 FPGA 元件库中的元件,它们可能是以别的硬件描述语言(如 Verilog)设计的实体,元件还可以是软 IP 核或者 FPGA 的嵌入式硬 IP 核。

元件例化语句由两部分组成,第一部分是将一个现成的设计实体定义为一个元件,第二部分则是对此元件与当前设计实体中的连接进行说明,它们的完整的语法格式如下。

```
COMPONENT 元件名                              -- 元件定义语句
    GENERIC(类属表);
    PORT (端口名表);
END COMPONENT[元件名];

例化名:元件名 PORT MAP([端口名 =>]连接端口名,…);   -- 元件例化语句
```

说明:

(1) 第一部分语句是元件定义语句,相当于对一个现成的设计实体进行封装,使其只留出对外的端口界面。

(2) 第二部分语句即元件例化语句。

(3) 元件例化语句中所定义的元件的端口名与当前系统的连接端口名的连接表达有两种方式。

一种是名称关联方式。在这种方式下,例化元件的端口名和关联(连接)符号" => "两者都是必须存在的,这时,端口名与连接端口名是对应的,在 PORT MAP 子句中的位置可以是任意的。

另一种是位置关联方式。若使用这种方式,则端口名和关联(连接)符号都可省略,在 PORT MAP 子句中,只要列出当前系统中的连接端口名即可,但要求连接端口名的排列方式与所需例化的元件端口定义中的端口名一一对应。

例 5-8 是一个元件例化的例子,首先完成一个 2 输入与非门的设计,然后利用元件例化产生图 5-5 所示的由 3 个相同的与非门连接而成的电路,图中虚线内部是电路的内部结构。

例 5-8

```
-- 与非门的描述
LIBRARY IEEE;
USE IEEE.STD_LOGIC_1164.ALL;
ENTITY nd2 IS
    PORT(a,b:IN STD_LOGIC;
         c:OUT STD_LOGIC);
END nd2;
ARCHITECTURE behave OF nd2 IS
BEGIN
    c <= a NAND b;
END behave;
```

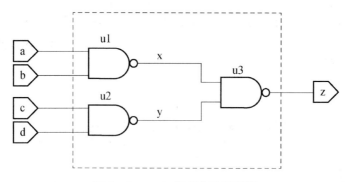

图 5-5 ord41 逻辑电路原理图

与非门仿真图如图 5-6 所示。

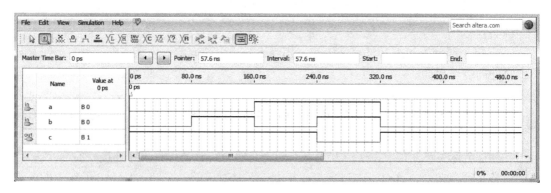

图 5-6 与非门仿真图

```
-- 元件例化
LIBRARY IEEE;
USE IEEE.STD_LOGIC_1164.ALL;
ENTITY ord41 IS
PORT(a,b,c,d:IN STD_LOGIC;
        z:OUT STD_LOGIC);
END ord41;
ARCHITECTURE behave OF ord41 IS
COMPONENT nd2
    PORT(a,b:IN STD_LOGIC;
            c:OUT STD_LOGIC);
END COMPONENT;
SIGNAL x,y: STD_LOGIC;
BEGIN
u1:nd2 PORT MAP(a,b,x);                    -- 位置关联
u2:nd2 PORT MAP(a =>c,c =>y,b =>d);        -- 名字关联
u3:nd2 PORT MAP(x,y,c =>z);                -- 混合关联
END behave;
```

ord41 仿真图如图 5-7 所示。

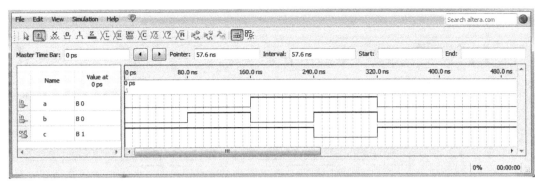

图 5-7　ord41 仿真图

例 5-9 是一个单稳态触发器的设计，单稳态电路的实现方式如下。

（1）NE555、74LS123 依靠电容充放电实现单稳态功能。

（2）利用 FPGA/CPLD 设计的单稳态电路，依靠计数器的计数值来控制 D 触发器实现单稳态的脉宽。

（3）需要有清零端的 D 触发器，端口如下。

D：输入端；CLK：时钟输入端，上升沿有效；CLR：清零端，高电平有效；Q：输出端。

（4）十进制计数器 CNT10，端口如下。

CLK：时钟输入端，上升沿有效；RST：复位端，高电平有效；EN：使能端，高电平有效；COUT：进位输出端，高电平进位。

（5）单稳态电路，端口如下。

CF：触发信号输入端；CLK：外部计数脉冲输入端；SHCH：输出端。

例 5-9

```
--D 触发器
LIBRARY IEEE;
USE IEEE.STD_LOGIC_1164.ALL;
ENTITY DF IS
  PORT( D:IN STD_LOGIC;
        CLK:IN STD_LOGIC;
        CLR:IN STD_LOGIC;
        Q:OUT STD_LOGIC);
END DF;
ARCHITECTURE BEHAVE OF DF IS
BEGIN
PROCESS(CLK,D,CLR)
BEGIN
   IF CLR = '1' THEN                --高电平清零
      Q <= '0';
   ELSIF CLK'EVENT AND CLK = '1' THEN   --上升沿锁存
      Q <= D;
   END IF;
END PROCESS;
END BEHAVE;
```

D 触发器仿真波形图如图 5-8 所示。

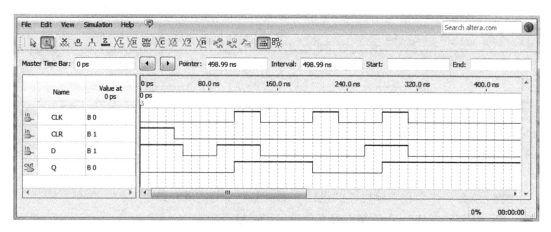

图 5-8　D 触发器仿真波形图

```
-- 十进制计数器
LIBRARY IEEE;
USE IEEE.STD_LOGIC_1164.ALL;
USE IEEE.STD_LOGIC_UNSIGNED.ALL;
ENTITY CNT10 IS
    PORT (CLK,RST,EN : IN STD_LOGIC;
            COUT : OUT STD_LOGIC);
END CNT10;
ARCHITECTURE behave OF CNT10 IS
BEGIN
  PROCESS(CLK, RST, EN)
    VARIABLE CQI : STD_LOGIC_VECTOR(3 DOWNTO 0);
  BEGIN
    IF RST = '1' THEN CQI := (OTHERS =>'0');        -- 计数器复位
    ELSIF CLK'EVENT AND CLK = '1' THEN              -- 检测时钟上升沿
      IF EN = '1' THEN                              -- 检测是否允许计数
        IF CQI < "1001" THEN
          CQI := CQI + 1;                           -- 允许计数
        ELSE
          CQI := (OTHERS =>'0');                    -- 等于1001,计数值清零
        END IF;
      END IF;
    END IF;
    IF CQI = "1001" THEN
       COUT <= '1';                                 -- 计数等于1001,输出进位信号
    ELSE
       COUT <= '0';
    END IF;
  END PROCESS;
END behave;
```

十进制计数器仿真波形图如图 5-9 所示。

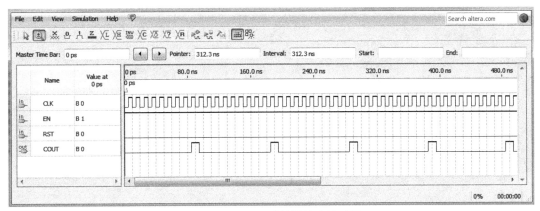

图 5-9　十进制计数器仿真波形图

```
-- 非门
LIBRARY IEEE;
USE IEEE.STD_LOGIC_1164.ALL;
ENTITY FM IS
   PORT( A:IN STD_LOGIC;
         B:OUT STD_LOGIC);
END FM;
ARCHITECTURE BEHAVE OF FM IS
BEGIN
   B <= NOT A;
END BEHAVE;
```

非门仿真波形图如图 5-10 所示。

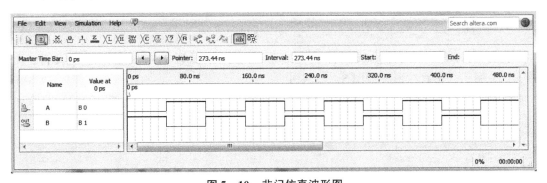

图 5-10　非门仿真波形图

```
-- 采用元件例化描述的顶层文件
LIBRARY IEEE;
USE IEEE.STD_LOGIC_1164.ALL;
ENTITY DWT IS
   PORT(CF:IN STD_LOGIC;
        CLK:IN STD_LOGIC;
        SHCH:OUT STD_LOGIC);
END DWT;
```

```vhdl
ARCHITECTURE BEHAVE OF DWT IS
COMPONENT DF
   PORT( D:IN STD_LOGIC;
         CLK:IN STD_LOGIC;
         CLR:IN STD_LOGIC;
         Q:OUT STD_LOGIC);
END COMPONENT;

COMPONENT CNT10
   PORT (CLK,RST,EN : IN STD_LOGIC;
         COUT : OUT STD_LOGIC);
END COMPONENT;

COMPONENT FM
   PORT (A: IN STD_LOGIC;
         B: OUT STD_LOGIC);
END COMPONENT;
SIGNAL X,Y,Z,W:STD_LOGIC;
SIGNAL DD:STD_LOGIC_VECTOR(2 DOWNTO 0);
BEGIN
U1:DF PORT MAP(DD(0),CF,X,W);
U2:CNT10 PORT MAP(CLK,DD(2),W,Y);
U3:DF PORT MAP(DD(1),Y,Z,X);
U4:FM PORT MAP(W,Z);
DD <= "011";
SHCH <= W;
END BEHAVE;
```

将各个 VHDL 源文件生成图标文件之后连接成单稳态电路顶层原理图文件,如图 5-11 所示,仿真波形图如图 5-12 所示。

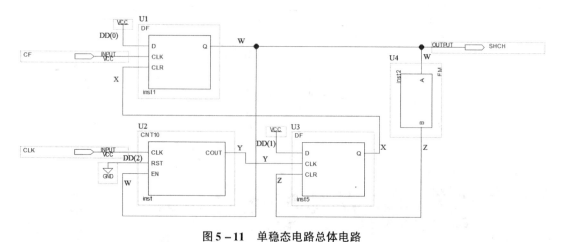

图 5-11 单稳态电路总体电路

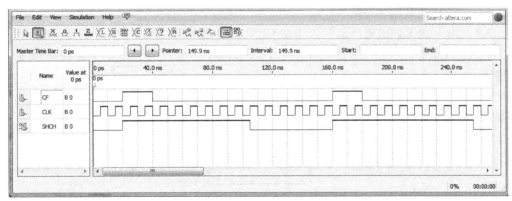

图 5-12　单稳态电路仿真波形图

5.6　生成语句

生成语句可以简化为有规则设计结构的逻辑描述。生成语句有一种复制作用。
生成语句的语法格式有如下两种形式。

```
[标号:]FOR 循环变量 IN 循环变量取值范围 GENERATE
      说明部分
      BEGIN
      并行语句
   END GENERATE[标号];
[标号:]IF 条件 GENERATE
      说明部分
      BEGIN
      并行语句
   END GENERATE[标号];
```

这两种语法格式都是由如下四部分组成的。

(1) 生成方式：有 FOR 语句结构或 IF 语句结构，用于规定并行语句的复制方式。

(2) 说明部分：这部分对元件数据类型、子程序、数据对象作一些局部说明。

(3) 并行语句：生成语句结构中的并行语句是用来"Copy"的基本单元，主要包括元件、进程语句、块语句、并行过程调用语句、并行信号赋值语句，甚至生成语句，这表示生成语句允许存在嵌套结构，因此可用于生成元件的多维阵列结构。

(4) 标号：标号并非必需，但它在嵌套式生成语句结构中是十分重要的。

FOR 语句结构主要用来描述设计中的一些有规律的单元结构，其生成参数及取值范围的含义和运行方式与 LOOP 语句十分相似，但需注意，从软件运行的角度看，FOR 语句结构中生成参数（循环变量）的递增方式具有顺序的性质，但最后生成的设计结构却是完全并行的。

循环变量（生成参数）是自动产生的，它是一个局部变量，根据取值范围自动递增或递减。循环变量取值范围的语句格式与 LOOP 语句是相同的，有以下两种形式。

```
表达式  TO    表达式;        --递增方式,如 1 TO 5
表达式  DOWNTO 表达式;       --递减方式,如 5 DOWNTO 1
```

其中的表达式必须是整数。

例 5 – 10 利用了数组属性语句 A'RANGE 作为生成语句的取值范围，进行重复元件例化过程，从而产生了一组并列的电路结构，生成语句产生的 8 个相同的电路模块如图 5 – 13 所示。

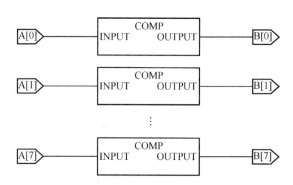

图 5 – 13　生成语句产生的 8 个相同的电路模块

例 5 – 10

```
...
COMPONENT COMP
    PORT (X:IN STD_LOGIC;Y: OUT STD_LOGIC);
END COMPONENT;
SIGNAL A,B:STD_LOGIC_VECTOR (0 TO 7);
...
GEN: FOR I IN A'RANGE GENERATE
    U1:COMP PORT MAP (X => A(I), Y =>B(I));
END GENERATE GEN;
...
```

例 5 – 11 利用元件例化语句和 FOR_GENERATE 语句完成一个 8 位三态锁存器的设计，仿照 74LS373 的工作逻辑进行设计。74LS373 的引脚如图 5 – 14 所示。D1 ~ D8 为数据输入端，Q1 ~ Q8 为数据输出端，OEN 为输出使能端。若 OEN = 1，则 Q8 ~ Q1 的输出为高阻态；若 OEN = 0，则 Q8 ~ Q1 的输出为保存在锁存器中的信号值。G 为数据锁存控制端，若 G = 1，则 D8 ~ D1 输入端的信号进入 74LS373 中的 8 位锁存器；若 G = 0，则 74LS373 中的 8 位锁存器将保持原先锁入的信号值不变。74LS373 的内部逻辑结构如图 5 – 15 所示。首先设计底层的 1 位锁存器 Latch1，如例 5 – 12 所示。此程序保存在磁盘文件 "Latch1.vhd" 中以待调用，例 5 – 11 是 74LS373 逻辑功能的完整描述。

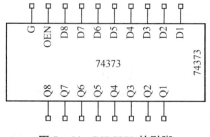

图 5 – 14　74LS373 的引脚

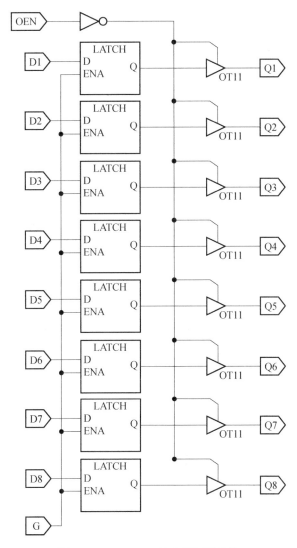

图 5-15　74LS373 的内部逻辑结构

例 5-11

```
LIBRARY IEEE;
USE IEEE.STD_LOGIC_1164.ALL;
ENTITY SN74373 IS                              --SN74373 器件端口说明
PORT (
      D : IN STD_LOGIC_VECTOR( 8 DOWNTO 1 );   --定义8位输入信号
      OEN : IN STD_LOGIC;
      G : IN STD_LOGIC;
      Q : OUT STD_LOGIC_VECTOR(8 DOWNTO 1));   --定义8位输出信号
END SN74373;
ARCHITECTURE one OF SN74373 IS
COMPONENT Latch1      --声明调用文件例5-12描述的1位锁存器
```

```
PORT ( D, ENA : IN STD_LOGIC;
      Q : OUT STD_LOGIC );
END COMPONENT;
SIGNAL sig_mid:STD_LOGIC_VECTOR( 8 DOWNTO 1 );
BEGIN
GeLatch:FOR iNum IN 1 TO 8 GENERATE        -- FOR_GENERATE 语句循
                                           -- 环例化 8 个 1 位锁存器
            BEGIN
Latchx:Latch1 PORT MAP(D(iNum),G,sig_mid(iNum));  -- 位置关联
END GENERATE;
Q <= sig_mid WHEN OEN = '0' ELSE          -- 条件信号赋值语句
     "ZZZZZZZZ";  -- 当 OEN = '1'时,Q(8)~Q(1)输出状态呈高阻态
END one;
```

图 5 – 16 所示是 74LS373 仿真波形图。

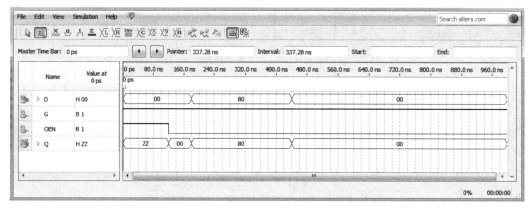

图 5 – 16 74LS373 仿真波形图

例 5 – 12 是 1 位锁存器的 VHDL 语言描述。

例 5 – 12

```
LIBRARY IEEE;
USE IEEE.STD_LOGIC_1164.ALL;
ENTITY Latch1 IS
  PORT(D: IN STD_LOGIC;
       ENA: IN STD_LOGIC;
       Q: OUT STD_LOGIC);
END Latch1;
ARCHITECTURE one OF Latch1 IS
SIGNAL sig_save : STD_LOGIC;
BEGIN
PROCESS ( D, ENA)
BEGIN
  IF ENA = '1' THEN
    sig_save <= D ;
  END IF ;
  Q <= sig_save ;
END PROCESS ;
END one;
```

例 5-12 是高电平锁存的 1 位锁存器，其仿真波形图如图 5-17 所示。从图中可以看出，当 ENA 为高电平时，将 D 的状态锁存到 Q 中（如图 5-16 中 80 ns 所示的位置）；当 ENA 为低电平时，Q 保持初态（如图 5-16 中 120 ns 之后所示的位置）。

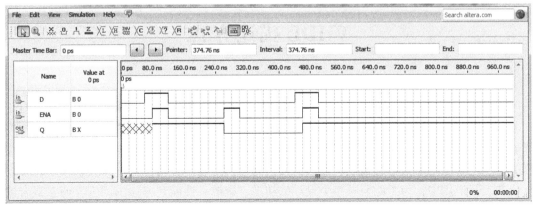

图 5-17　1 位锁存器仿真波形图

习　题

5.1　并行信号赋值语句有哪几类？比较其异同。

5.2　分别用条件信号赋值语句、选择信号赋值语句设计一个 4-16 译码器。

5.3　元件例化语句的作用是什么？元件例化语句包括哪几个组成部分？各部分的语法格式如何？什么叫作元件例化中的位置关联和名称关联？

5.4　在 VHDL 中并行语句包括哪些？

5.5　IF 语句与条件信号赋值语句有何异同？

5.6　CASE 语句与 WITH_SELECT 语句有何异同？

第 6 章
VHDL 描述方式

从前面几章的叙述可以看出，VHDL 结构体具体描述整个设计实体的逻辑功能，对于所希望的电路功能行为，可以在结构体中用不同的语句类型和描述方式来表达，相同的逻辑行为可以有不同的语句表达方式。在 VHDL 结构体中，这种不同的描述方式，或者说建模方法，通常可归纳为行为描述、数据流描述和结构描述。

在实际应用中，为了能兼顾整个设计的功能、资源、性能几方面的因素，通常混合使用这三种描述方式。

6.1 行为描述

如果 VHDL 结构体只描述了所希望电路的功能或者电路行为，而没有直接指明或涉及实现这些行为的硬件结构，包括硬件特性、连线方式、逻辑行为，则称这种描述方式为行为描述。行为描述只表示输入与输出间转换的行为，它不包含任何结构信息。行为描述主要指顺序语句描述，即通常指含有进程的非结构化的逻辑描述。行为描述的设计模型定义了系统的行为，这种描述方式通常由一个或多个进程构成，每个进程又包含了一系列顺序语句。这里所谓的硬件结构，是指具体硬件电路的连接结构、逻辑门的组成结构、元件或其他各种功能单元的层次结构等。

例 6-1 是有异步复位功能的 8 位二进制加法计数器的 VHDL 语言描述。8 位二进制加法计数器仿真波形图如图 6-1 所示。

例 6-1

```
LIBRARY IEEE;
USE IEEE.STD_LOGIC_1164.ALL;
USE IEEE.STD_LOGIC_UNSIGNED.ALL;
ENTITY COUNTER_UP IS
  PORT(
        RESET,CLOCK:IN STD_LOGIC;
        COUNTER:OUT STD_LOGIC_VECTOR(7 DOWNTO 0));
END COUNTER_UP;
ARCHITECTURE BEHAVE OF COUNTER_UP IS
SIGNAL CNT_FF: STD_LOGIC_VECTOR(7 DOWNTO 0);
BEGIN
    PROCESS(CLOCK,RESET,CNT_FF)
    BEGIN
```

```
            IF RESET = '1' THEN
                CNT_FF <= X"00";
            ELSIF(CLOCK = '1' AND CLOCK'EVENT) THEN
                    CNT_FF <= CNT_FF + 1;
            END IF;
        END PROCESS;
    COUNTER <= CNT_FF;
    END BEHAVE;
```

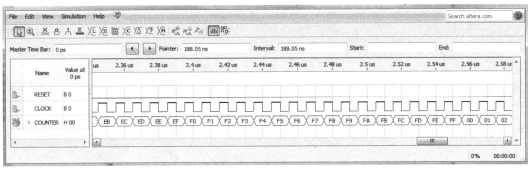

图 6-1　8 位二进制加法计数器仿真波形图

（1）此例的程序中不存在任何与硬件选择相关的语句，也不存在任何有关硬件内部连线方面的语句。在整个程序中，从表面上看不出是否引入寄存器方面的信息，或使用组合逻辑还是时序逻辑方面的信息，只是对所设计的电路系统的行为功能作了描述，不涉及任何具体器件方面的内容，这就是行为描述方式，或称为行为描述风格。在此例的程序中，最典型的行为描述语句如下。

```
        ELSIF(CLOCK = '1' AND CLOCK'EVENT)THEN
```

它对加法计数器时钟信号的触发要求作了明确而详细的描述，对时钟信号特定的行为方式所能产生的信息后果作了准确的定位。这充分展现了 VHDL 的最为闪光之处。VHDL 的强大系统描述能力正是基于这种强大的行为描述方式。

（2）VHDL 的行为描述方式具有很大的优越性。在应用 VHDL 设计数字系统时，行为描述方式是最重要的逻辑描述方式，行为描述方式是 VHDL 编程的核心，可以说，没有行为描述方式就没有 VHDL。

将 VHDL 的行为描述语句转换成可综合的门电路级描述是 VHDL 综合器的任务，这是一项十分复杂的工作。不同的 VHDL 综合器，其综合和优化效率是不一致的。优秀的 VHDL 综合器对应用 VHDL 设计的数字系统产品的工作性能和性价比都会有良好的影响。因此，对于产品开发或科研，对 VHDL 综合器应作适当的选择。

6.2　数据流描述

数据流描述也称为 RTL 描述，它以类似寄存器传输级的方式描述数据的传输和变换，以规定设计中的各种寄存器形式为特征，然后在寄存器之间插入组合逻辑。这类寄存器或者显式地通过元件具体装配，或者通过推论作隐含的描述。数据流描述主要使用并行信号赋值语句，既显式表示了该设计单元的行为，又隐含了该设计单元的结构。

数据流描述方式是建立在并行信号赋值语句描述的基础上的。当语句中任一输入信号的值发生改变时，赋值语句就被激活，随着这种语句对电路行为的描述，大量的有关这种结构的信息也从这种逻辑描述中"流出"。认为数据是从一个设计中流出，再从输入到达输出的观点称为数据流风格。数据流描述方式能比较直观地表述底层逻辑行为。

例 6 – 2 1 位全加器的数据流描述。

```
LIBRARY IEEE;
USE IEEE.STD_LOGIC_1164.ALL;
ENTITY ADDER1B IS
    PORT(A,B,CIN: IN BIT;
         SUM,COUT:OUT BIT);
END ADDER1B;
ARCHITECTURE ART OF ADDER1B IS
BEGIN
    SUM <= A XOR B XOR CIN;
    COUT <=(A AND B)OR (A AND CIN) OR (B AND CIN);
END ART;
```

1 位全加器仿真波形图如图 6 – 2 所示。

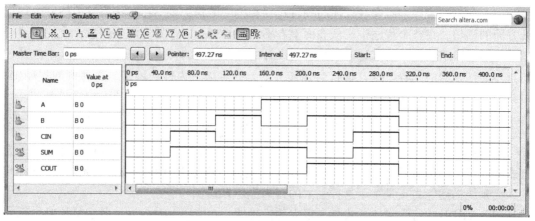

图 6 – 2 1 位全加器仿真波形图

6.3 结构描述

结构描述用于描述设计单元的硬件结构，即该硬件是如何构成的。其主要使用元件例化语句及配置语句来描述元件的类型及元件的互连关系。通过结构描述，可以用不同类型的结构来完成多层次的工程，即从简单的门到非常复杂的元件（包括各种已完成的设计实体子模块）来描述整个系统。元件间的连接是通过定义的端口界面实现的，其风格最接近实际的硬件结构。

结构描述就是表示元件之间的互连关系，它允许互连元件的层次式安置，像网表本身的构建一样。结构描述建模步骤如下。

（1）元件说明：描述局部端口。

（2）元件例化：相对于其他元件放置元件。

（3）元件配置：指定元件所用的设计实体，即对于一个给定实体，如果有多个可用的结构体，则由配置决定模型中所用的结构。

元件的定义或使用声明以及元件例化是应用 VHDL 实现层次化、模块化设计的手段，与传统原理图设计输入方式相似。在综合时，VHDL 综合器会根据相应的元件声明搜索与元件同名的实体，将此实体合并到生成的门电路级网表中。

例 6-3

```
ARCHITECTURE STRUCTURE OF COUNTER3 IS
  COMPONENT DFF
    PORT(CLK,DATA:IN BIT;
         Q:OUT BIT);
  END COMPONENT;
  COMPONENT AND2
    PORT(I1,I2:IN BIT;
         O:OUT BIT);
  END COMPONENT;
  COMPONENT OR2
    PORT(I1,I2:IN BIT;
         O:OUT BIT);
  END COMPONENT;
  COMPONENT NAND2
    PORT(I1,I2:IN BIT;
         O:OUT BIT);
  END COMPONENT;
  COMPONENT XNOR2
    PORT(I1,I2:IN BIT;
         O:OUT BIT);
  END COMPONENT;
  COMPONENT INV
    PORT(I:IN BIT;
         O:OUT BIT);
  END COMPONENT;
  SIGNAL N1,N2,N3,N4,N5,N6,N7,N8,N9: BIT;
  BEGIN
  U1:DFF PORT MAP(CLK,N1,N2);
  U2:DFF PORT MAP(CLK,N5,N3);
  U3:DFF PORT MAP(CLK,N9,N4);
  U4:INV PORT MAP(N2,N1);
  U5:OR2 PORT MAP(N3,N1,N6);
  U6:NAND2 PORT MAP(N1,N3,N7);
  U7:NAND2 PORT MAP(N6,N7,N5);
  U8:XNOR2 PORT MAP(N8,N4,N9);
  U9:NAND2 PORT MAP(N2,N3,N8);
  COUNT(0) <= N2;
  COUNT(1) <= N3;
  COUNT(2) <= N4;
END STRUCTURE;
```

可以采用结构化、模块化设计思想，将一个大的设计划分为许多小的模块，逐一设计调试完成，然后利用结构描述方式将它们组装起来，形成更为复杂的设计。

显然，在三种描述方式中，行为描述的抽象程度最高，最能体现 VHDL 描述高层次结构和系统的能力。

习　题

6.1　什么是数据流描述方式？它和行为描述方式的主要区别是什么？用数据流描述方式所编写的 VHDL 程序是否都可以进行逻辑综合？

6.2　什么是结构体的结构描述方式？实现结构描述方式的主要语句是哪两个？

第 7 章
VHDL 语言程序设计

7.1 组合逻辑电路设计

1. 基本门电路

基本门电路用 VHDL 语言来描述十分方便。为了方便起见，在下面的 2 输入模块中，使用 VHDL 中定义的逻辑操作符，同时实现一个与门、或门、与非门、或非门、异或门及反相器的逻辑。

例 7-1

```
LIBRARY IEEE;
USE IEEE.STD_LOGIC_1164.ALL;
ENTITY GATE IS
    PORT (A,B:IN STD_LOGIC;
          YAND,YOR,YNAND,YNOR,YNOT,YXOR:OUT STD_LOGIC);
END GATE;
ARCHITECTURE ART OF GATE IS
BEGIN
    YAND <= A AND B;              -- 与门输出
    YOR <= A OR B;                -- 或门输出
    YNAND <= A NAND B;            -- 与非门输出
    YNOR <= A NOR B;              -- 或非门输出
    YNOT <= NOT B;                -- 反相器输出
    YXOR <= A XOR B;              -- 异或门输出
END ART;
```

2. 3-8 译码器

下面的程序描述了一个 3-8 译码器。

例 7-2

```
LIBRARY IEEE;
USE IEEE.STD_LOGIC_1164.ALL;
USE IEEE.STD_LOGIC_UNSIGNED.ALL;
ENTITY DECODER IS
    PORT( INP:IN STD_LOGIC_VECTOR(2 DOWNTO 0);
         OUTP:OUT STD_LOGIC_VECTOR (7 DOWNTO 0));
END DECODER;
ARCHITECTURE ART4 OF DECODER IS
BEGIN
```

```
PROCESS( INP)
BEGIN
CASE INP IS
    WHEN "000" =>OUTP <= "11111110";
    WHEN "001" =>OUTP <= "11111101";
    WHEN "010" =>OUTP <= "11111011";
    WHEN "011" =>OUTP <= "11110111";
    WHEN "100" =>OUTP <= "11101111";
    WHEN "101" =>OUTP <= "11011111";
    WHEN "110" =>OUTP <= "10111111";
    WHEN "111" =>OUTP <= "01111111";
    WHEN OTHERS =>OUTP <= "XXXXXXXX";
END CASE;
END PROCESS;
END ART4;
```

3-8 译码器仿真波形图如图 7-1 所示。

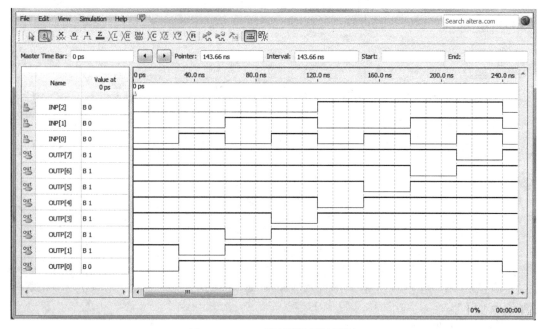

图 7-1 3-8 译码器仿真波形图

3. 8 位比较器

比较器可以比较两个二进制数是否相等。例 7-3 是一个 8 位比较器的 VHDL 描述。有两个 8 位二进制数，分别是 A 和 B，输出为 EQ，当 A = B 时，EQ = 1，否则 EQ = 0。

例 7-3

```
LIBRARY IEEE;
USE IEEE.STD_LOGIC_1164.ALL;
ENTITY COMPARE IS
    PORT (A,B:IN STD_LOGIC_VECTOR(7 DOWNTO 0);
          EQ:OUT STD_LOGIC);
```

```
END COMPARE;
ARCHITECTURE ART OF COMPARE IS
BEGIN
  EQ <= '1' WHEN A = B
          ELSE '0';
END ART;
```

8位比较器仿真波形图如图7-2所示。

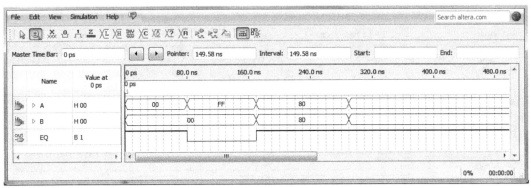

图7-2 8位比较器仿真波形图

4. 4选1多路选择器

选择器常用于信号的切换，4选1多路选择器可以用于4路信号的切换。4选1多路选择器有4个信号输入端INP(0)～INP(3)、2个信号选择端A和B、一个信号输出端Y。当A、B输入不同的选择信号时，可以使INP(0)～INP(3)中某个相应的信号输入端与信号输出端Y接通。

例7-4

```
LIBRARY IEEE;
USE IEEE.STD_LOGIC_1164.ALL;
ENTITY MUX4_1 IS
   PORT ( INP: IN STD_LOGIC_VECTOR(3 DOWNTO 0);
          A,B: IN STD_LOGIC;
          Y:OUT STD_LOGIC);
END MUX4_1;
ARCHITECTURE ART OF MUX4_1 IS
SIGNAL SEL :STD_LOGIC_VECTOR(1 DOWNTO 0);
BEGIN
SEL <= B&A;
PROCESS(INP,SEL)
BEGIN
    IF SEL = "00" THEN
        Y <= INP(0);
    ELSIF SEL = "01" THEN
        Y <= INP(1);
    ELSIF SEL = "10" THEN
        Y <= INP(2);
```

```
        ELSE
            Y <= INP(3);
        END IF;
END PROCESS;
END ART;
```

4 选 1 多路选择器仿真波形图如图 7-3 所示。

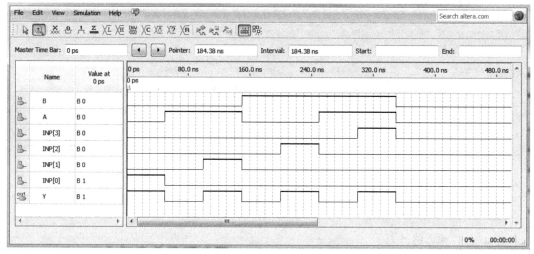

图 7-3 4 选 1 多路选择器仿真波形图

5. 三态门及单向总线缓冲器

三态门及单向总线缓冲器是驱动电路中的常用器件。

1) 三态门

例 7-5

```
LIBRARY IEEE;
USE IEEE.STD_LOGIC_1164.ALL;
ENTITY TRISTATE IS
    PORT (EN,DIN :IN STD_LOGIC;
          DOUT :OUT STD_LOGIC);
END TRISTATE;
ARCHITECTURE ART OF TRISTATE IS
BEGIN
PROCESS(EN,DIN)
BEGIN
    IF EN = '1' THEN
        DOUT <= DIN;
    ELSE
        DOUT <= 'Z';
    END IF;
END PROCESS;
END ART;
```

三态门仿真波形图如图 7-4 所示。

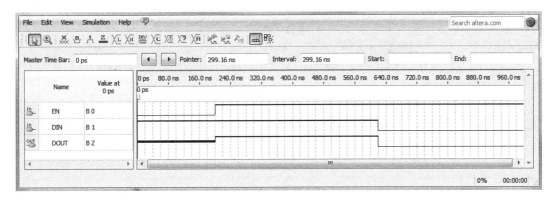

图 7-4 三态门仿真波形图

2）单向总线缓冲器

在微型计算机的总线驱动中经常要用到单向总线缓冲器，它通常由多个三态门组成，用于驱动地址总线和控制总线。8 位单向总线缓冲器电路原理图如图 7-5 所示。

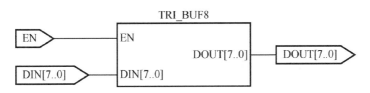

图 7-5 8 位单向总线缓冲器电路原理图

例 7-6

```
LIBRARY IEEE;
USE IEEE.STD_LOGIC_1164.ALL;
ENTITY TR1_BUF8 IS
  PORT (DIN:IN STD_LOGIC_VECTOR(7 DOWNTO 0);
        EN:IN STD_LOGIC;
        DOUT:OUT STD_LOGIC_VECTOR(7 DOWNTO 0));
END TR1_BUF8;
ARCHITECTURE ART OF TR1_BUF8 IS
BEGIN
PROCESS(EN,DIN)
BEGIN
  IF EN = '1' THEN
      DOUT <= DIN;
  ELSE
      DOUT <= "ZZZZZZZZ";
  END IF;
END PROCESS;
END ART;
```

8 位单向总线缓冲器仿真波形图如图 7-6 所示。从图中可以看出，当 EN = '1' 时，DIN 赋值给 DOUT；当 EN = '0' 时，DOUT 为高阻态。

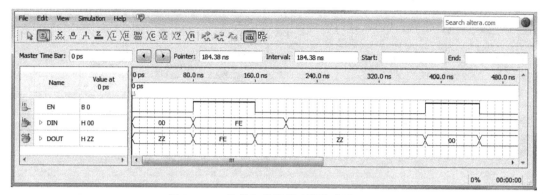

图7-6　8位单向总线缓冲器仿真波形图

3) 双向总线缓冲器

双向总线缓冲器用于数据总线的驱动和缓冲。8位双向总线缓冲器电路原理图如图7-7所示。图中的8位双向总线缓冲器有两个数据输入/输出端A和B、一个方向控制端DIR和一个选通端EN。当EN=0时8位双向缓冲器选通，若DIR=0，则A=B，反之则B=A。

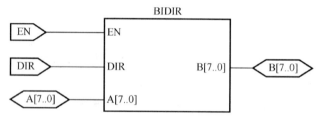

图7-7　8位双向总线缓冲器电路原理图

例7-7

```
LIBRARY IEEE;
USE IEEE.STD_LOGIC_1164.ALL;
ENTITY BIDIR IS
    PORT(A,B:INOUT STD_LOGIC_VECTOR(7 DOWNTO 0);
         EN,DIR:IN STD_LOGIC);
END BIDIR;
ARCHITECTURE ART OF BIDIR IS
SIGNAL AOUT,BOUT: STD_LOGIC_VECTOR(7 DOWNTO 0);
BEGIN
PROCESS(A,EN,DIR)                          --A是输入
BEGIN
   IF ((EN='0')AND(DIR='1')) THEN
        BOUT<=A;
   ELSE
        BOUT<="ZZZZZZZZ";
   END IF;
   B<=BOUT;
END PROCESS;
PROCESS(B,EN,DIR)                          --B是输入
BEGIN
```

```
      IF ((EN = '0')AND(DIR = '0')) THEN
          AOUT <= B;
      ELSE
          AOUT <= "ZZZZZZZZ";
      END IF;
      A <= AOUT;
  END PROCESS;
END ART;
```

8 位双向总线缓冲器仿真波形图如图 7-8 所示。

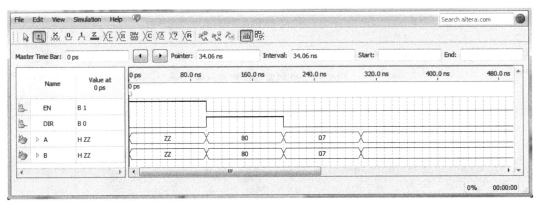

图 7-8　8 位双向总线缓冲器仿真波形图

7.2　时序逻辑电路设计

本节主要包括触发器、寄存器、计数器、序列信号发生器和序列信号检测器等设计实例。

1. 触发器

1) D 触发器

例 7-8

```
LIBRARY IEEE;
USE IEEE.STD_LOGIC_1164.ALL;
ENTITY DCFQ IS
   PORT(D,CLK:IN STD_LOGIC;
            Q:OUT STD_LOGIC);
END DCFQ;
ARCHITECTURE ART OF DCFQ IS
BEGIN
PROCESS(CLK)
BEGIN
   IF (CLK'EVENT AND CLK = '1')THEN        -- 时钟上升沿触发
        Q <= D;
   END IF;
END PROCESS;
END ART;
```

D 触发器仿真波形图如图 7-9 所示。

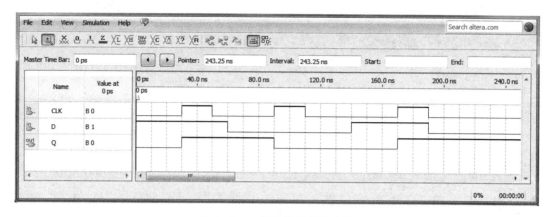

图 7-9　D 触发器仿真波形图

2）T 触发器

例 7-9

```
LIBRARY IEEE;
USE IEEE.STD_LOGIC_1164.ALL;
ENTITY TCFQ IS
    PORT(CLK:IN STD_LOGIC;
         Q:BUFFER STD_LOGIC);
END TCFQ;
ARCHITECTURE ART OF TCFQ IS
BEGIN
PROCESS(CLK)
BEGIN
  IF (CLK'EVENT AND CLK = '1')THEN
      Q <= NOT Q;
    END IF;
END PROCESS;
END ART;
```

T 触发器仿真波形图如图 7-10 所示。

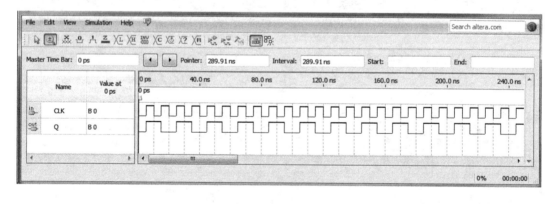

图 7-10　T 触发器仿真波形图

3) RS 触发器

例 7 – 10

```
LIBRARY IEEE;
USE IEEE.STD_LOGIC_1164.ALL;
ENTITY RSCFQ IS
    PORT(R,S,CLK:IN STD_LOGIC;
         Q,QB:BUFFER STD_LOGIC);
END RSCFQ;
ARCHITECTURE ART OF RSCFQ IS
SIGNAL Q_S,QB_S:STD_LOGIC;
BEGIN
PROCESS(CLK,R,S)
BEGIN
  IF ( CLK'EVENT AND CLK = '1' )THEN
     IF( S = '1' AND R = '0' ) THEN
         Q_S <= '0';
         QB_S <= '1';
     ELSIF ( S = '0' AND R = '1' ) THEN
         Q_S <= '1';
         QB_S <= '0';
     ELSIF ( S = '0' AND R = '0' ) THEN
         Q_S <= Q_S;
         QB_S <= QB_S;
     END IF;
  END IF ;
  Q <= Q_S;
  QB <= QB_S;
END PROCESS;
END ART;
```

RS 触发器仿真波形图如图 7 – 11 所示。

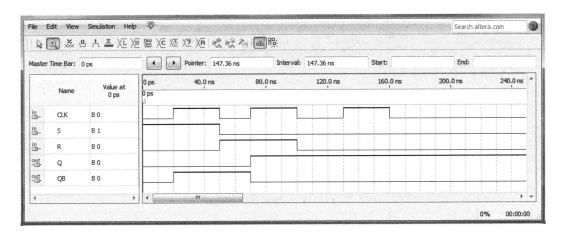

图 7 – 11　RS 触发器仿真波形图

4) JK 触发器

例 7 – 11

```
LIBRARY IEEE;
USE IEEE.STD_LOGIC_1164.ALL;
ENTITY JKCFQ IS
  PORT(J,K,CLK:IN STD_LOGIC;
       Q,QB:BUFFER STD_LOGIC);
END JKCFQ;
ARCHITECTURE ART OF JKCFQ IS
SIGNAL Q_S,QB_S:STD_LOGIC;
BEGIN
  PROCESS(CLK,J,K)
  BEGIN
    IF (CLK'EVENT AND CLK = '1')THEN
      IF(J = '0' AND K = '1') THEN
        Q_S <= '0';
        QB_S <= '1';
      ELSIF (J = '1' AND K = '0') THEN
        Q_S <= '1';
        QB_S <= '0';
      ELSIF (J = '1' AND K = '1') THEN
        Q_S <= NOT Q_S;
        QB_S <= NOT QB_S;
      END IF;
    END IF ;
    Q <= Q_S;
    QB <= QB_S;
  END PROCESS;
END ART;
```

JK 触发器仿真波形图如图 7 – 12 所示。

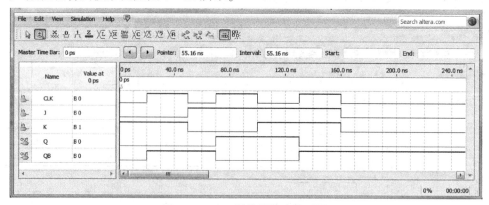

图 7 – 12 JK 触发器仿真波形图

2. 触发器的同步和非同步复位

触发器的初始状态应由复位信号设置。按复位信号对触发器复位的操作不同，可以分为同步复位和非同步复位两种。同步复位，是当复位信号有效且在给定的时钟边沿到来时触发器才被复位；非同步复位，也称为异步复位，是当复位信号有效时，触发器就被复位,不用等待时钟边沿信号到来。

1) 非同步复位/置位的 D 触发器

例 7-12

```
LIBRARY IEEE;
USE IEEE.STD_LOGIC_1164.ALL;
ENTITY ASYNDCFQ IS
    PORT(CLK,D,PRESET,RESET:IN STD_LOGIC;
         Q:OUT STD_LOGIC);
END ASYNDCFQ;
ARCHITECTURE ART OF ASYNDCFQ IS
BEGIN
PROCESS(CLK,PRESET,RESET,D)
BEGIN
    IF(PRESET = '1')THEN          --置位信号为1,则触发器被置位
        Q <= '1';
    ELSIF(RESET = '1')THEN        --复位信号为1,则触发器被复位
        Q <= '0';
    ELSIF(CLK'EVENT AND CLK = '1')THEN
        Q <= D;
    END IF;
END PROCESS;
END ART;
```

非同步复位/置位的 D 触发器仿真波形图如图 7-13 所示。

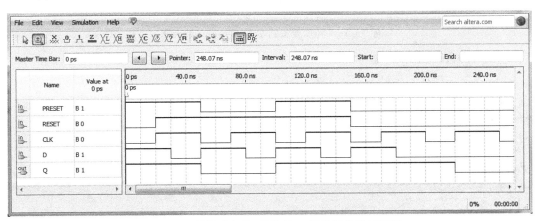

图 7-13 非同步复位/置位的 D 触发器仿真波形图

2) 同步复位的 D 触发器

例 7-13

```
LIBRARY IEEE;
USE IEEE.STD_LOGIC_1164.ALL;
ENTITY SYNDCFQ IS
    PORT(D,CLK,RESET:IN STD_LOGIC;
         Q:OUT STD_LOGIC);
END SYNDCFQ;
```

```
ARCHITECTURE ART OF SYNDCFQ IS
BEGIN
PROCESS(CLK)
BEGIN
    IF(CLK'EVENT AND CLK = '1')THEN
        IF(RESET = '0')THEN
            Q <= '0';                    -- 时钟边沿到来且有复位信号,触发器被复位
        ELSE
            Q <= D;
        END IF;
    END IF;
END PROCESS;
END ART;
```

同步复位的 D 触发器仿真波形图如图 7-14 所示。

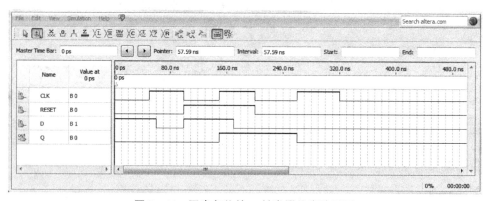

图 7-14　同步复位的 D 触发器仿真波形图

3. 寄存器和移位寄存器

1）寄存（锁存）器

寄存器用于寄存一组二值代码，广泛用于各类数字系统。因为一个触发器只能存储 1 位二值代码，所以用 N 个触发器组成的寄存器能储存一组 N 位二值代码。下面给出一个 8 位寄存器的 VHDL 描述。

例 7-14

```
LIBRARY IEEE;
USE IEEE.STD_LOGIC_1164.ALL;
ENTITY REG IS
    PORT(D:IN STD_LOGIC_VECTOR(0 TO 7);
         CLK:IN STD_LOGIC;
         Q:OUT STD_LOGIC_VECTOR(0 TO 7));
END REG;
ARCHITECTURE ART OF REG IS
BEGIN
PROCESS(CLK)
BEGIN
    IF(CLK'EVENT AND CLK = '1')THEN
        Q <= D;
```

```
    END IF;
  END PROCESS;
END ART;
```

8 位寄存器仿真波形图如图 7 – 15 所示。

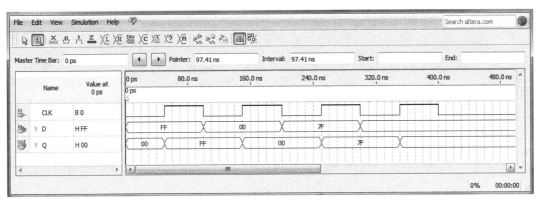

图 7 – 15　8 位寄存器仿真波形图

2) 移位寄存器

移位寄存器除了具有存储代码的功能外，还具有移位功能。所谓移位功能，是指寄存器中存储的代码能在移位脉冲的作用下依次左移或右移。因此，移位寄存器不但可以用来寄存代码，还可用来实现数据的串并转换、数值的运算以及数据处理等。

下面给出一个 8 位移位寄存器的 VHDL 描述，其具有左移 1 位或右移 1 位、并行输入和同步复位的功能。

例 7 – 15

```
LIBRARY IEEE;
USE IEEE.STD_LOGIC_1164.ALL;
ENTITY SHIFTER IS
  PORT(CLK:IN STD_LOGIC;
       DATA:IN STD_LOGIC_VECTOR(7 DOWNTO 0);
       SHIFTLEFT:IN STD_LOGIC;
       SHIFTRIGHT:IN STD_LOGIC;
       RESET:IN STD_LOGIC;
       MODE:IN STD_LOGIC_VECTOR(1 DOWNTO 0);
       QOUT:BUFFER STD_LOGIC_VECTOR(7 DOWNTO 0));
END SHIFTER;
ARCHITECTURE ART OF SHIFTER IS
BEGIN
PROCESS
BEGIN
  WAIT UNTIL(RISING_EDGE(CLK));
  IF(RESET = '1')THEN
      QOUT <= "00000000";
```

```
        ELSE                        --同步复位功能的实现
            CASE MODE IS
                WHEN "01" =>QOUT <= SHIFTRIGHT&QOUT(7 DOWNTO 1);
                              --右移1位
                WHEN "10" =>QOUT <= QOUT(6 DOWNTO 0)&SHIFTLEFT;
                              --左移1位
                WHEN "11" =>QOUT <= DATA;
                WHEN OTHERS =>NULL;
            END CASE;
        END IF;
END PROCESS;
END ART;
```

8位移位寄存器仿真波形图如图7-16所示。

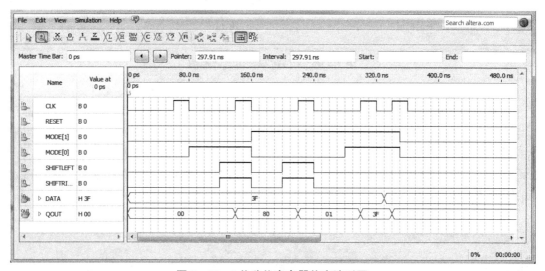

图7-16　8位移位寄存器仿真波形图

4. 计数器

计数器是在数字系统中使用最多的时序电路，它不仅能用于对时钟脉冲计数，还能用于分频、定时、产生节拍脉冲和脉冲序列以及进行数字运算等。

1）同步计数器

例7-16是一个模为60，具有异步复位、同步置数功能的8421BCD码计数器。

例7-16

```
LIBRARY IEEE;
USE IEEE.STD_LOGIC_1164.ALL;
USE IEEE.STD_LOGIC_UNSIGNED.ALL;
ENTITY CNTM60 IS
    PORT(OE:IN STD_LOGIC;                       --使能端
         NRESET:IN STD_LOGIC;                   --异步复位
         LOAD:IN STD_LOGIC;                     --置数控制
         D:IN STD_LOGIC_VECTOR(7 DOWNTO 0);
         CLK:IN STD_LOGIC;
         CO:OUT STD_LOGIC;                      --进位输出
```

```
            QH:BUFFER STD_LOGIC_VECTOR(3 DOWNTO 0);
            QL:BUFFER STD_LOGIC_VECTOR(3 DOWNTO 0));
END CNTM60;
ARCHITECTURE ART OF CNTM60 IS
BEGIN
   CO <= '1' WHEN(QH = "0101"AND QL = "1001"AND OE = '1') ELSE
         '0';
                                     -- 进位输出的产生
PROCESS(CLK,NRESET)
BEGIN
IF(NRESET = '0')THEN                 -- 异步复位
   QH <= "0000";
   QL <= "0000";
ELSIF(CLK'EVENT AND CLK = '1')THEN   -- 同步置数
   IF(LOAD = '1')THEN
      QH <= D(7 DOWNTO 4);
      QL <= D(3 DOWNTO 0);
   ELSIF(OE = '1')THEN               -- 模 60 的实现
      IF(QL = 9)THEN
         QL <= "0000";
         IF(QH = 5)THEN
            QH <= "0000";
         ELSE                        -- 计数功能的实现
            QH <= QH + 1;
         END IF;
      ELSE
         QL <= QL + 1;
      END IF;
   END IF;
END IF;
END PROCESS;
END ART;
```

模为 60 的计数器仿真波形图如图 7-17 所示。

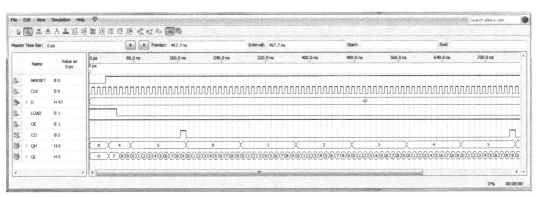

图 7-17 模为 60 的计数器仿真波形图

2) 异步计数器

用 VHDL 描述异步计数器，与上述同步计数器的不同之处主要表现在对各级时钟的描述上。例7-17是一个由8个触发器构成的异步计数器,采用元件例化的方式生成。

例7-17

```
LIBRARY IEEE;
USE IEEE.STD_LOGIC_1164.ALL;
ENTITY DIFFR IS
PORT(CLK,CLR,D:IN STD_LOGIC;
         Q,QB:OUT STD_LOGIC);
END DIFFR;
ARCHITECTURE ART1 OF DIFFR IS
SIGNAL Q_IN:STD_LOGIC;
BEGIN
PROCESS(CLK,CLR)
BEGIN
  IF(CLR = '1')THEN
      Q <= '0';
      QB <= '1';
  ELSIF (CLK'EVENT AND CLK = '1') THEN
      Q <= D;
      QB <= NOT D;
  END IF;
END PROCESS;
END ART1;
```

具有异步复位功能的1位触发器仿真波形图如图7-18所示。

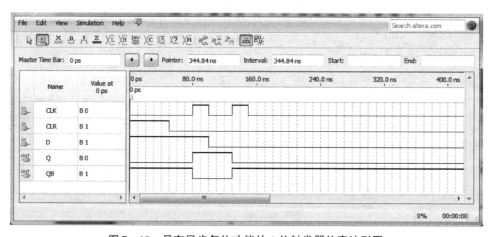

图7-18 具有异步复位功能的1位触发器仿真波形图

```
-- 由例7-17中8个触发器构成的8位异步计数器
LIBRARY IEEE;
USE IEEE.STD_LOGIC_1164.ALL;
ENTITY RPLCOUNT IS
PORT(CLK,CLR:IN STD_LOGIC;
       COUNT:OUT STD_LOGIC_VECTOR(7 DOWNTO 0));
END RPLCOUNT;
ARCHITECTURE ART2 OF RPLCOUNT IS
SIGNAL COUNT_IN:STD_LOGIC_VECTOR(8 DOWNTO 0);
```

```vhdl
    COMPONENT DIFFR                          --声明元件 DIFFR
        PORT(CLK,CLR,D:IN STD_LOGIC;
             Q,QB:OUT STD_LOGIC);
    END COMPONENT;
BEGIN
    COUNT_IN(0) <= CLK;
GEN1:FOR I IN 0 TO 7 GENERATE
    U:DIFFR PORT MAP(CLK =>COUNT_IN(I),CLR =>CLR,D =>COUNT_IN(I+1),
         Q =>COUNT(I),QB =>COUNT_IN(I+1));
        END GENERATE;
END ART2;
```

5. 序列信号发生器

在数字信号的传输和数字系统的测试中，有时需要用到一组特定的串行数字信号，产生序列信号的电路称为序列信号发生器。

例 7-18 是 "01111110" 序列发生器，该电路可由计数器与数据选择器构成，其 VHDL 描述如下。

例 7-18

```vhdl
LIBRARY IEEE;
USE IEEE.STD_LOGIC_1164.ALL;
USE IEEE.STD_LOGIC_UNSIGNED.ALL;
ENTITY SENQGEN IS
    PORT(CLK,CLR,CLOCK:IN STD_LOGIC;
                   ZO:OUT STD_LOGIC);
END SENQGEN;
ARCHITECTURE ART OF SENQGEN IS
SIGNAL COUNT:INTEGER RANGE 0 TO 7;
SIGNAL Z:STD_LOGIC;
BEGIN
PROCESS(CLK)
BEGIN
    IF(CLK'EVENT AND CLK = '1') THEN
        COUNT <= COUNT + 1;
    END IF;
END PROCESS;
PROCESS(COUNT)
BEGIN
    CASE COUNT IS
        WHEN 0 =>Z <= '0';
        WHEN 1 =>Z <= '1';
        WHEN 2 =>Z <= '1';
        WHEN 3 =>Z <= '1';
        WHEN 4 =>Z <= '1';
        WHEN 5 =>Z <= '1';
        WHEN 6 =>Z <= '1';
        WHEN 7 =>Z <= '0';
        WHEN OTHERS =>NULL;
    END CASE;
```

```
END PROCESS;
PROCESS(CLOCK,Z)
BEGIN                                      -- 消除毛刺的寄存器
    IF(CLOCK'EVENT AND CLOCK = '1')THEN
        ZO <= Z;
    END IF;
END PROCESS;
END ART;
```

序列信号发生器仿真波形图如图 7–19 所示。

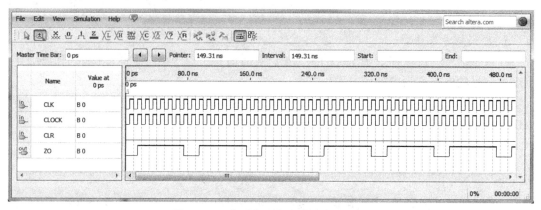

图 7–19　序列信号发生器仿真波形图

6. 序列信号检测器

序列信号检测器可用于检测一组或多组由二进制码组成的脉冲序列信号,它在数字通信领域有广泛的应用。当序列信号检测器连续收到一组串行二进制码后,如果这组码与序列信号检测器中预先设置的码相同,则输出 1,否则输出 0。这种检测的关键在于正确码的接收必须是连续的,这就要求序列信号检测器必须记住前一次的正确码及正确序列,直到在连续的检测中所收到的每一位码都与预置的码相同。在检测过程中,任何一位码不相等都将回到初始状态重新开始检测。

下面是一个"01111110"序列信号检测器的 VHDL 描述。

例 7–19

```
LIBRARY IEEE;
USE IEEE.STD_LOGIC_1164.ALL;
ENTITY DETECT IS
    PORT( DATAIN:IN STD_LOGIC;
          CLK:IN STD_LOGIC;
          Q:OUT STD_LOGIC);
END DETECT;
ARCHITECTURE ART OF DETECT IS
TYPE STATETYPE IS(S0,S1,S2,S3,S4,S5,S6,S7,S8);
BEGIN
PROCESS
VARIABLE PRESENT_STATE:STATETYPE;
BEGIN
```

```vhdl
Q <= '0';
CASE PRESENT_STATE IS
   WHEN S0 => IF DATAIN = '0' THEN
                 PRESENT_STATE: = S1;
              ELSE
                 PRESENT_STATE: = S0;
              END IF;
   WHEN S1 =>
              IF DATAIN = '1' THEN
                 PRESENT_STATE: = S2;
              ELSE
                 PRESENT_STATE: = S0;
              END IF;
   WHEN S2 =>
              IF DATAIN = '1' THEN
                 PRESENT_STATE: = S3;
              ELSE
                 PRESENT_STATE: = S0;
              END IF;
   WHEN S3 =>
              IF DATAIN = '1' THEN
                 PRESENT_STATE: = S4;
              ELSE
                 PRESENT_STATE: = S0;
              END IF;
   WHEN S4 =>
              IF DATAIN = '1' THEN
                 PRESENT_STATE: = S5;
              ELSE
                 PRESENT_STATE: = S0;
              END IF;
   WHEN S5 =>
              IF DATAIN = '1' THEN
                 PRESENT_STATE: = S6;
              ELSE
                 PRESENT_STATE: = S0;
              END IF;
   WHEN S6 =>
              IF DATAIN = '1' THEN
                 PRESENT_STATE: = S7;
              ELSE
                 PRESENT_STATE: = S0;
              END IF;
   WHEN S7 =>
              IF DATAIN = '0' THEN
                 PRESENT_STATE: = S8;
                 Q <= '1';
              ELSE
                 PRESENT_STATE: = S0;
              END IF;
```

```
                WHEN S8 =>
                        IF DATAIN = '0' THEN
                            PRESENT_STATE: = S1;
                        ELSE
                            PRESENT_STATE: = S0;
                        END IF;
            END CASE;
            WAIT UNTIL CLK = '1';
    END PROCESS;
    END ART;
```

其中,DATAIN 为串行数据输入端,CLK 为外部时钟输入端,Q 为输出指示端。序列信号检测器仿真波形图如图 7-20 所示。

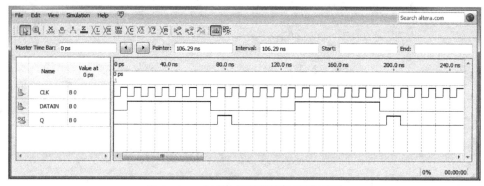

图 7-20　序列信号检测器仿真波形图

7.3　存储器设计

存储器的种类很多,从功能上可以分为只读存储器(Read_Only Memory,ROM)和随机存储器(Random Access Memory,RAM)两大类。存储器是电子电路中是存储数据的重要器件,它由寄存器阵列构成,它的界面端口由地址线、数据输入线、数据输出线、片选线、写入允许线和读出允许线组成。存储器根据地址信号,经由译码电路选择欲读写的存储单元。

1. ROM

ROM 在正常工作时从中读取数据,不能快速地修改或重新写入数据,适用于存储固定数据的场合。下面是一个容量为 256×8 的 ROM 示例。该 ROM 有 8 位地址线 ADDR(0)~ADDR(7)、8 位数据输出线 DOUT(0)~DOUT(7)及使能端 CS,CLK 是外部时钟信号,其电路原理图如图 7-21 所示。

图 7-21　ROM 电路原理图

例 7-20

```vhdl
LIBRARY IEEE;
USE IEEE.STD_LOGIC_1164.ALL;
USE IEEE.NUMERIC_STD.ALL;
ENTITY single_port_rom IS
PORT(ADDR:IN NATURAL RANGE 0 TO 255;
     CLK,CS:IN STD_LOGIC;
       DOUT:OUT STD_LOGIC_VECTOR(7 DOWNTO 0));
END ENTITY;
ARCHITECTURE RTL OF single_port_rom IS
SUBTYPE WORD_T IS STD_LOGIC_VECTOR(7 DOWNTO 0);
TYPE MEMORY_T IS ARRAY(255 DOWNTO 0) OF WORD_T;
   FUNCTION INIT_ROMRETURN MEMORY_T IS
   VARIABLE TMP:MEMORY_T: = (OTHERS = >(OTHERS = > '0'));
   BEGIN
      FOR ADDR_POS IN 0 TO 255 LOOP
         --ROM存储单元初始化成地址数据
            TMP(ADDR_POS): =
             STD_LOGIC_VECTOR(TO_UNSIGNED(ADDR_POS,8));
      END LOOP;
   RETURN TMP;
END INIT_ROM;
SIGNAL ROM:MEMORY_T: = INIT_ROM;
BEGIN
PROCESS(CLK)
VARIABLE ADRESS:INTEGER RANGE 0 TO 255;
BEGIN
   IF(RISING_EDGE(CLK))THEN
      IF CS = '0' THEN
         ADRESS: = ADDR;
         FOR I IN 0 TO 255 LOOP
            IF I = ADRESS THEN
               DOUT < = ROM(I);
               EXIT;
            END IF;
         END LOOP;
      END IF;
   END IF;
END PROCESS;
END RTL;
```

ROM 仿真波形图如图 7-22 所示。在图中，设置读数据地址 ADDR 分别为 1FH、2FH、3FH、4FH、5FH、6FH、7FH、8FH、9FH，并将数据读出。

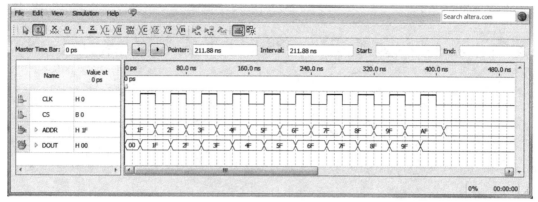

图 7-22 ROM 仿真波形图

2. RAM

RAM 和 ROM 的主要区别在于 RAM 描述中有读和写两种操作，而且在读/写上对时间有较严格的要求。下面给出一个 8×8 位的双口 RAM 的 VHDL 描述示例。图 7-23 所示的 RAM 具有两组 3 位二进制地址线、8 位二进制输入数据线、8 位二进制输出数据线，即存储空间为 8×8 bit，它的读地址线、写地址线以及数据的输入/输出端口是分开的。程序中有两个进程：一个是数据写入进程 WRITE，该进程设置条件为 WE = '1' 和 CS = '0'，并且存在时钟上升沿时间，将 DATAIN 端口的数据写入 RAM；另一个是数据读入进程 READ，该进程设置条件为 RE = '1' 和 CS = '0'，并且存在时钟上升沿时间，将 RAM 中的数据从 DATAOUT 端口输出。

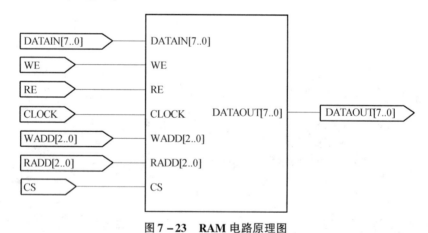

图 7-23 RAM 电路原理图

例 7-21 利用 GENERIC 设定 RAM 的数据位宽 WI_DTH 和地址线位宽 ADDER。

例 7-21

```
LIBRARY IEEE;
USE IEEE.STD_LOGIC_1164.ALL;
USE IEEE.STD_LOGIC_UNSIGNED.ALL;
ENTITY DA_RAM IS
    GENERIC( WI_DTH:INTEGER : = 8;
             DEPTH:INTEGER : = 8;
```

```vhdl
                     ADDER:INTEGER : =3);
        PORT(DATAIN:IN STD_LOGIC_VECTOR(WI_DTH-1 DOWNTO 0);
             DATAOUT:OUT STD_LOGIC_VECTOR(WI_DTH-1 DOWNTO 0);
             CLOCK:IN STD_LOGIC;
             WE,RE,CS:IN STD_LOGIC;
             WADD:IN STD_LOGIC_VECTOR(ADDER-1 DOWNTO 0);
             RADD:IN STD_LOGIC_VECTOR(ADDER-1 DOWNTO 0));
END DA_RAM;
ARCHITECTURE ART OF DA_RAM IS
TYPE MEM IS ARRAY(0 TO DEPTH-1) OF STD_LOGIC_VECTOR(WI_DTH-1 DOWNTO 0);
SIGNAL RAMTMP:MEM;
BEGIN
--写进程
W_R:
PROCESS(CLOCK)
BEGIN
IF ( CLOCK'EVENT AND CLOCK = '1' ) THEN
     IF(WE = '1' AND CS = '0')THEN
         CASE WADD IS
             WHEN "000" =>RAMTMP(0) <= DATAIN;
             WHEN "001" =>RAMTMP(1) <= DATAIN;
             WHEN "010" =>RAMTMP(2) <= DATAIN;
             WHEN "011" =>RAMTMP(3) <= DATAIN;
             WHEN "100" =>RAMTMP(4) <= DATAIN;
             WHEN "101" =>RAMTMP(5) <= DATAIN;
             WHEN "110" =>RAMTMP(6) <= DATAIN;
             WHEN "111" =>RAMTMP(7) <= DATAIN;
             WHEN OTHERS =>NULL;
         END CASE;
       END IF;
    END IF;
END PROCESS;
--读进程
R_E:
PROCESS(CLOCK)
BEGIN
   IF(CLOCK'EVENT AND CLOCK = '1')THEN
      IF (RE = '1' AND CS = '0') THEN
         CASE WADD IS
             WHEN "000" =>DATAOUT <= RAMTMP(0);
             WHEN "001" =>DATAOUT <= RAMTMP(1);
             WHEN "010" =>DATAOUT <= RAMTMP(2);
             WHEN "011" =>DATAOUT <= RAMTMP(3);
             WHEN "100" =>DATAOUT <= RAMTMP(4);
             WHEN "101" =>DATAOUT <= RAMTMP(5);
             WHEN "110" =>DATAOUT <= RAMTMP(6);
             WHEN "111" =>DATAOUT <= RAMTMP(7);
             WHEN OTHERS =>NULL;
      END CASE;
    END IF;
  END IF;
END PROCESS;
END ART;
```

其中，DATAIN 为写数据到 RAM 的输入端口，DATAOUT 为从 RAM 读数据到输出端口，CLOCK 为外部操作时钟信号，WE 为写允许信号，RE 为读允许信号，WADD 为写数据地址，RADD 为读数据地址。

RAM 仿真波形图如图 7-24 所示。在图中，先设置写数据地址 WADD 地址为 02H，并写入数据 F0H；再设置读数据地址 RADD 为 02H，将数据读出。

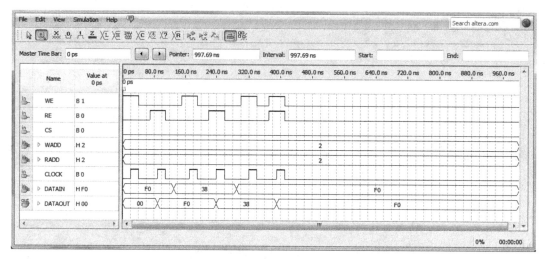

图 7-24 RAM 仿真波形图

7.4 8 位并行预置加法计数器设计

例 7-22 描述的是一个具有计数使能、异步复位和计数值并行预置功能的 8 位加法计数器，其中 D（7 DOWNTO 0）为 8 位并行输入预置值；LD、CE、CLK、RST 分别为计数器的并行输入预置值使能信号、计数器使能信号、计数时钟信号和复位信号。

例 7-22

```
LIBRARY IEEE;
USE IEEE.STD_LOGIC_1164.ALL;
USE IEEE.STD_LOGIC_UNSIGNED.ALL;
ENTITY COUNTER_8BIT IS
PORT(D:IN STD_LOGIC_VECTOR(7 DOWNTO 0);
     LD,CE,CLK,RST:IN STD_LOGIC;
     Q:OUT STD_LOGIC_VECTOR(7 DOWNTO 0));
END COUNTER_8BIT;
ARCHITECTURE BEHAVE OF COUNTER_8BIT IS
SIGNAL COUNT:STD_LOGIC_VECTOR(7 DOWNTO 0);
BEGIN
  PROCESS(CLK,RST)
  BEGIN
    IF RST = '1' THEN
```

```
            COUNT <= ( OTHERS => '0');              ——复位有效
        ELSIF RISING_EDGE(CLK) THEN
            IF LD = '1' THEN
                COUNT <= D;                          ——预置信号为1,进行加载操作
            ELSIF CE = '1' THEN
                COUNT <= COUNT +1;
            END IF;
    END IF;
END PROCESS;
Q <= COUNT;
END BEHAVE;
```

8 位并行预置加法计数器仿真波形图如图 7–25 所示。

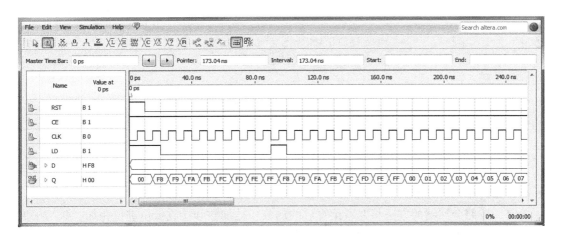

图 7–25 8 位并行预置加法计数器仿真波形图

7.5 8 位硬件加法器设计

加法器是数字系统中的基本逻辑器件。为了节省逻辑资源，减法器和硬件乘法器都可由加法器构成。宽位的加法器的设计是十分耗费硬件资源的，因此在实际的设计和相关系统的开发中，需要注意资源的利用率和进位速度两方面的问题。对此，应选择较适合组合逻辑设计的器件作为最终的目标器件。

多位加法器的构成有两种方式：并行进位方式和串行进位方式。并行进位方式设有并行进位产生逻辑，运算速度较快；串行进位方式是将全加器级联构成多位加法器。并行进位加法器通常比串行进位加法器占用更多资源，随着位数的增加，相同位数的并行进位加法器与串行进位加法器的资源占用差距快速增大。

一般，4 位二进制并行进位加法器和串行进位加法器占用几乎相同的资源。这样，多位加法器由 4 位二进制并行进位加法器级联构成是较好的折中选择。

4 位二进制并行进位加法器的 VHDL 描述如例 7–23 所示。

例 7-23 4位二进制并行进位加法器源程序。

```
LIBRARY IEEE;
USE IEEE.STD_LOGIC_1164.ALL;
USE IEEE.STD_LOGIC_UNSIGNED.ALL;
ENTITY ADDER4B IS                                  --4位二进制并行加法器
    PORT( CIN:IN STD_LOGIC;                        --低位进位
          A:IN STD_LOGIC_VECTOR(3 DOWNTO 0);       --4位加数
          B:IN STD_LOGIC_VECTOR(3 DOWNTO 0);       --4位被加数
          S:OUT STD_LOGIC_VECTOR(3 DOWNTO 0);      --4位和
          COUT:OUT STD_LOGIC );                    --进位输出
END ADDER4B;
ARCHITECTURE BEHAVE OF ADDER4B IS
SIGNAL SINT:STD_LOGIC_VECTOR(4 DOWNTO 0);
SIGNAL AA,BB:STD_LOGIC_VECTOR(4 DOWNTO 0);
BEGIN
    AA <= '0'&A;       --将4位加数矢量扩为5位
    BB <= '0'&B;       --将4位被加数矢量扩为5位
    SINT <= AA + BB + CIN;
    S <= SINT(3 DOWNTO 0);
    COUT <= SINT(4);
END BEHAVE;
```

4位二进制并行进位加法器的设计要点如下。

(1) 将加数A、被加数B、和S扩展成5位，即将加数、被加数与0并置，运算之后分别为AA、BB、SINT。

(2) 按照全加器的方法将并置运算后的加数、被加数和接收低位进位相加，赋给扩展为5位的和，即 SINT <= AA + BB + CIN，其中CIN为接收低位进位输入端。

(3) 将SINT的第3位~第0位赋给S，将SINT的第4位赋给COUT，其中COUT为向高位进位输出端。

4位二进制并行进位加法器仿真波形图如图7-26所示。

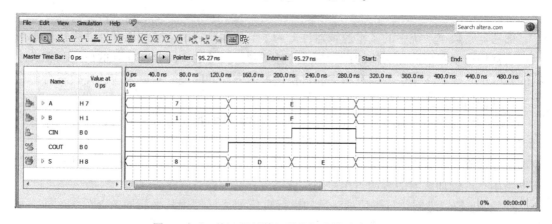

图7-26 4位二进制并行进位加法器仿真波形图

由两个4位二进制并行进位加法器级联而成的8位二进制加法器的VHDL描述如例7-24所示，其电路原理图如图7-27所示。

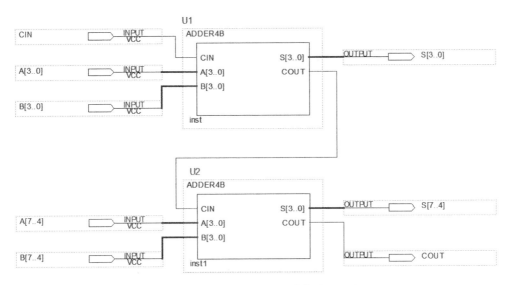

图 7-27 8 位二进制加法器电路原理图

例 7-24 8 位二进制加法器源程序。

```vhdl
LIBRARY IEEE;
USE IEEE.STD_LOGIC_1164.ALL;
USE IEEE.STD_LOGIC_UNSIGNED.ALL;
ENTITY ADDER8B IS
PORT( CIN:IN STD_LOGIC;
      A:IN STD_LOGIC_VECTOR(7 DOWNTO 0);
      B:IN STD_LOGIC_VECTOR(7 DOWNTO 0);
      S:OUT STD_LOGIC_VECTOR(7 DOWNTO 0);
      COUT:OUT STD_LOGIC );
END ADDER8B;
ARCHITECTURE STRUCT OF ADDER8B IS
COMPONENT ADDER4B       -- 对要调用的元件 ADDER4B 的界面端口进行定义
   PORT(CIN:IN STD_LOGIC;
        A:IN STD_LOGIC_VECTOR(3 DOWNTO 0);
        B:IN STD_LOGIC_VECTOR(3 DOWNTO 0);
        S:OUT STD_LOGIC_VECTOR(3 DOWNTO 0);
        COUT:OUT STD_LOGIC );
END COMPONENT;
SIGNAL CARRY_OUT: STD_LOGIC;   -- 设置 4 位加法器进位标志
BEGIN
U1:ADDER4B                     -- 例化一个 4 位二进制加法器 U1
PORT MAP(CIN => CIN,A => A(3 DOWNTO 0),B => B(3 DOWNTO 0),
        S => S(3 DOWNTO 0),COUT => CARRY_OUT);
U2:ADDER4B
PORT MAP(CIN => CARRY_OUT,A => A(7 DOWNTO 4),B => B(7 DOWNTO 4),
        S => S(7 DOWNTO 4) ,COUT => COUT);
END STRUCT;
```

8 位二进制加法器仿真波形图如图 7-28 所示。

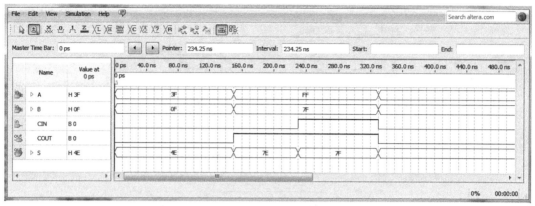

图 7-28 8 位二进制加法器仿真波形图

7.6 正、负脉宽数控调制信号发生器设计

正、负脉宽数控调制信号发生器是由两个完全相同的可自加载加法计数器 LCNT8 组成的,它的输出信号的高、低电平脉宽可分别由两组 8 位预置值进行控制。

如果将计数初始值可预置的加法计数器的溢出信号作为本计数器的初始预置值加载信号 LD,则可构成计数初始值自加载方式的加法计数器,从而构成数控分频器。图 7-30 中 D 触发器的一个重要功能就是均匀输出信号的占空比,提高驱动能力。

例 7-25 自加载预置值的 8 位加法计数器源程序。

```
LIBRARY IEEE;
USE IEEE.STD_LOGIC_1164.ALL;
USE IEEE.STD_LOGIC_UNSIGNED.ALL;
ENTITY LCNT8 IS                          --8 位可自加载预置值的加法计数器
  PORT(CLK,LD:IN STD_LOGIC;              --工作时钟/预置值加载信号
       D:IN INTEGER RANGE 0 TO 255;      --8 位预置数
       CAO:OUT STD_LOGIC);               --计数溢出输出
END LCNT8;
ARCHITECTURE behav OF LCNT8 IS
SIGNAL COUNT:INTEGER RANGE 0 TO 255;
BEGIN
  PROCESS(CLK)
  BEGIN
    IF CLK'EVENT AND CLK = '1' THEN
      IF LD = '1' THEN
        COUNT <= D;                      --LD 为高电平时加载预置值
      ELSE
        COUNT <= COUNT +1;               --否则继续计数
      END IF;
    END IF;
  END PROCESS;
  PROCESS(COUNT)
  BEGIN
    IF COUNT = 255 THEN
      CAO <= '1';                        --计数满后,置位溢出位
```

```
        ELSE
            CAO <= '0';
        END IF;
END PROCESS;
END behav;
```

自加载预置值的 8 位加法计数器仿真波形图如图 7-29 所示。

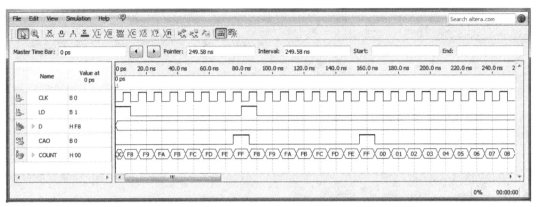

图 7-29　自加载预置值的 8 位加法计数器仿真波形图

正、负脉宽数控调制信号发生器顶层文件通过元件例化的方式实现，如例 7-26 所示，顶层文件电路原理图如图 7-30 所示。

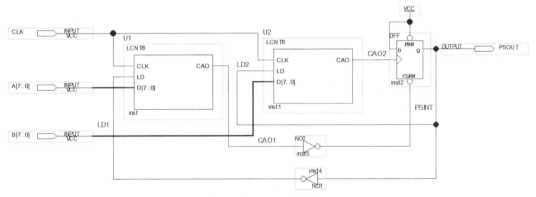

图 7-30　正、负脉宽数控调制信号发生器顶层文件电路原理图

例 7-26　正、负脉宽数控调制信号发生器顶层文件源程序。

```
LIBRARY IEEE;                        -- 正、负脉宽数控调制信号发生器顶层文件
USE IEEE.STD_LOGIC_1164.ALL;
USE IEEE.STD_LOGIC_UNSIGNED.ALL;
ENTITY PULSE IS
    PORT( CLK:IN STD_LOGIC;
          A,B:IN STD_LOGIC_VECTOR(7 DOWNTO 0);
          PSOUT:OUT STD_LOGIC);
END PULSE;
ARCHITECTURE mixed OF PULSE IS
COMPONENT LCNT8
```

```
        PORT(CLK,LD:IN STD_LOGIC;
             D:IN STD_LOGIC_VECTOR(7 DOWNTO 0);
             CAO:OUT STD_LOGIC );
    END COMPONENT;
    SIGNAL CAO1,CAO2:STD_LOGIC;
    SIGNAL LD1,LD2:STD_LOGIC;
    SIGNAL PSINT:STD_LOGIC;
    BEGIN
    U1:LCNT8 PORT MAP(CLK => CLK,LD => LD1,D => A,CAO => CAO1);
    U2:LCNT8 PORT MAP(CLK => CLK,LD => LD2,D => B,CAO => CAO2);
    PROCESS(CAO1,CAO2)
    BEGIN
        IF CAO1 = '1' THEN
            PSINT <= '0';
        ELSIF CAO2'EVENT AND CAO2 = '1' THEN
            PSINT <= '1';
        END IF;
    END PROCESS;
    LD1 <= NOT PSINT;
    LD2 <= PSINT;
    PSOUT <= PSINT;
    END mixed;
```

正、负脉宽数控调制信号发生器仿真波形图如图 7-31 所示。

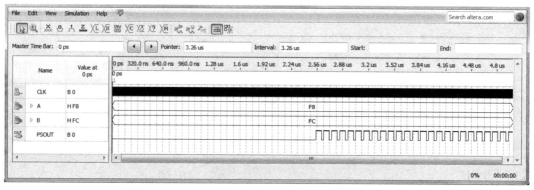

图 7-31　正、负脉宽数控调制信号发生器仿真波形图

7.7　D/A 接口电路与波形发生器设计

在数字信号处理、语音信号 D/A 变换、信号发生器等实用电路中，可编程逻辑器件与 D/A 转换器的接口设计是十分重要的。本例设计的接口器件是 DAC0832，这是一个 8 位 D/A 转换器，转换周期为 1 μs。

DAC0832 的引脚功能简述如下。

（1）ILE：数据锁存允许信号，高电平有效。

（2）/WR1、/WR2：写信号，低电平有效。

（3）/XFER：数据传送控制信号，低电平有效。

(4) VREF：基准电压，可正可负，-10 ~ +10 V。

(5) RFB：反馈电阻端。

(6) IOUT1/IOUT2：以电流形式输出，因此必须利用一个运放，将电流信号变为电压信号。

(7) AGND/DGND：模拟地与数字地。在高速情况下，此二地的连接线必须尽可能短，且系统的单点接地点必须接在此连线的某一点上。

DAC0832 与 FPGA 的接口电路如图 7-32 所示，其中 CLK 是外部时钟信号输入端，AOUT 是模拟信号输出端。

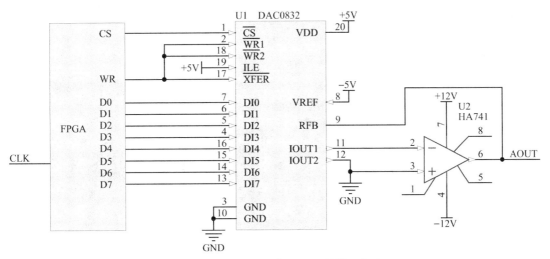

图 7-32　DAC0832 与 FPGA 的接口电路

例 7-27 是正弦波形发生器控制逻辑的 VHDL 设计，正弦波由 64 个点构成，经过滤波器后，可在示波器上观察到光滑的正弦波形（若接精密基准电压，可得到更为清晰的正弦波形）。

例 7-27

```
LIBRARY IEEE;
USE IEEE.STD_LOGIC_1164.ALL;
ENTITY DAC IS
    PORT(CLK:IN STD_LOGIC;                  --D/A 转换控制时钟
         D:OUT INTEGER RANGE 255 DOWNTO 0;
         CS,WR:OUT STD_LOGIC);              --D/A 使能信号和写使能信号
END DAC;
ARCHITECTURE DACC OF DAC IS
SIGNAL Q:INTEGER RANGE 63 DOWNTO 0;
SIGNAL DD:INTEGER RANGE 255 DOWNTO 0;
BEGIN
PROCESS(CLK)
BEGIN
    IF(CLK'EVENT AND CLK = '1') THEN
        Q <= Q + 1;                         --建立转换计数器
    END IF;
```

```
END PROCESS;
PROCESS(Q)
BEGIN
  CASE Q IS                                    --64点正弦波波形数据输出
    WHEN 00 =>DD<=255;WHEN 01 =>DD<=254;WHEN 02 =>DD<=252;
    WHEN 03 =>DD<=249;WHEN 04 =>DD<=245;WHEN 05 =>DD<=239;
    WHEN 06 =>DD<=233;WHEN 07 =>DD<=225;WHEN 08 =>DD<=217;
    WHEN 09 =>DD<=207;WHEN 10 =>DD<=197;WHEN 11 =>DD<=186;
    WHEN 12 =>DD<=174;WHEN 13 =>DD<=162;WHEN 14 =>DD<=150;
    WHEN 15 =>DD<=137;WHEN 16 =>DD<=124;WHEN 17 =>DD<=112;
    WHEN 18 =>DD<=99; WHEN 19 =>DD<=87; WHEN 20 =>DD<=75;
    WHEN 21 =>DD<= 64; WHEN 22 =>DD<=53; WHEN 23 =>DD<=43;
    WHEN 24 =>DD<=34; WHEN 25 =>DD<=26; WHEN 26 =>DD<=19;
    WHEN 27 =>DD<=13; WHEN 28 =>DD<= 8; WHEN 29 =>DD<=4;
    WHEN 30 =>DD<= 1; WHEN 31 =>DD<= 0; WHEN 32 =>DD<=0;
    WHEN 33 =>DD<= 1; WHEN 34 =>DD<= 4; WHEN 35 =>DD<=8;
    WHEN 36 =>DD<=13; WHEN 37 =>DD<=19; WHEN 38 =>DD<=26;
    WHEN 39 =>DD<=34; WHEN 40 =>DD<=43; WHEN 41 =>DD<=53;
    WHEN 42 =>DD<= 64; WHEN 43 =>DD<=75; WHEN 44 =>DD<=87;
    WHEN 45 =>DD<=99; WHEN 46 =>DD<=112; WHEN 47 =>DD<=124;
    WHEN 48 =>DD<=137;WHEN 49 =>DD<=150;WHEN 50 =>DD<=162;
    WHEN 51 =>DD<=174;WHEN 52 =>DD<=186;WHEN 53 =>DD<=197;
    WHEN 54 =>DD<=207;WHEN 55 =>DD<=217;WHEN 56 =>DD<=225;
    WHEN 57 =>DD<=233;WHEN 58 =>DD<=239;WHEN 59 =>DD<=245;
    WHEN 60 =>DD<=249;WHEN 61 =>DD<=252;WHEN 62 =>DD<=254;
    WHEN 63 =>DD<=255;
    WHEN OTHERS =>NULL;
  END CASE;
END PROCESS;
D<=DD;                                         --D/A转换数据输出
CS<='0';
WR<='0';
END;
```

正弦波形发生器仿真波形图如图7-33所示。

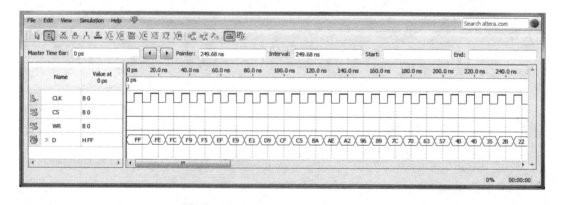

图7-33 正弦波形发生器仿真波形图

7.8 BCD 译码显示电路设计

BCD 译码器是将 4 位二进制数转换成 LED 上可显示的字符 0~F。共阴极数码管及接口电路如图 7-34 所示。

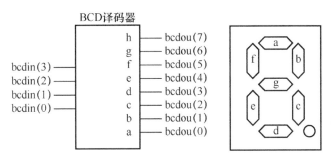

图 7-34 共阴极数码管及接口电路

例 7-28

```
LIBRARY IEEE;
USE IEEE.STD_LOGIC_1164.ALL;
ENTITY BCDYMQ IS
    PORT(BCDIN :IN STD_LOGIC_VECTOR(3 DOWNTO 0);
         BCDOUT:OUT STD_LOGIC_VECTOR (7 DOWNTO 0));
END BCDYMQ;
ARCHITECTURE BEHAVE OF BCDYMQ IS
BEGIN
    BCDOUT(7 DOWNTO 0) <= "00111111" WHEN BCDIN = "0000" ELSE   --0
                          "00000110" WHEN BCDIN = "0001" ELSE   --1
                          "01011011" WHEN BCDIN = "0010" ELSE   --2
                          "01001111" WHEN BCDIN = "0011" ELSE   --3
                          "01100110" WHEN BCDIN = "0100" ELSE   --4
                          "01101101" WHEN BCDIN = "0101" ELSE   --5
                          "01111101" WHEN BCDIN = "0110" ELSE   --6
                          "00000111" WHEN BCDIN = "0111" ELSE   --7
                          "01111111" WHEN BCDIN = "1000" ELSE   --8
                          "01101111" WHEN BCDIN = "1001" ELSE   --9
                          "01110111" WHEN BCDIN = "1010" ELSE   --A
                          "01111100" WHEN BCDIN = "1011" ELSE   --B
                          "00111001" WHEN BCDIN = "1100" ELSE   --C
                          "01011110" WHEN BCDIN = "1101" ELSE   --D
                          "01111001" WHEN BCDIN = "1110" ELSE   --E
                          "01110001" WHEN BCDIN = "1111" ELSE   --F
                          "ZZZZZZZZ";
END BEHAVE;
```

BCD 译码显示电路仿真波形图如图 7-35 所示。

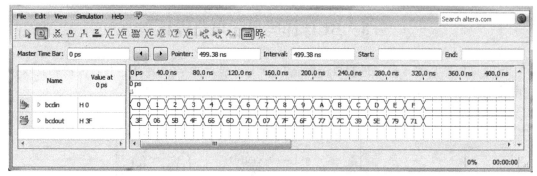

图 7-35　BCD 译码显示电路仿真波形图

7.9　MCS-51 单片机与 FPGA/CPLD 接口逻辑设计

在功能上，单片机与大规模 FPGA/CPLD 有很强的互补性。单片机具有性价比高、功能灵活、易于人机对话、具有良好的数据处理能力等特点；FPGA/CPLD 则具有高速高可靠性以及开发便捷规范等优点。两类器件相结合的电路结构在许多高性能仪器仪表和电子产品中被广泛应用。单片机与 FPGA/CPLD 的接口方式一般有两种，即总线方式与独立方式。

7.9.1　总线方式

单片机以总线方式与 FPGA/CPLD 进行数据与控制信息通信有许多优点。

（1）速度快。如图 7-36 所示，其工作时序是纯硬件行为，对于 MCS-51 单片机，只需一条单字节指令就能完成所需的读/写时序，如 "MOVX @ DPTR, A；MOVX A, @ DPTR"。

（2）节省 PLD 芯片的 I/O 口线。如图 7-37 所示，如果将译码器 DECODER 设置足够的译码输出，以及安排足够的锁存器，就能仅通过 19 根 I/O 口线在 FPGA/CPLD 与单片机之间进行各种类型的数据与控制信息交换。

（3）相对于非总线方式，单片机的编程简捷，控制可靠。

（4）在 FPGA/CPLD 中通过逻辑切换，单片机易于与 SRAM 或 ROM 接口，这种方式有许多实用之处，如利用类似微处理器系统的 DMA 的工作方式，首先由 FPGA/CPLD 与接口的高速 A/D 等器件进行高速数据采样，并将数据暂存于 SRAM 中，采样结束后，通过切换，使单片机与 SRAM 以总线方式进行数据通信，以便发挥单片机强大的数据处理能力。

对于单片机与 FPGA/CPLD 以总线方式通信的逻辑设计，重要的是要详细了解单片机的总线读写时序，根据时序图设计逻辑结构。图 7-36 所示是 MCS-51 单片机与 FPGA/CPLD 总线方式工作时序，其时序电平变化速度与单片机工作时钟频率有关。图中，ALE 为地址锁存使能信号，可利用其下降沿将低 8 位地址锁存于 CPLD/FPGA 中的地址锁存器（LATCH_ADDRES）中：在 ALE 将低 8 位地址通过 P0 锁存的同时，高 8 位地址已稳定建立于 P2 口，单片机利用读指令允许信号 PSEN 的低电平，从外部 ROM 中将指令从 P0 口读入。由图可见，其指令读入的时机是在 PSEN 的上升沿之前。接下来，由 P2 口和 P0 口分别输出高 8 位和低 8 位数据地址，并由 ALE 的下降沿将 P0 口的低 8 位地址锁存于地址锁存器。若需从 FPGA/CPLD 中读出数据，则单片机通过指令"MOVX A, @ DPTR"使 RD 信号为低电平，由 P0 口将锁存器 LATCH_IN1 中的数据读入累加器 A；但若将累加器 A 的数据写入 FPGA/CPLD，则需通过指令"MOVX @ DPTR, A"和写允许信号 WR。这时，DPTR 中的高 8 位和低 8 位数据作为高、低 8 位地址分别向 P2 口和 P0 口输出，然后由 WR 的低电平并结合译码，将累加器 A 的数据写入相关锁存器。

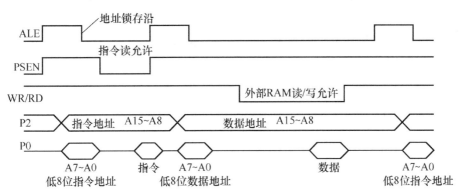

图 7-36 MCS-51 单片机与 FPGA/CPLD 总线方式工作时序

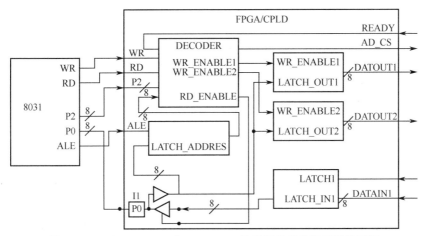

图 7-37 FPGA/CPLD 与 MCS-51 单片机的总线接口通信逻辑

图 7-35 对应的 VHDL 程序如例 7-29 所示，注意双向端口的 VHDL 描述。

例 7-29

```
LIBRARY IEEE;                    --MCS-51 单片机与 FPGA/CPLD 的通信读/写电路
USE IEEE.STD_LOGIC_1164.ALL;
ENTITY MCS51 IS
   PORT (                        -- 与 8031 接口的各端口定义
      P0:INOUT STD_LOGIC_VECTOR(7 DOWNTO 0);    -- 双向地址/数据口
      P2:IN STD_LOGIC_VECTOR(7 DOWNTO 0);       -- 高 8 位地址线
      RD,WR:IN STD_LOGIC;                       -- 读、写允许
```

```vhdl
        ALE:IN STD_LOGIC;               --地址锁存
        READY:IN STD_LOGIC;             --待读入数据准备就绪标志位
        AD_CS:OUT STD_LOGIC;            --A/D器件片选信号
        DATAIN1:IN STD_LOGIC_VECTOR(7 DOWNTO 0);    --单片机待读回信号
        LATCH1:IN STD_LOGIC;                        --读回信号锁存
        DATOUT1:OUT STD_LOGIC_VECTOR(7 DOWNTO 0);   --锁存输出数据1
        DATOUT2:OUT STD_LOGIC_VECTOR(7 DOWNTO 0)); --锁存输出数据2
END MCS51;
ARCHITECTURE behave OF MCS51 IS
SIGNAL LATCH_ADDRES:STD_LOGIC_VECTOR(7 DOWNTO 0);
SIGNAL LATCH_OUT1:STD_LOGIC_VECTOR(7 DOWNTO 0);
SIGNAL LATCH_OUT2:STD_LOGIC_VECTOR(7 DOWNTO 0);
SIGNAL LATCH_IN1:STD_LOGIC_VECTOR(7 DOWNTO 0);
SIGNAL WR_ENABLE1:STD_LOGIC;
SIGNAL WR_ENABLE2:STD_LOGIC;
BEGIN
PROCESS(ALE)                    --低8位地址锁存进程
    BEGIN
    IF ALE'EVENT AND ALE = '0' THEN
        LATCH_ADDRES <= P0; --ALE的下降沿将P0口的低8位地址锁入锁存器
                            --LATCH_ADDRES
    END IF;
END PROCESS;
PROCESS(P2,LATCH_ADDRES)        --WR写信号译码进程1
    BEGIN
    IF (LATCH_ADDRES = "11110101") AND (P2 = "01101111") THEN
        WR_ENABLE1 <= WR;       --写允许
    ELSE
        WR_ENABLE1 <= '1';      --写禁止
END IF;
END PROCESS;
PROCESS(WR_ENABLE1)
    BEGIN
    IF WR_ENABLE1'EVENT AND WR_ENABLE1 = '1' THEN
        LATCH_OUT1 <= P0;       --数据写入寄存器1
    END IF;
END PROCESS;
PROCESS(P2,LATCH_ADDRES)        --WR写信号译码进程2
    BEGIN
    IF (LATCH_ADDRES = "11110011") AND (P2 = "00011111") THEN
        WR_ENABLE2 <= WR;       --写允许
    ELSE
        WR_ENABLE2 <= '1';      --写禁止
    END IF;
END PROCESS;
PROCESS(WR_ENABLE2)
BEGIN
    IF WR_ENABLE2'EVENT AND WR_ENABLE2 = '1' THEN
        LATCH_OUT2 <= P0;
    END IF;
```

```
      END PROCESS;
      PROCESS( P2,LATCH_ADDRES,READY,RD ) --8031对PLD中数据读进程
         BEGIN
         IF (LATCH_ADDRES = "01111110") AND (P2 = "10011111")
                           AND (READY = '1') AND (RD = '0') THEN
             P0 <= LATCH_IN1;      --将寄存器中的数据读入P0口
         ELSE
             P0 <= "ZZZZZZZZ";     --禁止读数,P0口呈高阻态
         END IF;
      END PROCESS;
      PROCESS( LATCH1 )            --外部数据进入FPGA/CPLD进程
         BEGIN
         IF LATCH1'EVENT AND LATCH1 = '1' THEN
            LATCH_IN1 <= DATAIN1;
         END IF;
      END PROCESS;
      PROCESS( LATCH_ADDRES )      --A/D工作控制片选输出进程
         BEGIN
         IF (LATCH_ADDRES = "00011110" ) THEN
             AD_CS <= '0';         --允许A/D工作
         ELSE
             AD_CS <= '1';         --禁止A/D工作
         END IF;
      END PROCESS;
   DATOUT1 <= LATCH_OUT1;
   DATOUT2 <= LATCH_OUT2;
   END behave;
```

以上是FPGA/CPLD与8031接口的VHDL电路设计。8031以总线方式工作。例如，由8031将数据#5AH写入目标器件的第一个寄存器LATCH_OUT1的指令如下。

```
MOV A,#5AH
MOV DPTR,#6FF5H
MOVX @ DPTR,A
```

当READY为高电平时，8031从目标器件中的寄存器LATCH_IN1将数据读入的指令如下。

```
MOV DPTR,#9F7EH
MOVX A,@ DPTR
```

7.9.2 独立方式

与总线方式不同，几乎所有单片机都可以通过独立方式与FPGA/CPLD进行通信，其通信的时序可由所设计的软件自由决定，形式灵活多样。其最大的优点是，PLD中的接口逻辑无须遵循单片机内的固定的总线方式的读写时序。FPGA/CPLD的逻辑设计与接口的单片机程序设计可以分先后相对独立地完成。

7.10 数字频率计设计

图 7-38 所示是顶层文件源程序（例 7-33）对应的 8 位十进制数字频率计的逻辑图，它由一个测频控制信号发生器 TESTCTL、8 个有时钟输入使能端口的十进制计数器、CNT10 和一个 32 位锁存器 REG32B 组成。以下分别叙述数字频率计各逻辑模块的功能与设计方法。

(1) 测频控制信号发生器设计要求。频率测量的基本原理是计算每秒钟内待测信号的脉冲个数。这就要求 TESTCTL 的计数使能信号 TSTEN 能产生一个 1 s 脉宽的周期信号，并对数字频率计的每一计数器 CNT10 的 ENA 使能端进行同步控制。当 TSTEN 为高电平时，允许计数；当 TSTEN 为低电平时，停止计数，并保持其所计的脉冲数。在停止计数期间，首先需要锁存信号 Load 的上升沿将计数器在前 1 s 的计数值锁存进 32 位锁存器 REG32B，并由外部的 7 段译码器译出，并稳定显示。设置锁存器的好处是，显示的数据稳定，不会由于周期性的清零信号而不断闪烁，锁存信号之后，必须有一清零信号 CLR_CNT 对计数器进行清零，为下 1 s 的计数操作做准备。测频控制信号发生器的工作时序如图 7-39 所示。为了产生这个工作时序，需要首先建立一个由 D 触发器构成的二分频器，在每次时钟 CLK 上沿到来时其值翻转。

其中控制信号时钟 CLK 的频率取 1 Hz，那么信号 TSTEN 的脉宽恰好为 1 s，可以用作计数器的闸门信号。然后，根据测频的时序要求，可得出信号 Load 和 CLR_CNT 的逻辑描述。由图 7-39 可见，在计数完成后，即计数使能信号 TSTEN 在 1 s 的高电平后，利用其反相值的上升沿产生一个 Load, 0.5 s 后，CLR_CNT 产生一个清零信号上升沿。高质量的测频控制信号发生器的设计十分重要，设计中要对其进行仔细的实时仿真，防止可能产生的毛刺。

(2) 锁存器 REG32B 设计要求。若已有 32 位 BCD 码存在于此模块的输入端口，在信号 Load 的上升沿后即被锁存到 REG32B 内部，并由 REG32B 的输出端口输出。

(3) 计数器 CNT10 设计要求。如图 7-38 所示，此十进制计数器的特殊之处是，有一个时钟输入使能端口 ENA，用于锁定计数值。在高电平时允许计数，在低电平时禁止计数。

例 7-30 十进制计数器源程序。

```
LIBRARY IEEE;                          -- 有时钟使能的十进制计数器
USE IEEE.STD_LOGIC_1164.ALL ;
ENTITY CNT10 IS
    PORT (CLK:IN STD_LOGIC;            -- 计数器时钟信号
          CLR:IN STD_LOGIC;            -- 清零信号
          ENA:IN STD_LOGIC;            -- 计数使能信号
          CQ:OUT INTEGER RANGE 0 TO 15;    --4 位计数结果输出
          CARRY_OUT:OUT STD_LOGIC);    -- 计数进位
END CNT10;
ARCHITECTURE behave OF CNT10 IS
```

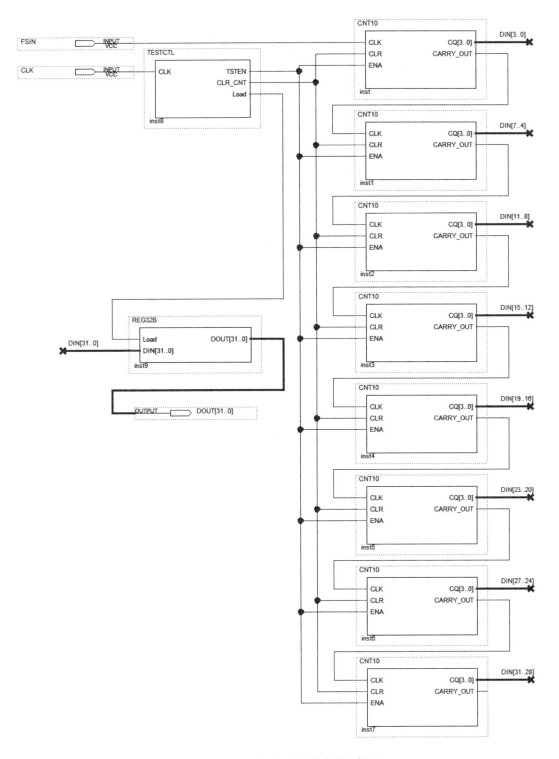

图 7-38　8 位十进制数字频率计逻辑图

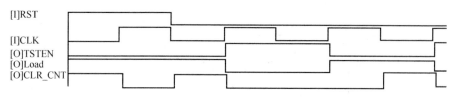

图7-39 测频控制信号发生器的工作时序

```
SIGNAL CQI :INTEGER RANGE 0 TO 15;
BEGIN
PROCESS(CLK,CLR,ENA)
BEGIN
   IF CLR = '1' THEN                    --计数器异步清零
     CQI <= 0;
   ELSIF CLK'EVENT AND CLK = '1' THEN
     IF ENA = '1' THEN
       IF CQI < 9 THEN
         CQI <= CQI + 1;
       ELSE
         CQI <= 0;                      --等于9,则计数器清零
       END IF;
     END IF;
   END IF;
END PROCESS;
PROCESS(CQI)
BEGIN
   IF CQI = 9 THEN
     CARRY_OUT <= '1';                  --进位输出
   ELSE
     CARRY_OUT <= '0';
   END IF;
END PROCESS;
CQ <= CQI;
END behave;
```

十进制计数器仿真波形图如图7-40所示。

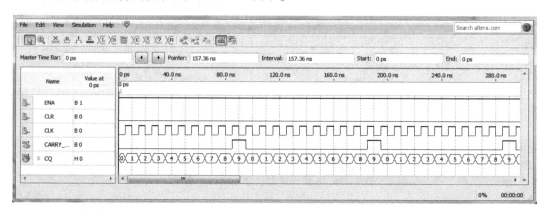

图7-40 十进制计数器仿真波形图

例 7-31 32 位锁存器源程序。

```
LIBRARY IEEE;
USE IEEE.STD_LOGIC_1164.ALL;
ENTITY REG32B IS
    PORT ( Load :IN STD_LOGIC;
           DIN :IN STD_LOGIC_VECTOR(31 DOWNTO 0);
           DOUT:OUT STD_LOGIC_VECTOR(31 DOWNTO 0) );
END REG32B;
ARCHITECTURE behav OF REG32B IS
BEGIN
PROCESS( Load, DIN)
BEGIN
    IF Load'EVENT AND Load = '1' THEN
        DOUT <= DIN;                         --锁存输入数据
    END IF;
END PROCESS;
END behav;
```

32 位锁存器仿真波形图如图 7-41 所示。

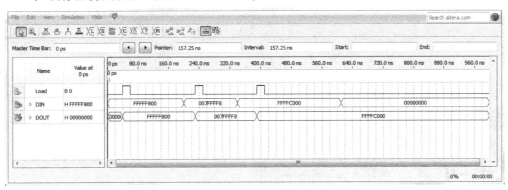

图 7-41 32 位锁存器仿真波形图

例 7-32 测频控制模块源程序。

```
LIBRARY IEEE;
USE IEEE.STD_LOGIC_1164.ALL;
USE IEEE.STD_LOGIC_UNSIGNED.ALL;
ENTITY TESTCTL IS
    PORT (CLK:IN STD_LOGIC;               --1Hz 测频控制时钟
          TSTEN:OUT STD_LOGIC;             -- 计数器时钟使能
          CLR_CNT:OUT STD_LOGIC;           -- 计数器清零
          Load:OUT STD_LOGIC);             -- 输出锁存信号
END TESTCTL;
ARCHITECTURE behav OF TESTCTL IS
SIGNAL Div2CLK:STD_LOGIC;
BEGIN
PROCESS ( CLK )
BEGIN
    IF CLK'EVENT AND CLK = '1' THEN        --1Hz 时钟二分频
        Div2CLK <= NOT Div2CLK;
```

```
        END IF;
    END PROCESS ;
    PROCESS (CLK,Div2CLK)
    BEGIN
        IF CLK = '0' AND Div2CLK = '0' THEN
            CLR_CNT <= '1';                              -- 产生计数器清零信号
        ELSE
            CLR_CNT <= '0';
        END IF;
    END PROCESS;
    Load <= NOT Div2CLK;
    TSTEN <= Div2CLK ;
END behav;
```

测频控制模块仿真波形图如图7-42所示。

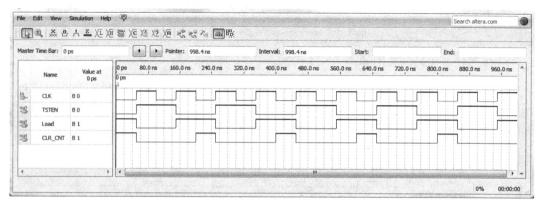

图7-42 测频控制模块仿真波形图

例7-33 数字频率计顶层文件源程序。

```
LIBRARY IEEE;                                    -- 数字频率计顶层文件
USE IEEE.STD_LOGIC_1164.ALL;
ENTITY FREQTEST IS
    PORT ( CLK:IN STD_LOGIC;
           FSIN:IN STD_LOGIC;
           DOUT:OUT STD_LOGIC_VECTOR(31 DOWNTO 0) );
END FREQTEST;
ARCHITECTURE struct OF FREQTEST IS
COMPONENT TESTCTL
    PORT(CLK:IN STD_LOGIC;
         TSTEN:OUT STD_LOGIC;
         CLR_CNT:OUT STD_LOGIC;
         Load:OUT STD_LOGIC );
END COMPONENT;
COMPONENT CNT10
    PORT(CLK:IN STD_LOGIC;
         CLR:IN STD_LOGIC;
         ENA:IN STD_LOGIC;
         CQ: OUT STD_LOGIC_VECTOR(3 DOWNTO 0);
```

```vhdl
            CARRY_OUT:OUT STD_LOGIC );
END COMPONENT;
COMPONENT REG32B
  PORT (Load:IN STD_LOGIC;
        DIN: IN STD_LOGIC_VECTOR(31 DOWNTO 0);
        DOUT:OUT STD_LOGIC_VECTOR(31 DOWNTO 0) );
END COMPONENT;
SIGNAL Load1,TSTEN1,CLR_CNT1: STD_LOGIC;
SIGNAL DTO1:STD_LOGIC_VECTOR(31 DOWNTO 0);
SIGNAL CARRY_OUT1:STD_LOGIC_VECTOR(6 DOWNTO 0);
BEGIN
U1:TESTCTL PORT MAP(CLK => CLK,TSTEN => TSTEN1,
                    CLR_CNT => CLR_CNT1,Load => Load1);
U2:REG32B PORT MAP(Load => Load1,DIN => DTO1,DOUT => DOUT);
U3:CNT10 PORT MAP(CLK => FSIN,CLR => CLR_CNT1,ENA => TSTEN1,
                  CQ => DTO1(3 DOWNTO 0),
                  CARRY_OUT => CARRY_OUT1(0));
U4:CNT10 PORT MAP (CLK => CARRY_OUT1(0),CLR => CLR_CNT1,
                   ENA => TSTEN1,CQ => DTO1(7 DOWNTO 4),
                   CARRY_OUT => CARRY_OUT1 (1));
U5:CNT10 PORT MAP(CLK => CARRY_OUT1(1),CLR => CLR_CNT1,
                  ENA => TSTEN1,CQ => DTO1(11 DOWNTO 8),
                  CARRY_OUT => CARRY_OUT1(2));
U6:CNT10 PORT MAP(CLK => CARRY_OUT1(2),CLR => CLR_CNT1,
                  ENA => TSTEN1,CQ => DTO1(15 DOWNTO 12),
                  CARRY_OUT => CARRY_OUT1(3));
U7:CNT10 PORT MAP(CLK => CARRY_OUT1(3),CLR => CLR_CNT1,
                  ENA => TSTEN1,CQ => DTO1(19 DOWNTO 16),
                  CARRY_OUT => CARRY_OUT1(4));
U8:CNT10 PORT MAP(CLK => CARRY_OUT1(4),CLR => CLR_CNT1,
                  ENA => TSTEN1,CQ => DTO1(23 DOWNTO 20),
                  CARRY_OUT => CARRY_OUT1(5));
U9:CNT10 PORT MAP(CLK => CARRY_OUT1(5),CLR => CLR_CNT1,
                  ENA => TSTEN1,CQ => DTO1(27 DOWNTO 24),
                  CARRY_OUT => CARRY_OUT1(6));
U10:CNT10 PORT MAP(CLK => CARRY_OUT1(6),CLR => CLR_CNT1,
                   ENA => TSTEN1,CQ => DTO1(31 DOWNTO 28));
END struct;
```

7.11 A/D 采样控制器设计

与微处理器或单片机相比，CPLD/FPGA 更适用于直接对高速 A/D 器件进行采样控制。本节设计的接口器件选为 ADC0809，利用 FPGA/CPLD 目标器件设计一个 A/D 采样控制器，按照正确的时序直接控制 ADC0809 的工作。

ADC0809 为单极性输入、8 位转换精度、逐次逼近式 A/D 转换器，其采样速度为每次转换约 100 μs，它的各引脚功能与工作时序如图 7-43 所示。ADC0809 有 8 个模拟信号输入通道 IN0~IN7，由 ADDA、ADDB 和 ADDC（ADDC 为最高位）作为此 8 路通道选择地址，在转换开始前,由地址锁存允许信号 ALE 将此 3 位地址锁入锁存器,以确定转换信号通道。EOC 为转换结束状态信号,由低电平转为高电平时指示转换结束,此时可读入转换好的 8 位数据。EOC 在低电平时,指示正在进行转换。START 为转换启动信号,上升沿启动。OE 为数据输出使能端口,高电平有效。CLOCK 为 A/D 转换时钟输入端口(500 kHz 左右)。为了达到 A/D 器件的最高转换速度,A/D 转换控制必须包含监测 EOC 信号的逻辑,一旦 EOC 从低电平变为高电平,即可将 OE 置为高电平,然后传送或显示已转换好的数据 [D0..D7]。

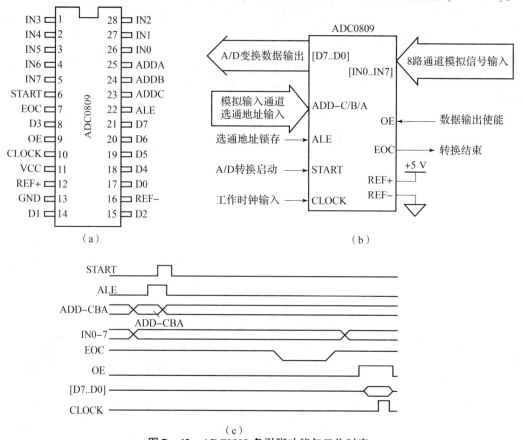

图 7-43 ADC0809 各引脚功能与工作时序

(a) ADC0809 结构;(b) ADC0809 各引脚功能;(c) ADC0809 工作时序

图 7-44 所示是 ADC0809 采样控制器 ADCINT 的逻辑图,其中 [D0..D7] 为 ADC0809 转换结束后的输出数据;ST 为自动转换时钟信号;ALE 和 STA(即 START)是通道选择地址锁存信号和转换启动信号;OE 和 ADDA 分别为输出使能信号和通道选择低位地址信号。

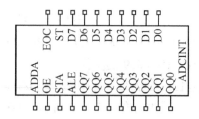

图 7-44 ADC0809 采样控制器 ADCINT 的逻辑图

例 7-34

```
LIBRARY IEEE;                           --ADC0809 自动采样控制电路
USE IEEE.STD_LOGIC_1164.ALL;
ENTITY ADCINT IS
  PORT (DD:IN STD_LOGIC_VECTOR(7 DOWNTO 0); --ADC0809 变换输入
        ST,EOC:IN STD_LOGIC;            -- ST:自动转换时钟信号
                                        -- EOC:A/D 转换状态信号
        ALE,STA :OUT STD_LOGIC;
                                        -- ALE:通道选择地址锁存信号
                                        -- STA(START):转换启动信号
        OE,ADDA:OUT STD_LOGIC;          -- OE:输出使能信号
                                        -- ADDA:通道选择低位地址信号
        QQ:OUT STD_LOGIC_VECTOR(7 DOWNTO 0)); --变换数据显示输出
END ADCINT;
ARCHITECTURE behav OF ADCINT IS
SIGNAL QQQ:STD_LOGIC_VECTOR(7 DOWNTO 0);
SIGNAL DK,CLR:STD_LOGIC;                --DK:A/D 转换启动信号发生器
BEGIN
ADDA <= '1';                            --选通 IN1 通道
OE <= NOT EOC;
CLR <= NOT EOC;
PROCESS (EOC)
   BEGIN
     IF EOC = '1' AND EOC'EVENT THEN
        QQQ <= DD; --用 A/D 转换状态信号 EOC 的上升沿将变换好的数据锁存
     END IF;
END PROCESS ;
PROCESS (CLR,ST)
BEGIN
   IF CLR = '1' THEN
     DK <= '0';                         -- D 触发器 DK 异步清零控制
   ELSIF ST = '1' AND ST'EVENT THEN
     DK <= '1';                         --当时钟信号 ST 的上升沿到来时,触发器 DK 置1
   END IF;
END PROCESS;
ALE <= DK;
STA <= DK;
QQ <= QQQ;
END behav;
```

7.12 8 位硬件乘法器设计

纯组合逻辑构成的乘法器虽然工作速度比较快,但过于占用硬件资源,所以难以进行宽位乘法;基于 PLD 外接 ROM 九九表的乘法器则无法构成单片系统,也不实用。这里介绍由 8 位加法器构成的以时序逻辑方式设计的 8 位硬件乘法器,它具有一定的实用价值。其乘法原理是:乘法通过逐项移位相加实现,从被乘数的最低位开始,若为1,则乘数右移后与上一次的和相加;若为0,则右移后以全零相加,直至被乘数的最高位。

如图7-45所示，ARICTL是乘法运算控制电路，它的START信号的上升沿与高电平有两个功能，即16位寄存器清零和被乘数A[7..0]向8位右移寄存器REG8B加载；它的低电平则作为乘法使能信号。乘法时钟信号从ARICTL的CLK输入。当被乘数被加载于8位右移寄存器REG8B后，随着每一时钟节拍，最低位在前，由低位至高位逐位移出。当为1时，与门ANDARITH打开，8位乘数B[7..0]在同一节拍进入8位加法器，与上一次锁存在16位锁存器REG16B中的高8位相加，其和在下一时钟节拍的上升沿被锁进此锁存器。当被乘数的移出位为0时，与门全零输出。如此往复，直至8个时钟脉冲后，在ARICTL的控制下，乘法运算过程自动中止，ARIEND输出高电平，以示乘法结束，此时REG16B的输出值即最后的乘积。此乘法器的优点是节省芯片资源，它的核心元件只是一个8位加法器，其运算速度取决于输入的时钟频率。若时钟频率为100 MHz，则运算周期仅为80 ns。因此，可以利用此乘法器，或以相同原理构成的更高位乘法器完成一些数字信号处理方面的运算。

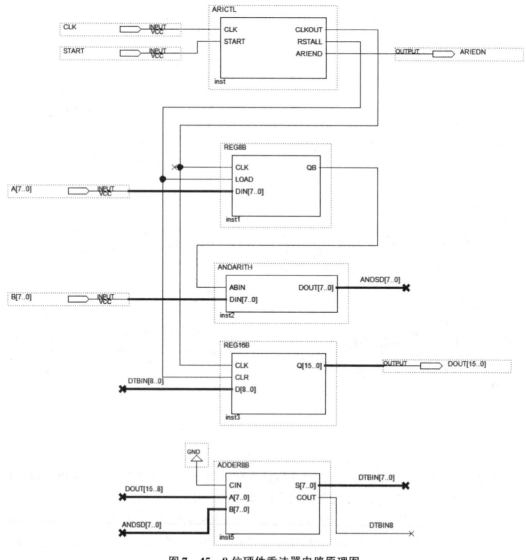

图7-45　8位硬件乘法器电路原理图

例 7 – 35 与门选通模块源程序。

```vhdl
LIBRARY IEEE;
USE IEEE.STD_LOGIC_1164.ALL;
ENTITY ANDARITH IS                                    -- 选通与门模块
    PORT ( ABIN:IN STD_LOGIC;                         -- 与门开关
           DIN:IN STD_LOGIC_VECTOR(7 DOWNTO 0);       -- 8 位输入
           DOUT:OUT STD_LOGIC_VECTOR(7 DOWNTO 0));    -- 8 位输出
END ANDARITH;
ARCHITECTURE behave OF ANDARITH IS
BEGIN
PROCESS (ABIN,DIN)
BEGIN
    FOR I IN 0 TO 7 LOOP          -- 循环,分别完成 8 位数据与 1 位控制位的与操作
        DOUT(I) <= DIN(I) AND ABIN;
    END LOOP;
END PROCESS;
END behave;
```

与门选通模块仿真波形图如图 7 – 46 所示。

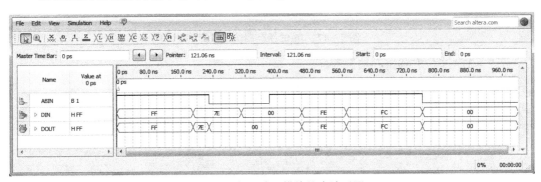

图 7 – 46 与门选通模块仿真波形图

例 7 – 36 16 位锁存器源程序。

```vhdl
LIBRARY IEEE;
USE IEEE.STD_LOGIC_1164.ALL;
ENTITY REG16B IS                                      -- 16 位锁存器
    PORT (CLK:IN STD_LOGIC;                           -- 锁存信号
          CLR:IN STD_LOGIC;                           -- 清零信号
          D:IN STD_LOGIC_VECTOR(8 DOWNTO 0);          -- 9 位数据输入
          Q:OUT STD_LOGIC_VECTOR(15 DOWNTO 0));       -- 16 位数据输出
END REG16B;
ARCHITECTURE behave OF REG16B IS
SIGNAL R16S:STD_LOGIC_VECTOR(15 DOWNTO 0);            -- 16 位寄存器设置
BEGIN
PROCESS (CLK,CLR)
BEGIN
    IF CLR = '1' THEN                                 -- 异步复位信号
        R16S <= (OTHERS => '0');
    ELSIF CLK'EVENT AND CLK = '1' THEN                -- 时钟到来时,锁存输入值
```

```
            R16S(6 DOWNTO 0) <= R16S(7 DOWNTO 1);    --右移低7位
            R16S(15 DOWNTO 7) <= D;                  --将输入值锁存到高9位
        END IF;
    END PROCESS;
    Q <= R16S;
END behave;
```

16位锁存器仿真波形图如图7-47所示。

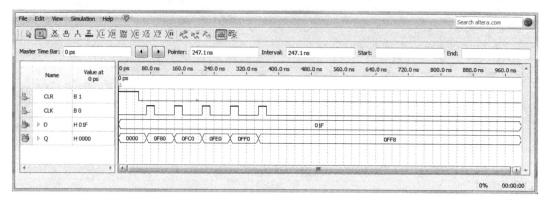

图7-47 16位锁存器仿真波形图

例7-37 8位右移寄存器源程序。

```
LIBRARY IEEE;
USE IEEE.STD_LOGIC_1164.ALL;
ENTITY REG8B IS                                      --8位右移寄存器
    PORT( CLK,LOAD:IN STD_LOGIC;
          DIN:IN STD_LOGIC_VECTOR(7 DOWNTO 0);
          QB:OUT STD_LOGIC );
END REG8B;
ARCHITECTURE behave OF REG8B IS
SIGNAL REG8:STD_LOGIC_VECTOR(7 DOWNTO 0);
BEGIN
    PROCESS(CLK,LOAD)
    BEGIN
        IF CLK'EVENT AND CLK = '1' THEN
            IF LOAD = '1' THEN
                REG8 <= DIN;                         --装载新数据
            ELSE
                REG8(6 DOWNTO 0) <= REG8(7 DOWNTO 1);  --数据右移
            END IF;
        END IF;
    END PROCESS;
    QB <= REG8(0);                                   --输出最低位
END behave;
```

8位右移寄存器仿真波形图如图7-48所示。

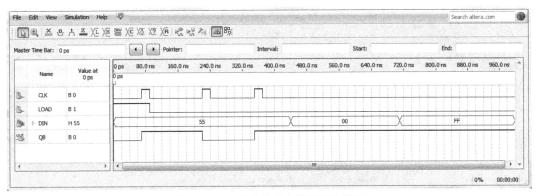

图 7-48 8 位右移寄存器仿真波形图

例 7-38 乘法运算控制模块源程序。

```
LIBRARY IEEE;
USE IEEE.STD_LOGIC_1164.ALL;
USE IEEE.STD_LOGIC_UNSIGNED.ALL;
ENTITY ARICTL IS
  PORT ( CLK:IN STD_LOGIC;
         START:IN STD_LOGIC;
         CLKOUT:OUT STD_LOGIC;
         RSTALL:OUT STD_LOGIC;
         ARIEND:OUT STD_LOGIC );
END ARICTL;
ARCHITECTURE behave OF ARICTL IS
SIGNAL CNT4B:STD_LOGIC_VECTOR(3 DOWNTO 0);
BEGIN
RSTALL <= START;
PROCESS(CLK,START)
BEGIN
  IF START = '1' THEN
    CNT4B <= "0000";              --高电平清零计数器
  ELSIF CLK'EVENT AND CLK = '1' THEN
    IF CNT4B < 8 THEN    --小于8则计数,等于8表明乘法运算已经结束
      CNT4B <= CNT4B + 1;
    END IF;
  END IF;
END PROCESS;
PROCESS(CLK,CNT4B,START)
BEGIN
  IF START = '0' THEN
    IF CNT4B < 8 THEN             --乘法运算正在进行
      CLKOUT <= CLK;
      ARIEND <= '0';
    ELSE
      CLKOUT <= '0';
      ARIEND <= '1';              --运算已经结束
    END IF;
```

```
        ELSE
            CLKOUT <= CLK;
            ARIEND <= '0';
        END IF;
    END PROCESS;
END behave;
```

乘法运算控制模块仿真波形图如图 7-49 所示。

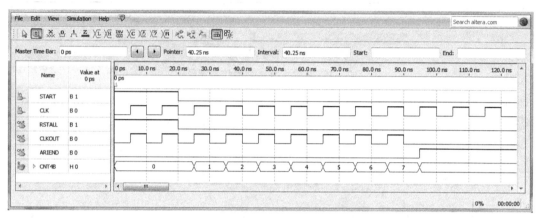

图 7-49 乘法运算控制模块仿真波形图

例 7-39 8 位硬件乘法器源程序。

```
LIBRARY IEEE;                              --8 位硬件乘法器顶层设计文件
USE IEEE.STD_LOGIC_1164 .ALL;
ENTITY MULTI8X8 IS
   PORT( CLK:IN STD_LOGIC;
         START:IN STD_LOGIC;               -- 乘法启动信号,高电平
                                           -- 复位与加载,低电平运算
         A :IN STD_LOGIC_VECTOR(7 DOWNTO 0);   --8 位被乘数
         B :IN STD_LOGIC_VECTOR(7 DOWNTO 0);   --8 位乘数
         ARIEND:OUT STD_LOGIC;             -- 乘法运算结束标志
         DOUT:OUT STD_LOGIC_VECTOR(15 DOWNTO 0) );
                                           --16 位乘积输出
END MULTI8X8;
ARCHITECTURE struc OF MULTI8X8 IS
COMPONENT ARICTL
    PORT ( CLK:IN STD_LOGIC;
           START:IN STD_LOGIC;
           CLKOUT:OUT STD_LOGIC;
           RSTALL:OUT STD_LOGIC;
           ARIEND:OUT STD_LOGIC );
END COMPONENT;
COMPONENT ANDARITH        -- 待调用的控制与门端口定义
    PORT ( ABIN:IN STD_LOGIC;
           DIN:IN STD_LOGIC_VECTOR(7 DOWNTO 0);
           DOUT:OUT STD_LOGIC_VECTOR(7 DOWNTO 0));
END COMPONENT;
```

```vhdl
    COMPONENT ADDER8B         -- 待调用的 8 位加法器端口定义
        PORT (CIN:IN STD_LOGIC;
              A:IN STD_LOGIC_VECTOR(7 DOWNTO 0);
              B:IN STD_LOGIC_VECTOR(7 DOWNTO 0);
              S:OUT STD_LOGIC_VECTOR(7 DOWNTO 0);
              COUT:OUT STD_LOGIC);
    END COMPONENT;
    COMPONENT REG8B           -- 待调用的 8 位右移寄存器端口定义
        PORT ( CLK:IN STD_LOGIC;
               LOAD:IN STD_LOGIC;
               DIN:IN STD_LOGIC_VECTOR(7 DOWNTO 0);
               QB:OUT STD_LOGIC);
    END COMPONENT;
    COMPONENT REG16B          -- 待调用的 16 位锁存器端口定义
        PORT (CLK:IN STD_LOGIC;
              CLR:IN STD_LOGIC;
              D:IN STD_LOGIC_VECTOR(8 DOWNTO 0);
              Q:OUT STD_LOGIC_VECTOR(15 DOWNTO 0));
    END COMPONENT;
    SIGNAL GNDINT:STD_LOGIC;
    SIGNAL INTCLK:STD_LOGIC;
    SIGNAL RSTALL:STD_LOGIC;
    SIGNAL QB:STD_LOGIC;
    SIGNAL ANDSD:STD_LOGIC_VECTOR(7 DOWNTO 0);
    SIGNAL DTBIN:STD_LOGIC_VECTOR(8 DOWNTO 0);
    SIGNAL DTBOUT:STD_LOGIC_VECTOR(15 DOWNTO 0);
    BEGIN
        DOUT <= DTBOUT;
        GNDINT <= '0';
    U1:ARICTL PORT MAP( CLK => CLK,START => START,CLKOUT => INTCLK,
                    RSTALL => RSTALL,ARIEND => ARIEND);
    U2:REG8B PORT MAP( CLK => INTCLK,LOAD => RSTALL,DIN => B,
                    QB => QB) ;
    U3:ANDARITH PORT MAP( ABIN => QB,DIN => A,DOUT => ANDSD);
    U4:ADDER8B PORT MAP(CIN => GNDINT,A => DTBOUT(15 DOWNTO 8),
                    B => ANDSD,S => DTBIN(7 DOWNTO 0),
                    COUT => DTBIN(8));
    U5:REG16B PORT MAP( CLK => INTCLK,CLR => RSTALL,D => DTBIN,
                    Q => DTBOUT);
    END struc;
```

8 位硬件乘法器仿真波形图如图 7-50 所示。

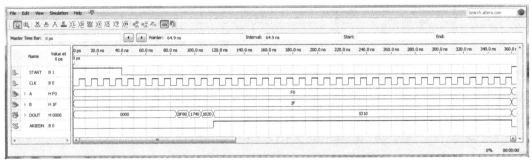

图 7-50　8 位硬件乘法器仿真波形图

7.13 流水灯控制器设计

流水灯控制器硬件原理图如图 7-51 所示，通过 VHDL 描述控制程序，使 LED 从左向右依次点亮，CLK 为外部时钟脉冲，控制程序中采用外部时钟驱动 8 进制计数器，计数器每计一个数，输出端改变一个控制字。流水灯控制器仿真波形图如图 7-52 所示。

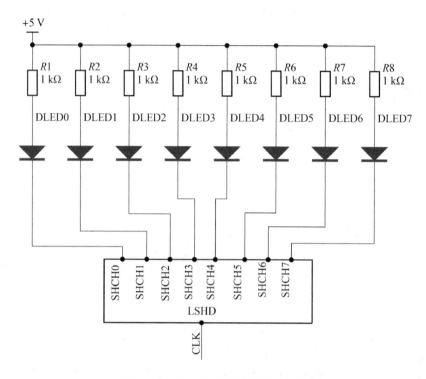

图 7-51 流水灯控制器硬件原理图

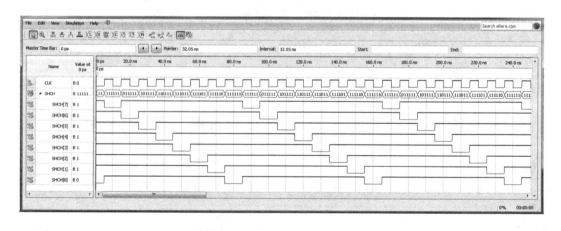

图 7-52 流水灯控制器仿真波形图

例 7-40

```
LIBRARY IEEE;
USE IEEE.STD_LOGIC_1164.ALL;
USE IEEE.STD_LOGIC_UNSIGNED.ALL;
ENTITY LSHD IS
    PORT(CLK: IN STD_LOGIC;
         SHCH: OUT STD_LOGIC_VECTOR(7 DOWNTO 0));
END LSHD;
ARCHITECTURE behave OF LSHD IS
SIGNAL Q: INTEGER RANGE 7 DOWNTO 0;
BEGIN
PROCESS(CLK)
BEGIN
   IF(CLK'EVENT AND CLK = '1') THEN
       Q <= Q + 1;
   END IF;
END PROCESS;
PROCESS(Q)
BEGIN
   CASE Q IS
       WHEN 0 => SHCH <= "01111111";
       WHEN 1 => SHCH <= "10111111";
       WHEN 2 => SHCH <= "11011111";
       WHEN 3 => SHCH <= "11101111";
       WHEN 4 => SHCH <= "11110111";
       WHEN 5 => SHCH <= "11111011";
       WHEN 6 => SHCH <= "11111101";
       WHEN 7 => SHCH <= "11111110";
       WHEN OTHERS => NULL;
   END CASE;
END PROCESS;
END behave;
```

习 题

7.1 用组合逻辑电路设计一个 4 位二进制乘法电路。

7.2 设计一个 16 位加法器，要求由 4 个 4 位二进制并行进位加法器组成。

7.3 利用 VHDL 设计将十进制数 0~23 转换成 2 位 BCD 码的码制转换电路。

7.4 利用 VHDL 设计一个 2 输入或非门。

7.5 利用 VHDL 设计一个 3 位二进制可逆计数器。

7.6 利用 VHDL 设计一个六十进制计数器。

7.7 利用 VHDL 设计一个除 6 的加法分频电路。

7.8 利用 VHDL 设计一个家用报警系统的控制逻辑，该系统有来自传感器的三个输入信号 smoke、door、water，准备传输到报警设备的三个输出触发信号 fire_alarm、burg_alarm、water_alarm，以及使能信号 en 和 alarm_en，控制图如图 7-53 所示。

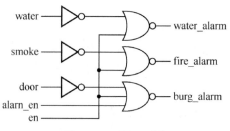

图 7-53 题 7.8 图

7.9 利用 VHDL 描述 8 位二进制加/减计数器程序。

7.10 利用 VHDL 描述一个串行输入、并行输出和串行输出的 8 位移位寄存器。

7.11 利用 VHDL 设计一个 16 位奇偶校验电路。

7.12 利用 VHDL 描述具有 74LS273 功能的电路。

7.13 利用 VHDL 设计一个十六进制计数器。其中，CLK 是外部时钟脉冲输入端口，上升沿计数；RST 是复位端口，低电平有效；CS 是使能端口，低电平有效；CQ 是计数值输出端口；COUT 是进位输出端口。

第 8 章
状 态 机

利用 VHDL 设计的许多实用逻辑系统中，有许多可以利用状态机的设计方案来描述和实现。无论与基于 VHDL 的其他设计方案相比，还是与可完成相似功能的 CPU 相比，状态机都有其无可比拟的优越性，主要表现在以下几方面。

（1）状态机的结构模式相对简单，设计方案相对固定，特别是可以定义符号化枚举类型的状态，这一切都为 VHDL 综合器尽可能发挥其强大的优化功能提供了有利条件。而且，性能良好的 VHDL 综合器都具备许多可控或不可控的专门用于优化状态机的功能。

（2）状态机容易构成性能良好的同步时序逻辑模块，这对于对付大规模逻辑电路设计中令人深感棘手的竞争冒险现象无疑是上佳的选择，加之 VHDL 综合器对状态机的特有的优化功能使状态机解决方案的优越性更为突出。

（3）状态机的 VHDL 设计程序层次分明，结构清晰，易读易懂，在排错、修改和模块移植方面特别容易掌握。

（4）在高速运算和控制方面，状态机更有其巨大的优势。在 VHDL 中，一个状态机可以由多个进程构成，一个结构体中可以包含多个状态机，而一个单独的状态机（或多个并行运行的状态机）以顺序方式所能完成的运算和控制方面的工作与一个 CPU 类似。

（5）就运行速度而言，尽管 CPU 和状态机都是按照时钟节拍以顺序方式工作的，但 CPU 是按照指令周期，以逐条执行指令的方式运行的，每执行一条指令，通常只能完成一项操作，而一个指令周期须由多个 CPU 机器周期构成，一个机器周期又由多个时钟周期构成，一个具有运算和控制功能的完整设计程序往往需要成百上千条指令。相比之下，状态机的状态变换周期只为一个时钟周期，而且在每个状态中，状态机可以完成许多并行的运算和控制操作，因此一个完整的控制程序即使由多个并行的状态机构成，其状态数也是十分有限的。因此，由状态机构成的硬件系统比以 CPU 完成同样功能的软件系统的工作速度要高出两个数量级。

（6）就可靠性而言，状态机的优势也是十分明显的。CPU 本身的结构特点与执行软件指令的工作方式决定了任何 CPU 都不可能获得圆满的容错保障。因此，在要求高可靠性的特殊环境下的电子系统中，以 CPU 作为主控部件是一项错误的决策。然而，状态机系统就不同了。首先，状态机的设计中能使用各种无懈可击的容错技术；其次，状态机进入非法状态并从中跳出所耗的时间十分短暂，通常只有 2 个时钟周期，约数十纳秒，不足以对系统的运行构成损害，而 CPU 通过复位方式从非法运行状态恢复耗时达数十毫秒，这对于高速高可靠性系统显然是无法容忍的；最后，状态机本身是以并行运行为主的纯硬件结构。

8.1 一般状态机的设计

在产生输出的过程中，由是否使用输入信号可以确定状态机的类型。两种典型的状态机是摩尔（MOORE）状态机和米立（MEALY）状态机。在摩尔状态机中，其输出只是当前状态值的函数，并且仅在时钟边沿到来时才发生变化。米立状态机的输出则是当前状态值、当前输出值和当前输入值的函数。对于这两类状态机，控制时序都取决于当前状态和输入信号。大多数实用的状态机都是同步时序电路，由时钟信号触发状态的转换。时钟信号同所有边沿触发的状态寄存器和输出寄存器相连，这使状态的改变发生在时钟的上升沿。

为了能获得可综合的、高效的 VHDL 状态机描述，建议使用枚举类型定义状态机的状态，并使用多进程方式描述状态机的内部逻辑。例如，可以使用两个进程描述状态机，一个进程描述时序逻辑，包括状态寄存器的工作和寄存器状态的输出；另一个进程描述组合逻辑，包括进程间状态值的传递逻辑以及状态转换值的输出。必要时还可引入第三个进程完成其他逻辑功能。

此外，还可以利用组合逻辑的传播延时实现具有存储功能的异步时序状态机，这样的状态机难于设计并且容易发生故障，因此下面仅讨论同步时序状态机。

利用 VHDL 设计的状态机的一般结构由以下几部分组成。

1. 说明部分

说明部分中有新数据类型 TYPE 的定义及其状态类型（状态名）以及在此新数据类型下定义的状态变量。状态类型一般使用枚举类型，其中每个状态名可以任意选取，但为了便于辨认和含义明确，状态名最好有明显的解释性意义。状态变量应定义为信号，以便于信息传递，说明部分一般放在 ARCHITECTURE 和 BEGIN 之间，如例 8 – 1 所示。

例 8 – 1

```
  …
ARCHITECTURE …IS
    TYPE states IS(st0,st1, st2,st3);           ——定义新的数据类型和状态名
    SIGNAL current_state,next_state:states;     ——定义状态变量
BEGIN
  …;
```

2. 主控时序进程

状态机是随外部时钟信号以同步时序方式工作的，因此，状态机中必须包含一个对工作时钟信号敏感的进程，作为状态机的"驱动泵"。当时钟信号发生有效跳变时，状态机的状态才发生变化。状态机的下一状态（包括再次进入本状态）仅取决于时钟信号的到来。一般地，主控时序进程不负责进入下一状态的具体状态取值。当时钟信号的有效跳变到来时，时序进程只是机械地将代表下一状态的信号（next_state）中的内容送入代表本状态的信号（current_state），而下一状态的信号（next_state）中的内容完全由其他进程根据实际情况决定，当然在此进程中也可以放置一些同步或异步清零或置位方面的控制信号。总的来说，主控时序进程的设计比较固定、单一和简单。

3. 主控组合进程

主控组合进程的任务是根据外部输入的控制信号（包括来自状态机外部的信号和来自

状态机内部其他非主控的组合或时序进程的信号），或（和）当前状态值确定下一状态信号（next_state）的取向，即 next_state 的取值内容，以及确定对外输出或对内部其他组合或时序进程输出控制信号的内容。

4. 普通组合进程

普通组合进程用于配合状态机工作的其他组合进程，如完成某种算法的进程。

5. 普通时序进程

普通时序进程用于配合状态机工作的其他时序进程，如稳定输出设置的数据锁存器等。

一个状态机的最简结构应至少由两个进程构成（也有单进程状态机，但并不常用），即一个主控时序进程和一个主控组合进程。一个进程作"驱动泵"，描述时序逻辑，包括状态寄存器的工作和寄存器状态的输出；另一个进程描述组合逻辑，包括进程间状态值的传递逻辑以及状态转换值的输出。当然，必要时还可以引入第 3 个和第 4 个进程，以完成其他逻辑功能。

例 8-2 所描述的状态机是由两个主控进程构成的，其中进程 REG 是主控时序进程，进程 COM 是主控组合进程，此程序可作为一般状态机设计的模板加以套用。

例 8-2

```vhdl
LIBRARY IEEE;
USE IEEE.STD_LOGIC_1164.ALL;
ENTITY s_machine IS
   PORT ( clk, reset : IN STD_LOGIC;
         Stateinputs : IN STD_LOGIC_VECTOR (0 TO 1);
         Comb_outputs : OUT STD_LOGIC_VECTOR (0 TO 1) );
END s_machine;
ARCHITECTURE behv OF smachine IS
TYPE states IS (st0, st1, st2, st3);        --定义 states 为枚举类型
SIGNAL current_state,next_state: states;
BEGIN
REG: PROCESS (reset,clk)                    --时序逻辑进程
     BEGIN
      IF reset ='1' THEN                    --异步复位
         Current_state <= st0;
      ELSIF clk ='1' AND clk'EVENT THEN
         Current_state <= next_state;       --当检测到时钟上升沿时转换至下一状态
      END IF;
     END PROCESS; --由信号 current_state 将当前状态值带出此进程,进入进程 COM
COM: PROCESS(current_state, state_Inputs)  --组合逻辑进程
     BEGIN
      CASE current_state IS                 --确定当前状态值
        WHEN st0 => comb_outputs <= "00";  --初始态译码输出"00"
          IF state_inputs = "00" THEN       --根据外部的状态控制输入"00"
            next_state <= st0;    --在下一时钟后,进程 REG 的状态将为 st0
          ELSE
            next_state <= st1;    --否则,在下一时钟后,进程 REG 的状态为 st1
          END IF;
        WHEN st1 => comb_outputs <= "01";
          IF state_inputs = "00" THEN
```

```
              next_state <= st1;
           ELSE
              next_state <= st2;    --否则,在下一时钟后,进程REG的状态为st2
           END IF;
        WHEN st2 => comb_outputs <= "10";      --以下依此类推
           IF state_inputs = "11" THEN
              next_state <= st2;
           ELSE
              next_state <= st3;
           END IF;
        WHEN st3 => comb_outputs <= "11";
           IF state_inputs = "11" THEN
              next_state <= st3;
           ELSE
              next_state <= st0;  --否则,在下一时钟后,进程REG的状态为返回st0
           END IF;
        END case;
   END PROCESS;          --由信号next_state将下一状态带出此进程,进入进程REG
END behv;
```

从一般意义上说,进程是并行运行的,但由于敏感信号的设置不同以及电路存在延时,在时序上进程的动作是有先后的。此例中,就状态转换这一行为来说,进程 REG 在时钟上升沿到来时首先运行,完成状态转换的赋值操作。进程 REG 只负责将当前状态转换为下一状态,而不管所转换的状态究竟处于哪一个状态（st0、st1、st2、st3）。如果外部控制信号 state_inputs 不变,则只有当来自进程 REG 的信号 current_state 改变时,进程 COM 才开始动作。在此进程中,根据 current_state 的值和外部的控制码 state_input 来决定下一时钟边沿到来后进程 REG 的状态转换方向。这个状态机的两位组合逻辑输出 comb_outputs 是对当前状态的译码,读者可以通过这个输出值了解状态机内部的运行情况;同时,可以利用外部控制信号 state_inputs 任意改变状态机的状态变化模式。

8.2 摩尔状态机的 VHDL 设计

例 8-3 摩尔状态机的 VHDL 设计模型之一。

```
LIBRARY IEEE;
USE IEEE.STD_LOGIC_1164.ALL;
ENTITY SYSTEM1 IS
  PORT(CLOCK:IN STD_LOGIC;
       A:IN STD_LOGIC;
       D:OUT STD_LOGIC);
END SYSTEM1;
ARCHITECTURE MOORE1 OF SYSTEM1 IS
SIGNAL B,C:STD_LOGIC;
BEGIN
FUNC1:PROCESS(A,C)
--第1组合逻辑进程,为时序逻辑进程提供反馈信息
BEGIN
```

```
       B <= FUNC1(A,C);              --C 是反馈信号
    END PROCESS;
    FUNC2:PROCESS(C)
                                    --第 2 组合逻辑进程,为状态机输出提供数据
    BEGIN
       D <= FUNC2(C);
    --输出信号 D 所对应的 FUNC2,是仅为当前状态的函数
    END PROCESS;
    REG:PROCESS(CLOCK)               --时序逻辑进程,负责状态的转换
    BEGIN
       IF (CLOCK = '1' AND CLOCK'EVENT) THEN
            C <= B;                  --B 是反馈信号
       END IF;
    END PROCESS;
END MOORE1;
```

例 8-3 的摩尔状态机示意如图 8-1 所示。

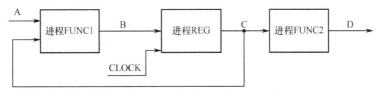

图 8-1 例 8-3 的摩尔状态机示意

例 8-4 摩尔状态机的 VHDL 设计模型之二。

```
LIBRARY IEEE;
USE IEEE.STD_LOGIC_1164.ALL;
ENTITY SYSTEM2 IS
   PORT (CLOCK:IN STD_LOGIC;
        A:IN STD_LOGIC;
        D:OUT STD_LOGIC);
END SYSTEM2;
ARCHITECTURE MOORE2 OF SYSTEM2 IS
BEGIN
REG:PROCESS(CLOCK)
BEGIN
       IF (CLOCK = '1' AND CLOCK'EVENT) THEN
            D <= FUNC(A,D);
       END IF;
END PROCESS;
END MOORE2;
```

例 8-4 的直接反馈式摩尔状态机示意如图 8-2 所示。

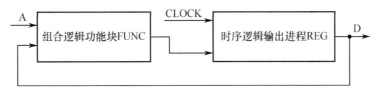

图 8-2 例 8-4 的直接反馈式摩尔状态机示意

8.3　米立状态机的 VHDL 设计

例 8 – 5　米立状态机的 VHDL 设计模型之一。

```
LIBRARY IEEE;
USE IEEE.STD_LOGIC_1164.ALL;
ENTITY SYSTEM1 IS
PORT(CLOCK:IN STD_LOGIC;
     A:IN STD_LOGIC;
     D:OUT STD_LOGIC);
END SYSTEM1;
ARCHITECTURE MEALY1 OF SYSTEM1 IS
SIGNAL C: STD_LOGIC;
BEGIN
COM:PROCESS(A,C)            -- 此进程用于状态机的输出
BEGIN
   D <= FUNC2(A,C)
END PROCESS;
REG:PROCESS(CLOCK)          -- 此进程用于状态机的状态转换
BEGIN
    IF (CLOCK = '1' AND CLOCK'EVENT) THEN
         C <= FUNC1(A,C);
    END IF;
END PROCESS;
END MEALY1;
```

例 8 – 6　米立状态机的 VHDL 设计模型之二。

```
LIBRARY IEEE;
USE IEEE.STD_LOGIC_1164.ALL;
ENTITY SYSTEM2 IS
  PORT(CLOCK:IN STD_LOGIC;
     A:IN STD_LOGIC;
     D:OUT STD_LOGIC);
END SYSTEM2;
ARCHITECTURE MEALY2 OF SYSTEM2 IS
SIGNAL C:STD_LOGIC;
SIGNAL B:STD_LOGIC;
BEGIN
REG:PROCESS(CLOCK)
BEGIN
    IF (CLOCK = '1' AND CLOCK'EVENT) THEN
         C <= B;
    END IF;
    END PROCESS;
TRANSITIONS:PROCESS(A,C)
    BEGIN
        B <= FUNC1(A,C);
    END PROCESS;
```

```
OUTPUTS:PROCESS(A,C);
    BEGIN
        D <= FUNC2(A,C);
    END PROCESS;
END MEALY2;
```

例 8-6 的米立状态机示意如图 8-3 所示。

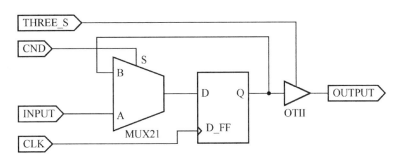

图 8-3 例 8-6 的米立状态机示意

使用 VHDL 描述状态机时，必须注意避免由于寄存器的引入而创建不必要的异步反馈路径。根据 VHDL 综合器的规则，对于所有可能的输入条件，当进程中的输出信号没有被完全地与之对应指定，即没有为所有可能的输入条件提供明确的赋值时，此信号将自动被指定，即在未列出的条件下保持原值，这就意味着引入了寄存器。在状态机中，如果存在一个或更多状态没有被明确地指定转换方式，或者对于状态机中的状态值没有规定所有输出值，则寄存器就被引入。因此，在程序的综合过程中，应密切注视 VHDL 综合器给出的每一条警告信息，并根据警告信息的指示对程序作必要的修改。

8.4 状态机的状态编码

状态机的状态编码方式是多种多样的，要根据实际情况确定。影响编码方式选择的因素主要有状态机的速度要求、逻辑资源的利用率、系统运行的可靠性以及程序的可读性等方面。状态机的状态编码方式主要有以下几种。

1. 状态位直接输出型编码

这类编码方式最典型的应用实例是计数器。计数器本质上是一个主控时序进程与一个主控组合进程合二为一的状态机，它的输出就是各状态的状态编码。将状态编码直接输出作为控制信号，要求对状态机各状态编码作特殊的选择，以适应控制时序的要求。图 8-4 所示为 AD574 工作时序。表 8-1 所示是一个用于控制 AD574 采样的状态机的状态编码，它是根据图 8-4 编制的。这个状态机由 6 个状态组成，STATE0~STATE5 各状态的状态编码分别为 11100、00000、00100、00110、01100、01101。每一位编码值都被赋予了实际的控制功能，如最后两位编码值的功能是分别产生锁存低 8 位数据和高 4 位数据的脉冲信号 LKl 和 LK2。其在程序中的定义方式见例 8-5。

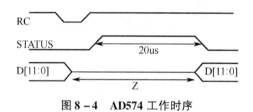

图 8-4 AD574 工作时序

例 8-7

```
LIBRARY IEEE;
USE IEEE.STD_LOGIC_1164.ALL;
ENTITY AD574 IS
    PORT ( D: IN STD_LOGIC_VECTOR(11 DOWNTO 0);
        CLK , STATUS: IN STD_LOGIC;
        CS,A0,RC,K128: OUT STD_LOGIC;
        LK1, LK2: OUT STD_LOGIC;
        Q: OUT STD_LOGIC_VECTOR(11 DOWNTO 0));
END AD574;.
ARCHITECTURE behav OF AD574 IS
SIGNAL CRURRENT_STATE,NEXT_STATE: STD_LOGIC_VECTOR(4 DOWNTO 0 );
CONSTANT STATE0: STD_LOGIC_VECTOR(4 DOWNTO 0 ) : = "11100" ;
CONSTANT STATE1: STD_LOGIC_VECTOR(4 DOWNTO 0 ) : = "00000" ;
CONSTANT STATE2: STD_LOGIC_VECTOR(4 DOWNTO 0 ) : = "00100" ;
CONSTANT STATE3: STD_LOGIC_VECTOR(4 IX)WNTO 0 ) : = "00110" ;
CONSTANT STATE4: STD_LOGIC_VECTOR(4 IX)WNTO 0 ) : = "01100" ;
CONSTANT STATE5: STD_LOGIC_VECTOR(4 DOWNTO 0 ) : = "01101" ;
SIGNAL REGL: STD_LOGIC_VECTOR(11 DOWNTO 0 );
SIGNAL LOCK: STD_LOGIC;
BEGIN
    ...
```

状态位直接输出型编码方式的状态机的优点是输出速度快、节省逻辑资源；缺点是程序可读性差。

表 8-1 AD574 状态及状态编码

状态	状态编码					功能说明
	CS	A0	RC	LK1	LK2	
STATE0	1	1	1	0	0	初始态
STATE1	0	0	0	0	0	启动转换，若测得 STATUS = 0，则转至下一状态 STATE2
STATE2	0	0	1	0	0	使 AD574 输出转换好的低 8 位数据
STATE3	0	0	1	1	0	用 LK1 的上升沿锁存此低 8 位数据
STATE4	0	1	1	0	0	使 AD574 输出转换好的高 4 位数据
STATE5	0	1	1	0	1	用 LK2 的上升沿锁存此高 4 位数据

2. 顺序编码

这种编码方式最为简单，且使用的触发器数量最少，剩余的非法状态最少，容错技术最为简单。以上面的状态机为例，只需 3 个触发器即可，其状态编码方式可作如下改变。

例 8-8

```
...
SIGNAL CRURRENT_STATE,NEXT_STATE:
CONSTANT ST0: STD_LOGIC_VECTOR(2 DOWNTO 0) : = "000";
CONSTANT ST1: STD_LOGIC_VECTOR(2 DOWNTO 0) : = "001";
CONSTANT ST2: STD_LOGIC_VECTOR(2 DOWNTO 0) : = "010";
CONSTANT ST3: STD_LOGIC_VECTOR(2 DOWNTO 0) : = "011";
CONSTANT ST4: STD_LOGIC_VECTOR(2 DOWNTO 0) : = "100";
CONSTANT ST5: STD_LOGIC_VECTOR(2 DOWNTO 0) : = "101";
...
```

顺序编码方式的缺点是，尽管节省了触发器，却增加了从一种状态向另一种状态转换的译码组合逻辑，这对于在触发器资源丰富而组合逻辑资源相对较少的 FPGA/CFLD 器件中实现是不利的。此外，对于输出的控制信号 CS、A0、RC、LKl 和 LK2，还需要在状态机中再设置一个组合进程作为控制译码器。

3. 格雷码编码

格雷码编码方式是对顺序编码方式的一种改进，它的特点是任一对相邻状态的状态编码中只有一个二进制位发生变化，这十分有利于状态译码组合逻辑的简化，可以提高综合后目标器件的资源利用率和运行速度。其编码方式类似例 8-8。

例 8-9

```
...
SIGNAL CRURRENT_STATE,NEXT_STATE: STD_LOGIC_VECTOR(1 DOWNTO 0 );
CONSTANT ST0: STD_LOGIC_VECTOR(1 DOWNTO 0) : = "00";
CONSTANT ST1: STD_LOGIC_VECTOR(1 DOWNTO 0) : = "01";
CONSTANT ST2: STD_LOGIC_VECTOR(1 DOWNTO 0) : = "11";
CONSTANT ST3: STD_LOGIC_VECTOR(1 DOWNTO 0) : = "10";
...
```

4. 1 位热码编码

1 位热码编码方式就是用 n 个触发器来实现具有 n 个状态的状态机，状态机中的每个状态都由其中 1 个触发器的状态表示，即当处于该状态时，对应的触发器置 1，其余触发器都置 0。例如，6 个状态的状态机需要由 6 个触发器表达，其对应的状态编码见表 8-2。1 位热码编码方式尽管使用了较多触发器，但其简单的编码方式大大简化了状态译码逻辑，提高了状态转换速度，这对于含有较多时序逻辑资源、较少组合逻辑资源的 FPGA/CPLD 状态机设计是一个好的解决方案。此外，许多面向 FPGA/CFLD 设计的 VHDL 综合器都有将符号状态自动优化设置为 1 位热码编码状态的功能，或设置有 1 位热码编码方式选择开关。

表 8 – 2 1 位热码的状态编码

状态	1 位热码编码	顺序编码
STATE0	100000	000
STATE1	010000	001
STATE2	001000	010
STATE3	000100	011
STATE4	000010	100
STATE5	000001	101

8.5 状态机剩余状态处理

在进行状态机设计时，在使用枚举类型或直接指定状态编码的程序中，特别是使用了 1 位热码编码方式后，总是不可避免地出现剩余状态，即未被定义的状态编码组合。这些状态在状态机的正常运行中是不需要出现的，通常称为非法状态。在状态机设计中，如果没有对这些非法状态进行合理的处理，在外界不确定的干扰下，或在随机上电的初始启动后，状态机都有可能进入不可预测的非法状态，其后果或是对外界出现短暂失控，或是完全无法摆脱非法状态而失去正常的功能。因此，状态机剩余状态处理，即状态机系统容错技术的应用是设计者必须慎重考虑的问题。

另外，状态机剩余状态处理要不同程度地耗用逻辑资源，这就要求设计者在选择状态机结构、状态编码方式、状态机系统容错技术及状态机系统的工作速度与资源利用率方面进行权衡，以满足设计要求。

以例 8 – 9 为例，该程序共定义了 6 个合法状态（有效状态）：st0、st1、st2、st3、st4、st5。如果使用顺序编码方式指定各状态，则需要 3 个触发器，这样最多有 8 种可能的状态，状态编码见表 8 – 3，最后 2 个状态都被定义为可能的非法状态。如果要使此 6 个状态的状态机有可靠的工作性能，必须设法使状态机系统落入这些非法状态后还能迅速返回正常的状态转移路径中。方法是在枚举类型定义中就对这些多余状态作出定义，并在以后的语句中加以处理。

例 8 – 10

```
TYPE states IS (st0, st1, st2, st3, st41, st5, undefined1, undefined2);
SIGNAL current_state, next_state: states;
   ...
COM:PROCESS(current_state, state_Inputs)       --组合逻辑进程
    BEGIN
    CASE current_state IS                      --确定当前状态的状态值
     ...
       WHEN OTHERS => next_state <= st0;
     END case;
```

对于剩余状态可以用 OTHERS 语句作统一处理，也可以分别处理每一个剩余状态的转向，而且剩余状态不一定都指向初始状态 st0，也可以被导向专门用于处理出错恢复的状态中。

表 8-3 例 8-9 状态编码

状态	顺序编码
st 0	000
st 1	001
st 2	010
st 3	011
st 4	100
st 5	101
undefined1	110
undefined2	111

另外需要注意的是，有的 VHDL 综合器对于符号化定义状态编码方式并不是固定的，有的是自动设置的，有的是可控的。

如果采用 1 位热码编码方式来设计状态机，则其剩余状态数将随有效状态数的增加呈指数式剧增。对于以上的 6 个状态的状态机来说，将有 58 种剩余状态，总状态数达 64 个，即对于有 n 个合法状态的状态机，其合法与非法状态之和的最大可能为 $m = 2^n$ 个。

如前所述，选用 1 位热码编码方式的重要目的之一，就是要减少状态转换间的译码组合逻辑资源，但如果使用以上介绍的剩余状态处理方法，势必导致耗用更多逻辑资源。因此，必须用其他方法解决 1 位热码编码方式产生过多剩余状态的问题。

鉴于 1 位热码编码方式的特点，正常的状态只可能有 1 个触发器为 1，其余所有触发器皆为 0，即任何多于 1 个触发器为 1 的状态都属于非法状态。据此，可以在状态机设计程序中加入对状态编码中 1 的个数是否大于 1 的判断逻辑，当发现有多个状态触发器为 1 时，产生一个报警信号 alarm，状态机系统可根据此信号是否有效来决定是否调整状态转向或复位。

习　题

8.1 利用 VHDL 设计一个由状态机构成的序列检测器。序列检测器是用来检测一组或多组序列信号的电路。要求当序列检测器连续收到一组串行码（如 1110010）后，输出为 1，否则输出为 0。I/O 口的设计如下：设 xi 是串行输入端口，zo 是输出端口，当 xi 连续输入 1110010 时，zo 输出 1。根据要求，电路需记忆初始状态（1、11、111、1110、11100、111001、1110010 共 7 种状态）。

8.2 设计一个状态机，设输入和输出信号分别是 a、b 和 output，时钟信号为 clk，有

5个状态：s0、s1、s2、s3和s4。状态机的工作方式如下：当[b,a]=0时，随clk向下一状态转换，输出1；当[b,a]=1时，随clk逆向转换，输出1；当[b,a]=2时，保持原状态，输出0；当[b,a]=3时，返回初始态s0，输出1。要求如下。

(1) 画出状态转换图。

(2) 利用VHDL描述此状态机。

(3) 为此状态机设置异步清零信号输入，修改原VHDL程序。

(4) 在同步清零信号输入的条件下，试修改原VHDL程序。

8.3 举例说明1位热码编码方式在逻辑资源利用率和工作速度方面优于其他状态编码方式的原因。

第 9 章
Quartus Ⅱ 13.1 软件

9.1　Quartus Ⅱ 13.1 软件应用指导

Altera 公司的 Quartus Ⅱ 13.1 软件提供了完整的多平台设计环境，能够全方位满足各种设计需要，除逻辑设计外，还为 SOPC 提供了全面的设计环境。

Quartus Ⅱ 13.1 软件提供了 FPGA/CPLD 各设计阶段的解决方案。它集设计输入、综合、仿真、编程（配置）于一体，带有丰富的设计库，并有详细的联机帮助功能，且许多操作（如元件复制、删除和文件操作等）与 Windows 的操作方法完全相同。

Quartus Ⅱ 13.1 软件为设计流程的每个阶段提供图形用户界面、EDA 工具界面以及命令行界面。可以在整个设计流程中只使用这些界面中的一个，也可以在设计流程的不同阶段使用不同界面。

使用 Quartus Ⅱ 13.1 软件进行设计的一般流程如图 9 – 1 所示。

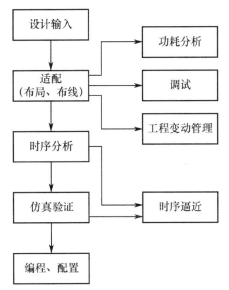

图 9 – 1　使用 Quartus Ⅱ 13.1 软件进行设计的一般流程

1. 设计输入

输入方式有原理图（模块框图）、波形图、VHDL、Verilog HDL、Altera HDL、网表等。Quartus Ⅱ 13.1 软件支持层次化设计，可以将下层设计细节抽象成一个符号（Symbol），供上层设计使用。

Quartus Ⅱ 13.1 软件提供了丰富的库资源,以提高设计的效率。Primitives 库提供了基本的逻辑元件。Megafunctions 库为参数化的模块库,具有很大的灵活性。Others 库提供了 74 系列器件,此外,还可设计 IP 核。

2. 编译

编译包括分析和综合模块(Analysis & Synthesis)、适配器(Fitter)、时序分析器(Timing Analyzer)、编程数据汇编器(Assembler)。

分析和综合模块分析设计文件,建立工程数据库。适配器对设计进行布局、布线,使用由分析和综合步骤建立的数据库,将工程的逻辑和时序要求与器件的可用资源匹配。时序分析器计算给定设计在器件上的延时,并标注在网表文件中,进而完成对所设计的逻辑电路的时序分析与性能评估。编程数据汇编器生成编程文件,通过 Quartus Ⅱ 13.1 中的编程器(Programmer)可以对器件进行编程或配置。

3. 仿真验证

通过仿真可以检查设计中的错误和问题。Quartus Ⅱ 13.1 软件既可以仿真整个设计,也可以仿真设计的任何部分;可以指定工程中的任何设计实体为顶层设计实体,并仿真顶层实体及其所有附属设计实体。

仿真有两种方式:功能仿真和时序仿真。根据设计者所需的信息类型,既可以进行功能仿真以测试设计的逻辑功能,也可以进行时序仿真,针对目标器件验证设计的逻辑功能和最坏情况下的时序。

4. 下载

经编译后生成的编程数据,可以通过 Quartus Ⅱ 13.1 软件中的编程器和下载电缆直接由 PC 写入 FPGA/CPLD。常用的下载电缆有 MasterBlaster、ByteBlasterMV、ByteBlaster Ⅱ、USB – Blaster 和 Ethernet Blaster。其中,MasterBlaster 电缆既可用于串口,也可用于 USB 口;ByteBlasterMV 电缆仅用于并口,两者功能相同。ByteBlaster Ⅱ、USB – Blaster 和 Ethernet Blaster 电缆增加了对串行配置器件提供编程支持的功能。ByteBlaster Ⅱ 电缆使用并口,USB – Blaster 电缆使用 USB 口,Ethernet Blaster 电缆使用以太网口。

9.2 Quartus Ⅱ 13.1 软件图形编辑输入

1. 建立新工程和新设计项目文件

启动 Quartus Ⅱ 13.1 软件后首先出现的是管理器窗口,如图 9 – 2 所示。开始一项新设计的第一步是创建一个工程,以便管理属于该工程的数据和文件,并建立新设计项目文件。

建立新工程和新设计项目文件的方法如下。

(1)选择"File"→"New Project Wizard"命令,打开"New Project Wizard"对话框,如图 9 – 3 所示,单击"Next"按钮,弹出图 9 – 4 所示的对话框,再单击"Next"按钮,弹出建立新设计项目的对话框,如图 9 – 5 所示。

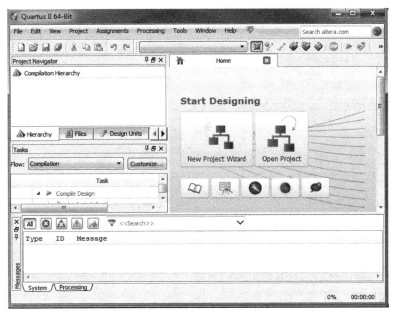

图 9-2　Quartus Ⅱ 13.1 软件管理器窗口

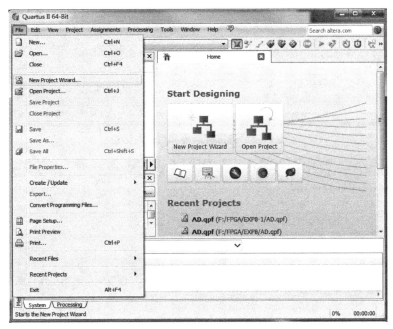

图 9-3　建立新工程

（2）选择适当的驱动器和目录，然后输入项目名以及顶层实体名，单击"Next"按钮，弹出图 9-6 所示对话框。

（3）在图 9-6 所示对话框中，选择需要添加进工程的文件，单击"Next"按钮，弹出图 9-7 所示对话框。

（4）在图 9-7 所示对话框中选择目标器件，单击"Next"按钮，弹出图 9-8 所示对话框。

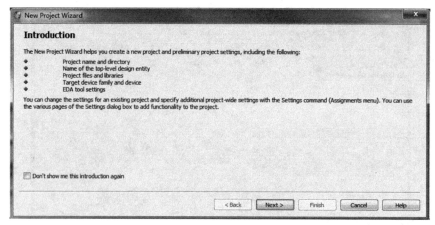

图 9-4 建立新设计项目简介对话框

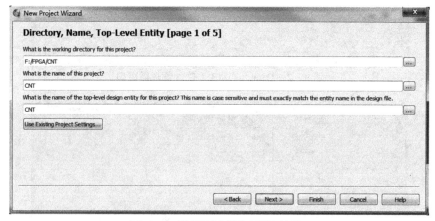

图 9-5 选择驱动器和目录对话框

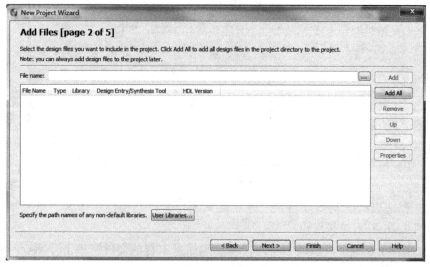

图 9-6 添加进工程的文件对话框

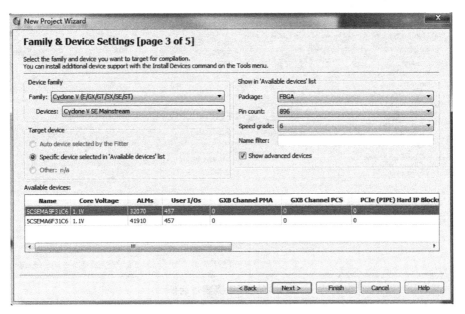

图 9-7　选择目标器件对话框

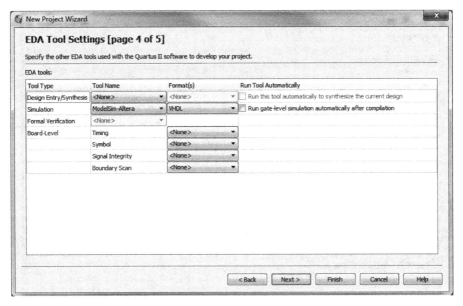

图 9-8　选择 EDA 工具对话框

（5）在图 9-8 所示对话框中，选择需要附加的 EDA 工具，然后单击"Next"按钮，弹出图 9-9 所示对话框。这一步主要是选用 Quartus Ⅱ 13.1 软件之外的 EDA 工具，也可以选择"Assignments"→"Settings"→"EDA Tool Settings"命令进行设置。

（6）单击"Finish"按钮，完成新设计项目的建立，如图 9-10 所示。

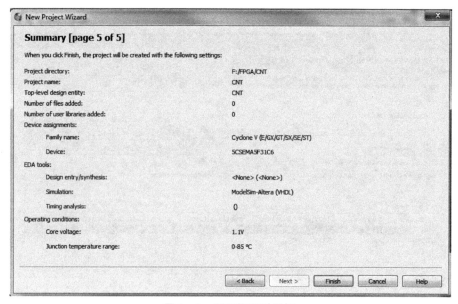

图 9-9　项目概要对话框

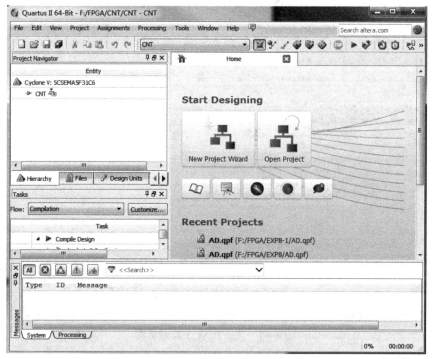

图 9-10　建立新设计项目完成对话框

2. 建立图形设计文件

打开图形编辑器，在管理器窗口选择"File"→"New"命令或直接在工具栏上单击新建文件按钮，打开"New"对话框，如图 9-11 所示，选择"Block Diagram/Schematic File"选项之后，单击"OK"按钮，弹出图 9-12 所示图形编辑窗口，选择"File"→

"Save As"命令或单击工具栏上的存盘按钮将图形文件存盘。

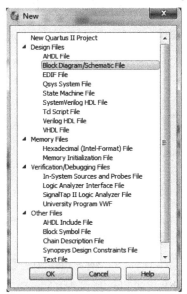

图 9-11 "New"对话框

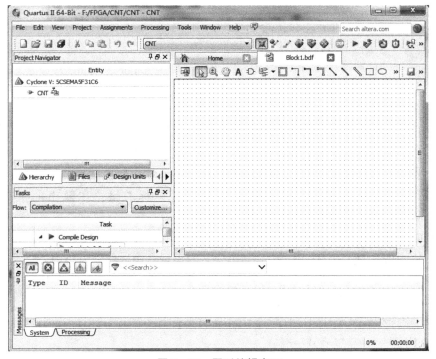

图 9-12 图形编辑窗口

3. 输入元件（模块）

（1）在图 9-12 所示图形编辑窗口空白处双击或选择"Edit"→"Insert Symbol"命令，也可直接在工具栏上单击相应按钮，打开"Symbol"对话框，如图 9-13 所示。

（2）选择适当的库及所需的元件（模块）。

（3）单击"OK"按钮。

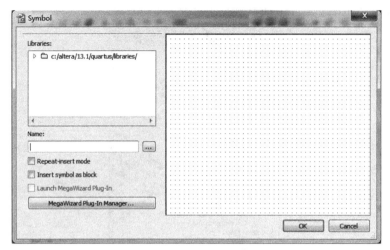

图 9-13 "Symbol" 对话框

这样所选元件（模块）就会出现在图形编辑窗口中。重复以上操作，选择需要的所有元件（模块）。相同的元件（模块）可以采用复制的方法产生。单击选中器件并按住鼠标左键拖动，可以将元件（模块）放到适当的位置。

4. 放置输入/输出引脚

输入/输出引脚的处理方法与元件（模块）一样。

（1）打开"Symbol"对话框。

（2）在"Symbol"对话框中的"Name"框中键入"input""output"或"bidir"，分别代表输入、输出和双向 I/O。

（3）单击"OK"按钮。

进行以上操作后，输入/输出引脚便会出现在图形编辑窗口中。重复以上操作，产生所有的输入/输出引脚，也可以通过复制的方法得到所有输入/输出引脚，还可以勾选"Symbol"对话框中的"Repeat - insert mode"复选框，在图形编辑窗口中重复产生输入/输出引脚（每单击一次产生一个引脚，直到单击鼠标右键，在弹出的菜单中选择"Cancel"命令结束）。模块也能以此方式重复产生。

电源和地与输入/输出引脚类似，也作为特殊元件，采用上述方法在"Name"框中键入"VCC"（电源）或"GND"（地），即可使它们出现在图形编辑窗口中。

5. 连线

将电路图中的两个端口相连的方法如下。

（1）将鼠标指向一个端口，鼠标指针会自动变成十字" + "。

（2）按住鼠标左键拖至另一端口。

（3）松开鼠标左键，则会在两个端口间产生一根连线。

连线时若需要转折，则在转折处松开鼠标左键，再按住鼠标左键继续移动。单击鼠标右键，在弹出的菜单中可以选择管道"Conduit Line"（含多条信号线）、总线"Bus Line"、信号线"Node Line"等属性。

由 74161 设计的十进制计数器的图形编辑文件如图 9-14 所示。

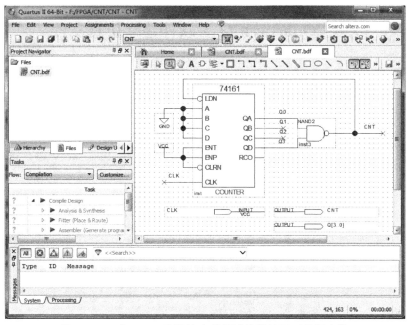

图 9-14 由 74161 设计的十进制计数器的图形编辑文件

9.3 Quartus Ⅱ 13.1 软件编译设计文件

选择"Processing"→"Start Compilation"命令，或者单击工具栏上的"开始编译"按钮，即可进行编译，编译过程中的相关信息将在消息窗口中出现，编译完成之后的窗口如图 9-15 所示。

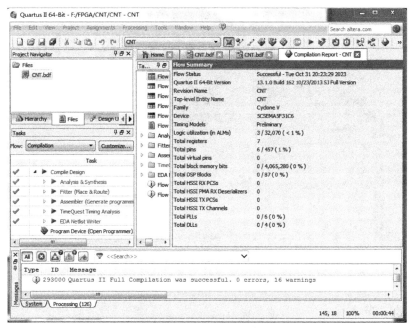

图 9-15 编译完成之后的窗口

9.4 Quartus Ⅱ 13.1 软件建立仿真文件

仿真一般需要经过建立波形文件、输入信号节点、编辑输入信号、波形文件存盘、设置仿真时间、运行仿真器等过程。

1. 建立波形文件

选择"File"→"New"命令,弹出如图 9-16 所示"New"对话框,在"New"对话框中选择"Verification/Debugging File"→"University Program VWF"选项,单击"OK"按钮,弹出图 9-17 所示仿真波形编辑窗口。

图 9-16 "New"对话框

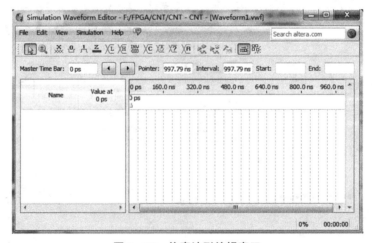

图 9-17 仿真波形编辑窗口

2. 输入信号节点

在波形编辑方式下,选择"Edit"→"Insert"→"Insert Node or Bus"命令,或在仿

真波形编辑窗口的"Name"栏中单击鼠标右键,在弹出的菜单中选择"Insert Node or Bus"命令,即可弹出插入节点或总线("Insert Node or Bus")对话框,如图 9 – 18 所示。在该对话框中单击"Node Finder"按钮,弹出节点发现("Node Finder")对话框,如图 9 – 19 所示。在该对话框中单击"List"按钮,列出所有可选择节点,如图 9 – 20 所示。单击">>"按钮,如图 9 – 21 所示,再单击"OK"按钮,弹出图 9 – 22 所示对话框,在"Radix"下拉列表中选择"Hexadecimal"选项,然后单击"OK"按钮,弹出图 9 – 23 所示仿真波形设置窗口。

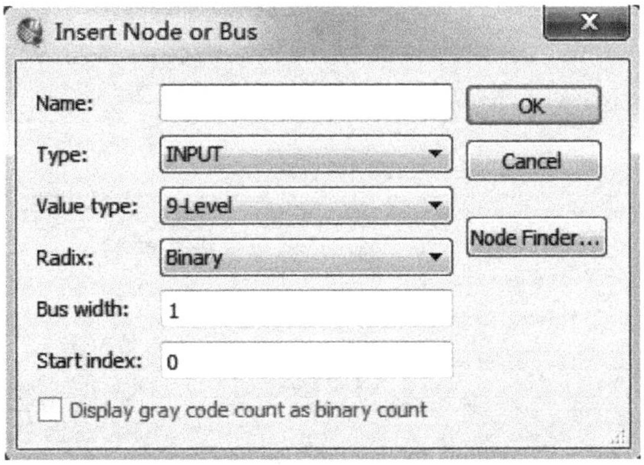

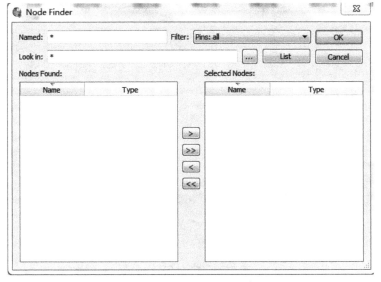

图 9 – 18　插入节点或总线对话框

图 9 – 19　节点发现对话框

3. 编辑输入信号

在图 9 – 23 所示仿真波形设置窗口中单击选中 CLK 信号,选择"Edit"→"Value"→"Overwrite Clock"命令或者单击工具栏上的时钟周期设置按钮,如图 9 – 24 所示,弹出图 9 – 25 所示"Clock"对话框,单击"OK"按钮,时钟信号设置完成的窗口如图 9 – 26 所示。

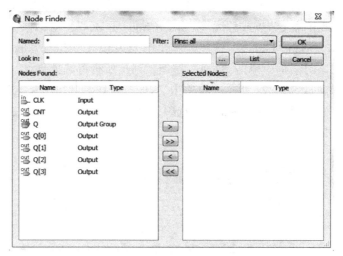

图 9-20　列出所有可选择节点

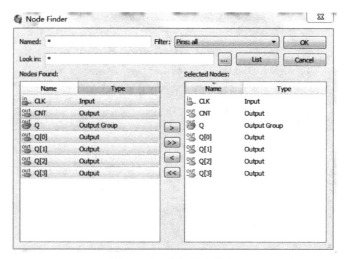

图 9-21　选择所有节点

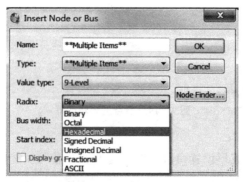

图 9-22　选择"Hexadecimal"选项

第 9 章　Quartus Ⅱ 13.1 软件

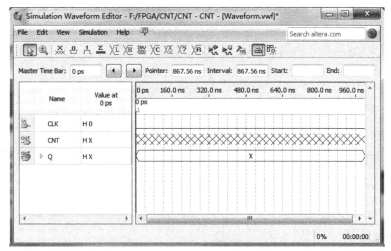

图 9-23　仿真波形设置窗口

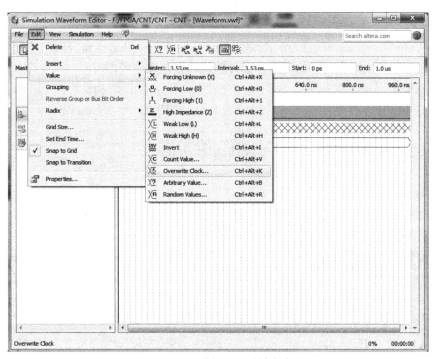

图 9-24　选择设置时钟命令

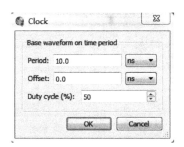

图 9-25　"Clock"对话框

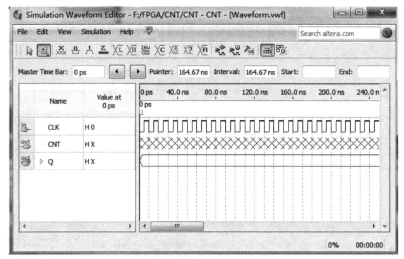

图 9-26 时钟信号设置完成的窗口

4. 波形文件存盘

选择 "File" → "Save" 命令，在弹出的 "Save Vector Waveform File" 对话框中单击 "OK" 按钮即可完成波形文件的存盘，选择默认的存盘文件名即可。

5. 设置仿真时间

Quartus Ⅱ 13.1 软件默认的仿真时间域是 1 μs，如果需要更长时间观察仿真结果，可选择 "Edit" → "Set End Time" 命令，在弹出的 "End Time" 对话框中选择适当的仿真时间域，如图 9-27 所示。

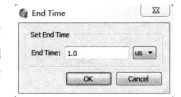

图 9-27 选择适当的仿真时间域

6. 运行仿真器

选择 "Simulation" → "Run Functional Simulation" 命令进行仿真，或单击功能仿真按钮，即可对所设计电路进行仿真，仿真波形图如图 9-28 所示。

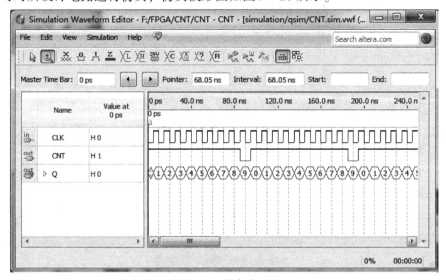

图 9-28 仿真波形图

9.5 Quartus Ⅱ 13.1 软件文本编辑输入

Quartus Ⅱ 13.1 软件文本编辑输入与图形编辑输入的步骤基本相同。在设计电路时，首先要建立新设计项目，然后在 Quartus Ⅱ 13.1 软件集成环境下，选择"File"→"New"命令，在弹出的编辑文件类型对话框中选择 VHDL File 或 Verilog HDL File，或者直接单击主窗口中的"创建新的文本文件"按钮，进入 Quartus Ⅱ 13.1 软件文本编辑窗口，如图 9-29 所示。

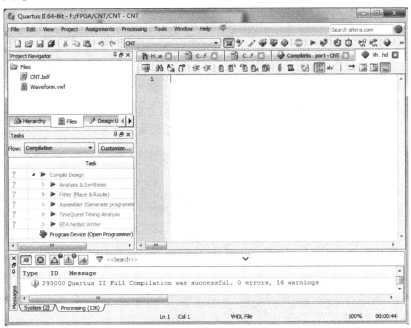

图 9-29 文本编辑窗口

在文本编辑窗口中，完成 VHDL 或 Verilog HDL 设计文件的编辑，然后对设计文件进行编译、仿真和下载操作。

在文本编辑窗口中输入 1 Hz 分频器源程序，如例 9-1 所示。

例 9-1 1 Hz 分频器源程序。

```
LIBRARY IEEE;
USE IEEE.STD_LOGIC_1164.ALL;
USE IEEE.STD_LOGIC_UNSIGNED.ALL;
ENTITY CLK_1HZ IS
PORT(CLK,RST_N:STD_LOGIC;
     CLK_OUT:OUT STD_LOGIC);
END CLK_1HZ;
ARCHITECTURE BEHAVE OF CLK_1HZ IS
SIGNAL CNT:STD_LOGIC_VECTOR(25 DOWNTO 0);
SIGNAL RCLK : STD_LOGIC;
BEGIN
CLK_OUT <= RCLK;
PROCESS(CLK,RST_N)
```

```
BEGIN
   IF RST_N = '0' THEN
      CNT <= "00000000000000000000000000";
      rclk <= '0';
   ELSIF RISING_EDGE(CLK) THEN
      IF CNT = "01011111010111100001000000" THEN
         CNT <= "00000000000000000000000000";
         RCLK <= NOT(RCLK);
      ELSE
         CNT <= CNT + 1;
      END IF;
   END IF;
END PROCESS;
END BEHAVE;
```

输入完源程序之后，选择"File"→"Save as"命令进行存盘，存盘文件名为"CLK_1HZ.vhd"。在"CLK_1HZ.vhd"文件上单击鼠标右键，在弹出的菜单中选择"Set as Top-Level Entity"命令，将"CLK_1HZ.vhd"文件设置成顶层实体文件，如图9-30所示。

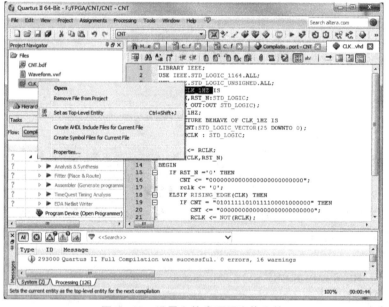

图9-30 设置文件为顶层实体文件

选择"Processing"→"Start Compilation"命令编译文件；编译通过之后，在"CLK_1HZ.vhd"文件上单击鼠标右键，在弹出的菜单中选择"Create Symbol for Current File"命令生成调用符号文件。

按照以上步骤建立数码管译码文件"SMG.vhd"，源程序如例9-2所示。

例9-2 数码管译码源程序。

```
LIBRARY IEEE;
USE IEEE.STD_LOGIC_1164.ALL;
USE IEEE.STD_LOGIC_UNSIGNED.ALL;
ENTITY SMG IS
```

```vhdl
PORT ( SW: IN STD_LOGIC_VECTOR(3 DOWNTO 0);
       SEG_OUT : OUT STD_LOGIC_VECTOR(6 DOWNTO 0));
END SMG;
ARCHITECTURE trans OF SMG IS
SIGNAL SEG_IN : STD_LOGIC_VECTOR(7 DOWNTO 0);
BEGIN
PROCESS(SW)
BEGIN
    CASE sw IS
        WHEN "0000" => SEG_IN(7 DOWNTO 0) <= "00111111";
        WHEN "0001" => SEG_IN(7 DOWNTO 0) <= "00000110";
        WHEN "0010" => SEG_IN(7 DOWNTO 0) <= "01011011";
        WHEN "0011" => SEG_IN(7 DOWNTO 0) <= "01001111";
        WHEN "0100" => SEG_IN(7 DOWNTO 0) <= "01100110";
        WHEN "0101" => SEG_IN(7 DOWNTO 0) <= "01101101";
        WHEN "0110" => SEG_IN(7 DOWNTO 0) <= "01111101";
        WHEN "0111" => SEG_IN(7 DOWNTO 0) <= "00000111";
        WHEN "1000" => SEG_IN(7 DOWNTO 0) <= "01111111";
        WHEN "1001" => SEG_IN(7 DOWNTO 0) <= "01100111";
        WHEN "1010" => SEG_IN(7 DOWNTO 0) <= "01110111";
        WHEN "1011" => SEG_IN(7 DOWNTO 0) <= "01111100";
        WHEN "1100" => SEG_IN(7 DOWNTO 0) <= "00111001";
        WHEN "1101" => SEG_IN(7 DOWNTO 0) <= "01011110";
        WHEN "1110" => SEG_IN(7 DOWNTO 0) <= "01111001";
        WHEN OTHERS => SEG_IN(7 DOWNTO 0) <= "01110001";
    END CASE;
END PROCESS;
SEG_OUT <= NOT(SEG_IN(6 DOWNTO 0));
END trans;
```

建立可以硬件验证的顶层原理图文件，如图 9-31 所示。

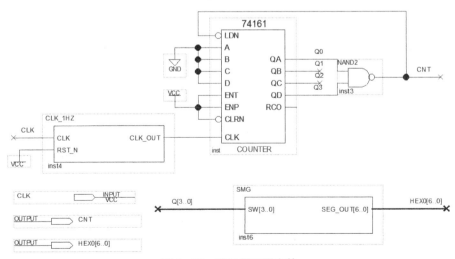

图 9-31　顶层原理图文件

9.6　Quartus Ⅱ 13.1 软件编程下载

1. 引脚锁定

（1）选择"Assignments"→"Pin Planer"命令，弹出图 9-32 所示赋值编辑界面。

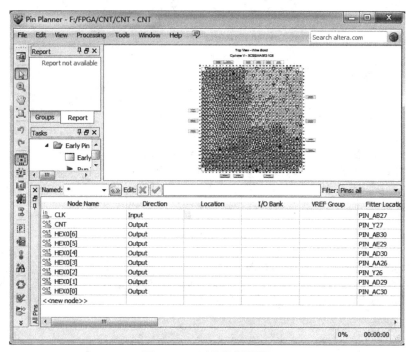

图 9-32　赋值编辑界面

（2）双击需要引脚锁定的"Location"栏目下的空白处，如图 9-33 所示，其下拉列表中列出了目标芯片全部可使用的 I/O 口，选择需要锁定的引脚名，赋值编辑操作结束后，存盘并关闭此窗口，完成引脚锁定。

（3）引脚锁定完成界面如图 9-34 所示，锁定引脚后还需要对设计文件重新编译，产生设计电路的下载文件（.sof）。

2. 编程下载设计文件

设定编程方式，选择"Tools"→"Programmer"命令或者直接单击"Programmer"按钮，弹出图 9-35 所示的设置编程方式界面。在图 9-35 所示界面中，单击"Hardware Setup"按钮，弹出图 9-36 所示对话框。按照图 9-36 所示进行设置，编程方式设置完成界面如图 9-37 所示。在图 9-37 所示界面中，单击"Auto Detect"按钮，弹出图 9-38 所示界面，单击"5CSEMA5"单选按钮，单击"OK"按钮，弹出图 9-39 所示界面。在图 9-39 所示界面中，单击"Add File"按钮加载文件，如图 9-40 所示。加载文件完成之后的界面如图 9-41 所示，在图 9-41 所示界面中，在"5CSEMA5"上单击鼠标右键，删除"5CSEMA5"，删除器件之后的界面如图 9-42 所示。在图 9-42 所示界面中单击"Start"按钮，开始下载程序，下载程序完成界面如图 9-43 所示。

第 9 章　Quartus Ⅱ 13.1 软件

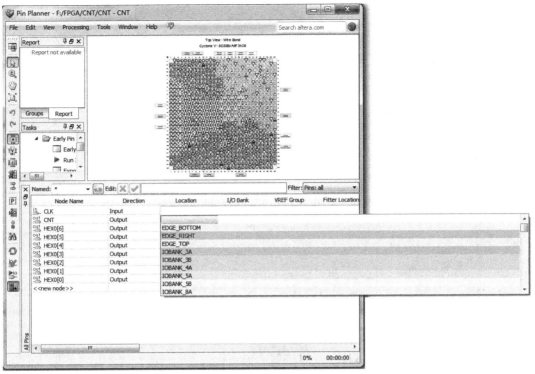

图 9 – 33　引脚锁定界面

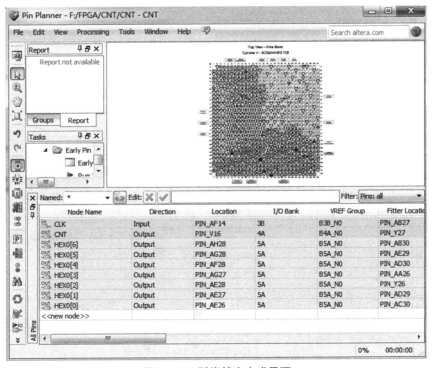

图 9 – 34　引脚锁定完成界面

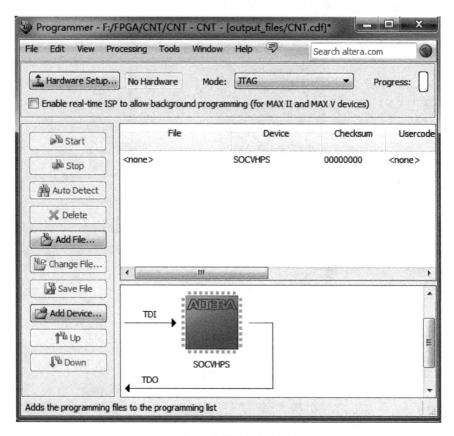

图 9-35 设置编程方式界面

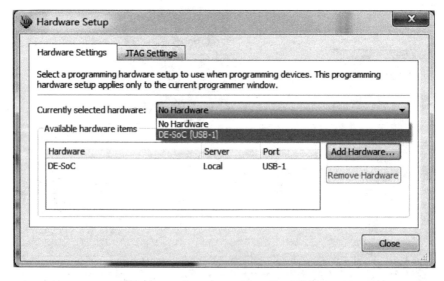

图 9-36 "Hardware Setup" 对话框

第9章 Quartus Ⅱ 13.1 软件

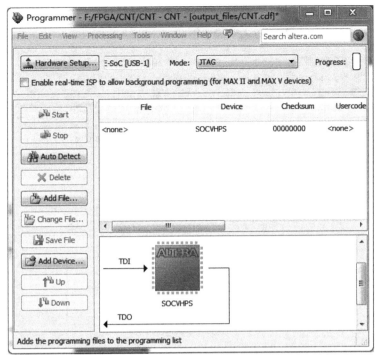

图 9-37　编程方式设置完成界面

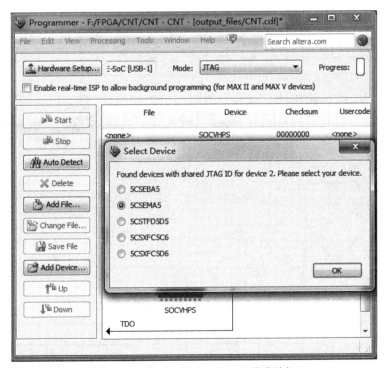

图 9-38　单击"5CSEMA5"单选按钮

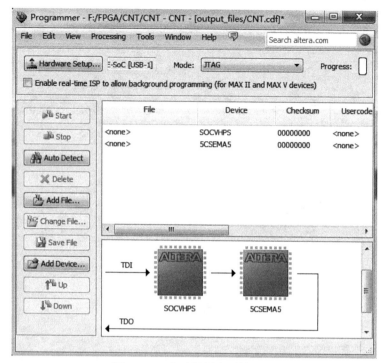

图 9-39　自动探测之后的界面

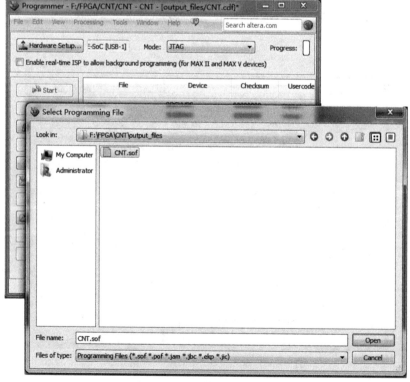

图 9-40　加载文件对话框

第 9 章　Quartus Ⅱ 13.1 软件

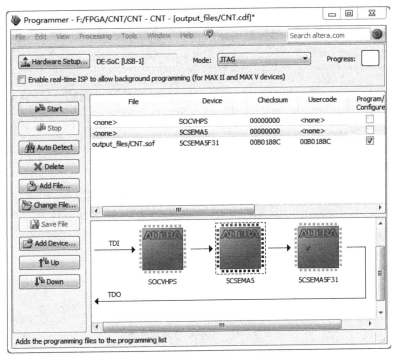

图 9–41　加载文件完成之后的界面

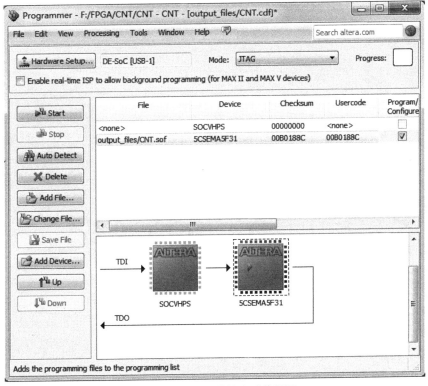

图 9–42　删除器件之后的界面

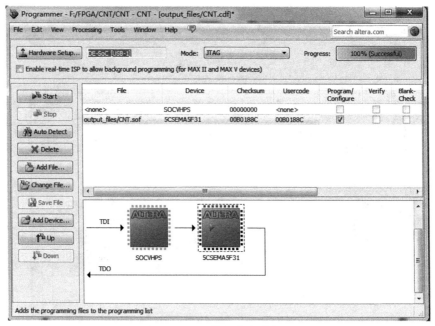

图 9-43 下载程序完成界面

第 10 章 实验指导

10.1 十进制计数器设计

1. 实验目的

（1）学会使用 Quartus Ⅱ 13.1 软件的调试方法，能独立输入程序，能正确连机操作，并能调试出正确的结果。

（2）理解 VHDL 的语法结构及其硬件描述过程，学会运用原理图设计和运用 VHDL 描述硬件电路。

2. 实验设备

系统微机、Quartus Ⅱ 13.1 软件、FPGA 实验箱。

3. 实验步骤与内容

（1）启动 Quartus Ⅱ 13.1 软件，选择"File"→"New Project Wizard"命令，在弹出的对话框中单击"Next"按钮，项目名为"CNT10"，顶层实体名为"CNT10"，如图 10 – 1 所示。

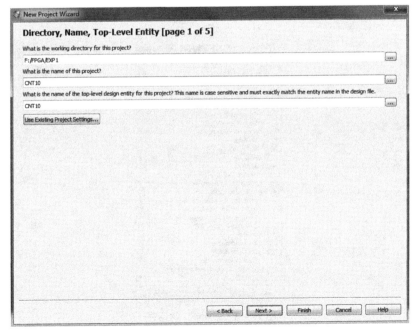

图 10 – 1　十进制计数器项目文件

(2) 在图 10-1 所示对话框中，单击"Next"按钮，按照图 10-2 所示选择器件，然后一直单击"Next"按钮，最后单击"Finish"按钮完成项目文件的建立。

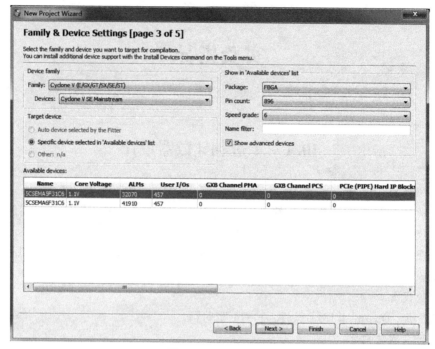

图 10-2　选择器件

(3) 选择"File"→"New"命令建立源文件，弹出图 10-3 所示的"New"对话框，选择"Design Files"→"VHDL File"选项，输入十进制计数器 VHDL 源文件（如例 10-1 所示）。源程序输入完成之后选择"File"→"Save As"存盘，如图 10-4 所示。

图 10-3　"New"对话框

例 10-1　十进制计数器 VHDL 源文件。

```vhdl
LIBRARY IEEE;
USE IEEE.STD_LOGIC_1164.ALL;
USE IEEE.STD_LOGIC_UNSIGNED.ALL;
ENTITY CNT10 IS
PORT(CLK,RST,EN:IN STD_LOGIC;
     CQ:OUT STD_LOGIC_VECTOR(3 DOWNTO 0);
     COUT:OUT STD_LOGIC);
END CNT10;
ARCHITECTURE behav OF CNT10 IS
BEGIN
PROCESS(CLK,RST,EN)
VARIABLE CQI:STD_LOGIC_VECTOR(3 DOWNTO 0);
BEGIN
   IF RST = '0' THEN
      CQI: = (OTHERS =>'0');              -- 计数器复位
   ELSIF CLK'EVENT AND CLK = '1' THEN     -- 检测时钟上升沿
      IF EN = '1' THEN                    -- 检测是否允许计数
         IF CQI < "1001" THEN
            CQI : = CQI + 1;              -- 允许计数
         ELSE
            CQI: = (OTHERS =>'0');        -- 大于9,计数值清零
         END IF;
      END IF;
   END IF;
   IF CQI = "1001" THEN
      COUT <= '1';                         -- 计数大于9,输出进位信号
   ELSE
      COUT <= '0';
   END IF;
   CQ <= CQI;                              -- 将计数值向端口输出
END PROCESS;
END behav;
```

(4) 选择"Processing"→"Start Compilatiom"命令对源文件进行编译,源文件编译完成之后的界面如图 10-5 所示。

(5) 选择"File"→"New"命令,弹出图 10-6 所示"New"对话框,选择"Verification/Debugging Files"→"University Program VWF"选项建立波形文件,弹出图 10-7 所示界面。在图 10-7 所示界面中,在左侧第一列空白处单击鼠标右键,在弹出的菜单中选择"Insert Node or Bus"命令,弹出图 10-8 所示对话框。在图 10-8 所示对话框中单击"Node Finder"按钮,弹出图 10-9 所示对话框,在图 10-9 所示对话框中,单击"List"按钮,列出所有节点,如图 10-10 所示。单击图 10-10 所示对话框中的">>"按钮选中所有节点,单击"OK"按钮,弹出图 10-11 所示对话框,单击"OK"按钮,弹出图 10-12 所示需要设置输入端口信号的仿真波形界面。按照图 10-13 所示设置时钟信号 CLK、使能信号 EN、复位信号 RST。

(6) 在图 10-13 所示界面中选择"Simulation"→"Run Functional Simulation"命令进行波形仿真。波形仿真结果如图 10-14 所示。

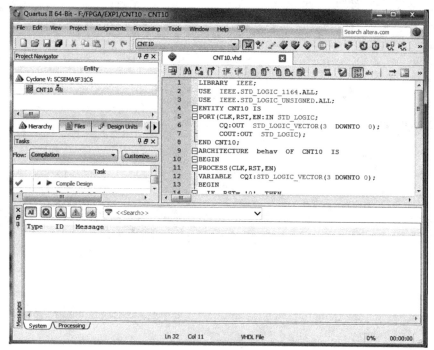

图 10－4　输入源文件之后的界面

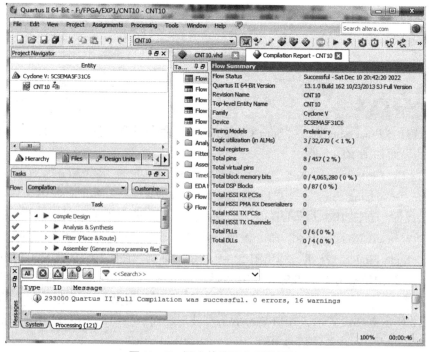

图 10－5　源文件编译之后的界面

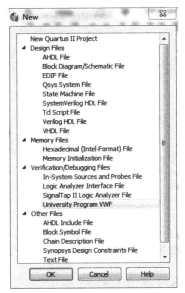

图 10-6 建立波形文件

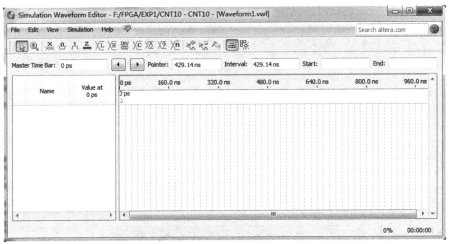

图 10-7 波形仿真界面

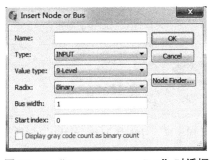

图 10-8 "Insert Node or Bus" 对话框

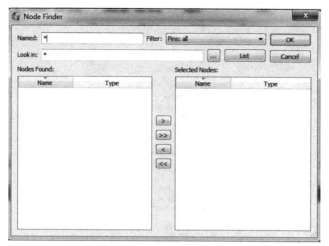

图 10-9 "Node Finder"对话框

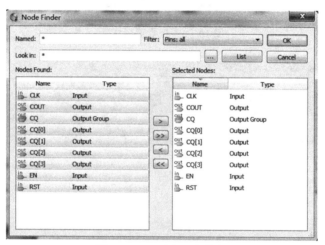

图 10-10 列出所有节点

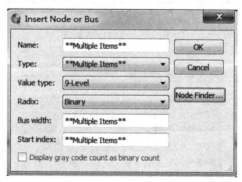

图 10-11 "Insert Node or Bus"对话框

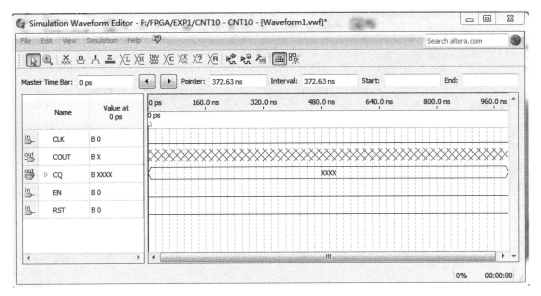

图 10-12　需要设置输入端口信号的仿真波形界面

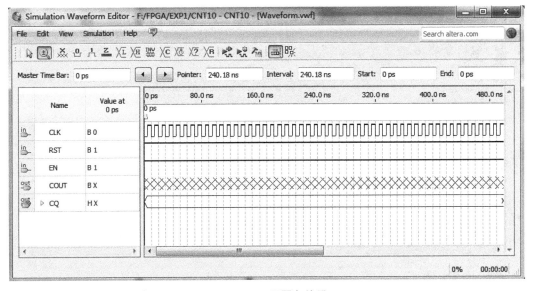

图 10-13　设置各信号

（7）在图 10-4 所示界面中，在 "CNT10.vhd" 文件上单击鼠标右键，在弹出的菜单中选择 "Set as Top-Level Entity" 命令将文件设置为顶层实体，如图 10-15 所示；再次在 "CNT10.vhd" 文件上单击鼠标右键，在弹出的菜单中选择 "Create Symbol Files for Current File" 命令生成符号文件。

（8）按照步骤（3）和（4），参考 9.5 节的 "CLK_1HZ.vhd" 和 "SMG.vhd" 源文件，分别建立 1 Hz 分频器文件 "CLK_1HZ.vhd" 和数码管译码文件 "SMG.vhd" 并编译，并生成调用的符号。

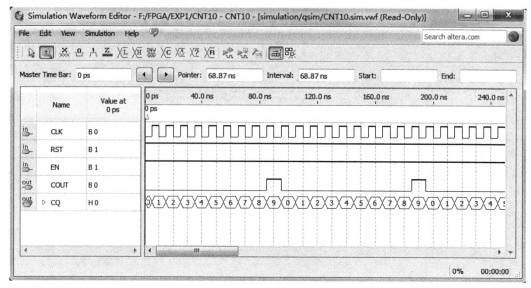

图 10-14　波形仿真结果

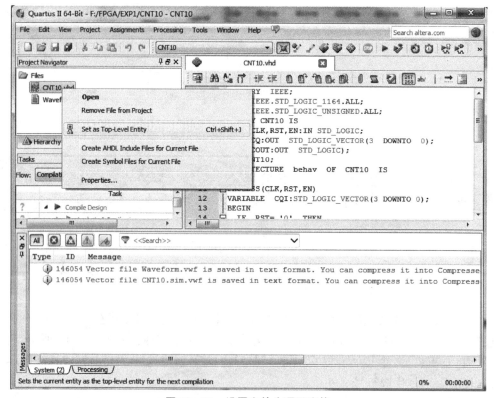

图 10-15　设置文件为顶层实体

（9）建立顶层文件。选择"File→""New"命令建立原理图文件，弹出图 10-16 所示对话框，选择"Block Diagram/Schematic File"选项，单击"OK"按钮，弹出图 10-17 所示界面。

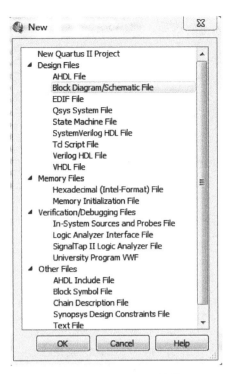

图 10 – 16 "New"对话框

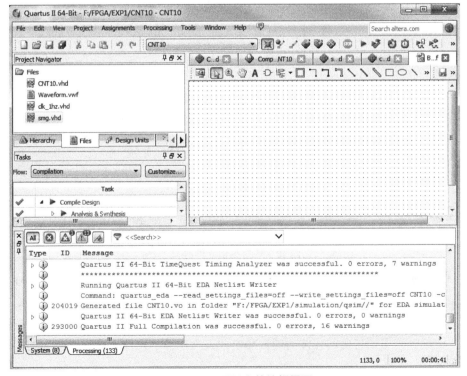

图 10 – 17 顶层文件编辑界面

(10) 在图 10-17 所示界面的空白处双击，弹出图 10-18 所示对话框，选择该对话框"Libraries"框中的"Project"选项，列出元件符号"CLK_1HZ""CNT10""SMG"，如图 10-19 所示。

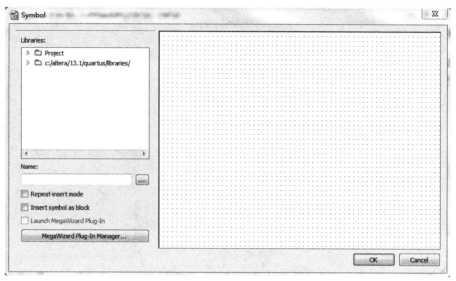

图 10-18 "Symbol"对话框

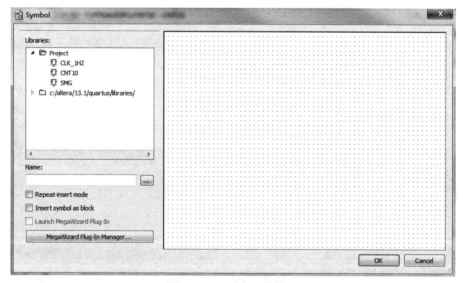

图 10-19 列出元件符号

(11) 分别选中"CLK_1HZ""CNT10""SMG"并将弹出的原理图符号放置到编辑界面中，如图 10-20 所示。

(12) 连接元件。将鼠标移到要连接的元件的管脚，鼠标指针变成十字形，按住鼠标左键，拖动鼠标到需要连接的元件的端口并松开鼠标左键，元件连接完成之后的界面如图 10-21 所示。

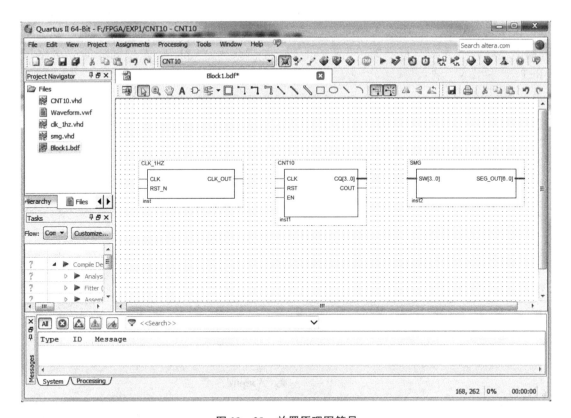

图 10-20 放置原理图符号

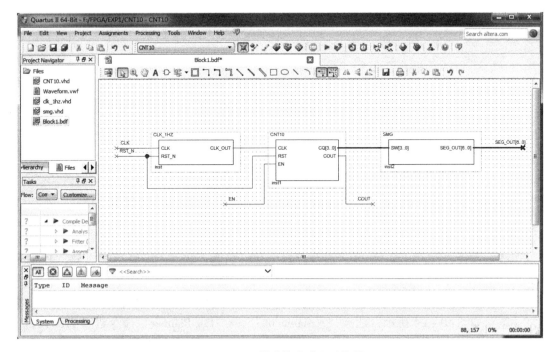

图 10-21 元件连接完成之后的界面

(13)设置输入端口。在图 10 – 21 所示界面的空白处双击,弹出图 10 – 22 所示对话框,在左侧"Name"框中输入"input",单击"OK"按钮,将"input"符号放置到编辑界面中,双击"input"符号的"pin_name1"并修改为"CLK",按照同样的方法设置"RST_N"和"EN"输入端口。

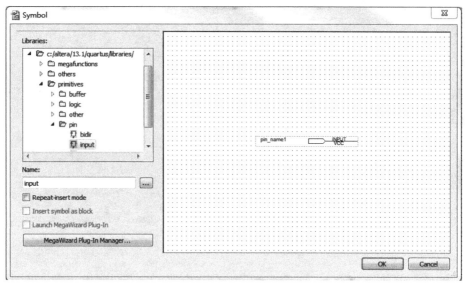

图 10 – 22 输入"input"

(14)设置输出端口。在图 10 – 21 所示界面的空白处双击,弹出图 10 – 22 所示对话框并在左侧"Name"框中输入"output",单击"OK"按钮,将"output"符号放置到编辑界面中,双击"output"符号的"pin_name1"并修改为"COUT"。按照同样的方法设置"SEG_OUT [6..0]"输出端口。完整的原理图如图 10 – 23 所示。

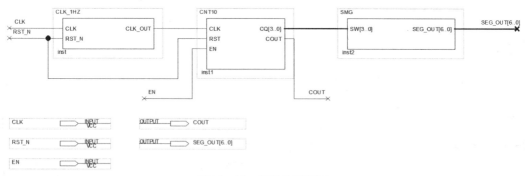

图 10 – 23 完整的原理图

(15)选择"File"→"Save"命令存盘,文件名为"Block1.bdf",在左侧"Project Navigator"列表中的"Block1.bdf"文件上单击鼠标右键,选择"Set as Top – Level Entity"命令,然后选择"Processing"→"Start Compilatiom"命令对源文件进行编译。

(16)如图 10 – 24 所示,选择"Assignments"→"Pin Planner"命令进行引脚锁定,弹出图 10 – 25 所示界面,在"Location"栏目中双击,如图 10 – 26 所示,选择需要锁定的引脚,引脚锁定信息如图 10 – 27 所示。引脚锁定完成之后,选择"Processing"→

"Start Compilatiom"命令再次对源文件进行编译。

注意：一定要再次对源文件进行编译，否则引脚锁定不生效。

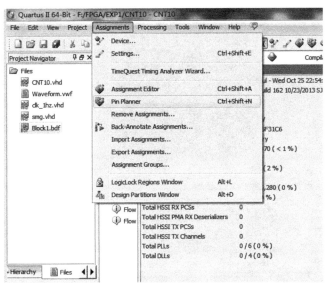

图 10 - 24　选择"Assignments" → "Pin Planner"命令

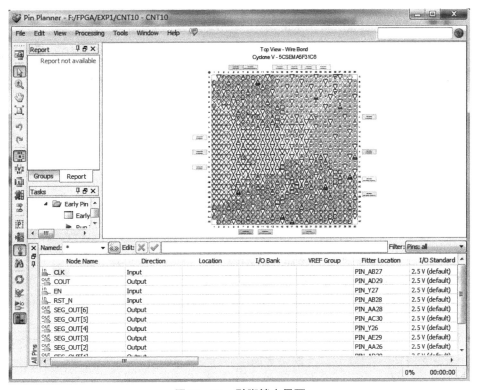

图 10 - 25　引脚锁定界面

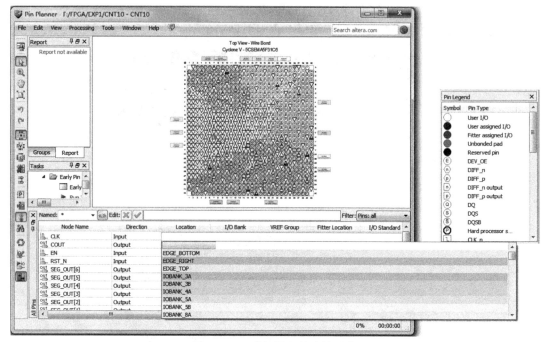

图 10-26 选择需要锁定的引脚

Node Name	Direction	Location	I/O Bank	VREF Group	Fitter Location	I/O Standard
CLK	Input	PIN_AF14	3B	B3B_N0	PIN_AF14	2.5 V (default)
COUT	Output	PIN_V16	4A	B4A_N0	PIN_V16	2.5 V (default)
EN	Input	PIN_AB12	3A	B3A_N0	PIN_AB12	2.5 V (default)
RST_N	Input	PIN_AA14	3B	B3B_N0	PIN_AA14	2.5 V (default)
SEG_OUT[6]	Output	PIN_AH28	5A	B5A_N0	PIN_AH28	2.5 V (default)
SEG_OUT[5]	Output	PIN_AG28	5A	B5A_N0	PIN_AG28	2.5 V (default)
SEG_OUT[4]	Output	PIN_AF28	5A	B5A_N0	PIN_AF28	2.5 V (default)
SEG_OUT[3]	Output	PIN_AG27	5A	B5A_N0	PIN_AG27	2.5 V (default)
SEG_OUT[2]	Output	PIN_AE28	5A	B5A_N0	PIN_AE28	2.5 V (default)
SEG_OUT[1]	Output	PIN_AE27	5A	B5A_N0	PIN_AE27	2.5 V (default)
SEG_OUT[0]	Output	PIN_AE26	5A	B5A_N0	PIN_AE26	2.5 V (default)
<<new node>>						

图 10-27 引脚锁定信息

（17）将计算机和 DE1-SOC 开发板上的 USB Blaster 端口（J13）通过 USB 下载线连接。选择"Tools"→"Programmer"命令，弹出图 10-28 所示对话框。在图 10-28 所示对话框中单击"Hardware Setup"按钮，弹出图 10-29 所示对话框，按照图 10-29 进行设置。单击图 10-28 所示对话框中的"Auto Detect"按钮，弹出图 10-30 所示对话框。在图 10-30 所示对话框中单击"5CSEMA5"单选按钮并单击"OK"按钮。选择设备之后的界面如图 10-31 所示。

在图 10-31 所示界面中单击"Add File"按钮加载下载文件，加载下载文件之后的界面如图 10-32 所示。在图 10-32 所示界面中，在"5CSEMA5"上单击鼠标右键，在弹出的菜单中选择"Edit"→"Delete"命令，将"5CSEMA5"删除，然后单击"Start"按钮，开始下载程序。程序下载完成之后的界面如图 10-33 所示。

第 10 章 实验指导

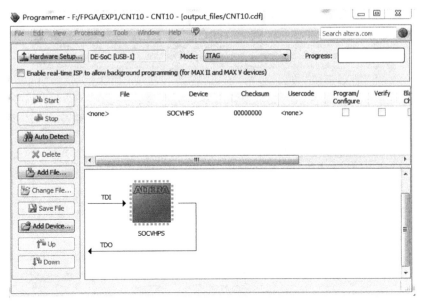

图 10 – 28　编程对话框

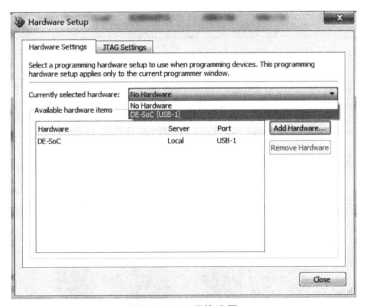

图 10 – 29　硬件设置

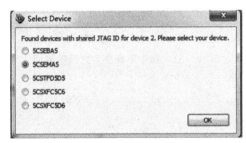

图 10 – 30　选择设备

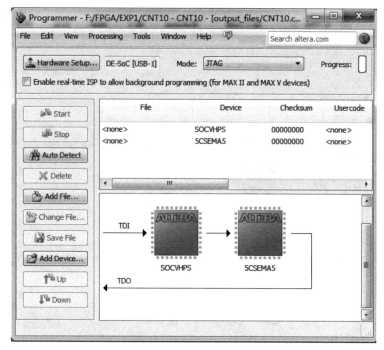

图 10-31　选择设备之后的界面

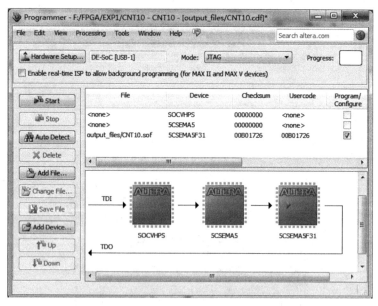

图 10-32　加载下载文件之后的界面

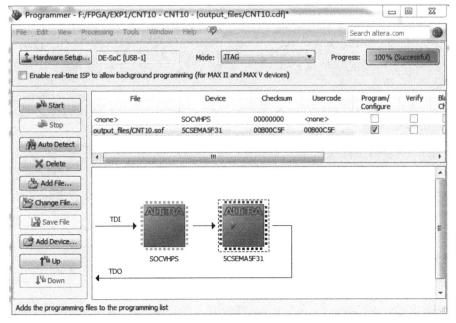

图 10-33 程序下载完成之后的界面

(18) 实验现象。将拨动开关 SW0（EN 引脚）推向上侧，数码管 HEX0 显示的数据从 0 变化到 9；当 HEX0 显示 9 时，LEDR0 点亮，当 HEX0 显示 0~8 时，LEDR0 熄灭；当按下 KEY0 键（RST_N 引脚）时，计数器复位。

4. 实验报告要求

(1) 叙述所设计的十进制计数器的工作原理。

(2) 写出十进制计数器的 VHDL 源程序。

(3) 画出十进制计数器的仿真波形图。

10.2　D、T 触发器设计

1. 实验目的

(1) 掌握运用 VHDL 描述常用数字电路的方法。

(2) 熟练掌握 D、T 触发器电路的 VHDL 描述。

2. 实验设备

系统微机、Quartus Ⅱ 13.1 软件、FPGA 实验箱。

3. 实验步骤与内容

(1) 启动 Quartus Ⅱ 13.1 软件，选择 "File" → "New Project Wizard" 命令建立项目文件，项目名为 "DCFQ"，顶层实体名为 "DCFQ"。

(2) 选择 "File" → "New" 命令建立源文件，在弹出的 "New" 对话框中选择 "Design Files" → "VHDL File" 选项，输入 VHDL 描述的 D 触发器。设定 D 触发器的数据输入端口为 D；清零端口为 CLR，高电平有效；数据输出端口为 Q；时钟输入端口为 CLK，上升沿有效。选择 "File" → "Save As" 命令存盘，存盘文件名为 "DCFQ.vhd"。

D 触发器的 VHDL 源文件如例 10-2 所示。

例 10-2 D 触发器的 VHDL 源文件。

```vhdl
LIBRARY IEEE;
USE IEEE.STD_LOGIC_1164.ALL;
ENTITY DCFQ IS
  PORT(D,CLR,CLK:IN STD_LOGIC;
       Q:OUT STD_LOGIC);
END DCFQ;
ARCHITECTURE ART OF DCFQ IS
BEGIN
PROCESS(CLK)
BEGIN
  IF CLR = '1' THEN
    Q <= '0';
  ELSIF CLK'EVENT AND CLK = '1' THEN
    Q <= D;
  END IF;
END PROCESS;
END ART;
```

（3）选择"Processing"→"Start Compilatiom"命令对源文件进行编译。

（4）选择"File"→"New"命令，在"New"对话框中选择"Verification/Debugging Files"→"University Program VWF"选项，建立波形文件，设置时钟信号 CLK、清零信号 CLR、数据输入信号 D 并存盘，如图 10-34 所示。

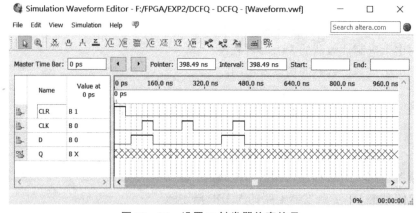

图 10-34 设置 D 触发器仿真信号

（5）在图 10-34 所示界面中选择"Simulation"→"Run Functional Simulation"命令进行波形仿真。波形仿真结果如图 10-35 所示。

（6）选择"Assignments"→"Pin Planner"命令进行引脚锁定，引脚分配如图 10-36 所示。

（7）引脚锁定完成之后，选择"Processing"→"Start Compilatiom"命令再次对源文件进行编译。

（8）选择"Tools"→"Programmer"命令下载程序。

（9）按照步骤（1）~（8），设计 T 触发器并仿真。

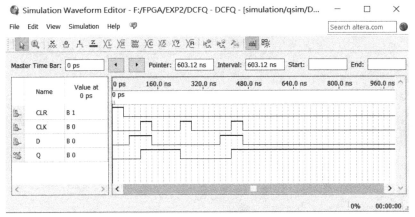

图 10－35　波形仿真结果

Node Name	Direction	Location	I/O Bank	VREF Group	Fitter Location	I/O Standard
CLK	Input	PIN_AF14	3B	B3B_N0	PIN_AF14	2.5 V (default)
CLR	Input	PIN_AA14	3B	B3B_N0	PIN_AB12	2.5 V (default)
D	Input	PIN_AB12	3A	B3A_N0	PIN_V16	2.5 V (default)
Q	Output	PIN_V16	4A	B4A_N0	PIN_AA14	2.5 V (default)
<<new node>>						

图 10－36　引脚分配

（10）实验现象。将拨动开关 SW0（D 触发器的 D 端口）推向上侧，按下 KEY0 键（D 触发器的 CLR 端口）再松开，实验箱上的 LED0R0 一亮一灭。

4. 实验报告要求

（1）叙述所设计的 D、T 触发器的工作原理。

（2）写出 D、T 触发器的 VHDL 源程序。

（3）画出 D、T 触发器的仿真波形图。

10.3　4 位二进制并行加法器设计

1. 实验目的

（1）熟练掌握运用 VHDL 描述 2 位二进制并行加法器的方法，并能够通过元件例化的方法实现 4 位二进制并行加法器设计。

（2）掌握各个底层元件的连接关系，运用 PORT MAP 语句进行端口映射。

2. 实验设备

系统微机、Quartus Ⅱ 13.1 软件、FPGA 实验箱。

3. 实验步骤与内容

（1）启动 Quartus Ⅱ 13.1 软件，选择“File”→“New Project Wizard”命令建立项目文件，项目名为“ADDER2”，顶层实体名为“ADDER2”。

（2）选择“File”→“New”命令建立源文件，在弹出的“New”对话框中选择“Design Files”→“VHDL File”选项，输入 VHDL 描述的 2 位二进制并行加法器，设定加数 A、被加数 B 和 S、接收低位进位输入端口 CIN、向高位进位输出端口 COUT。选择“File”→“Save As”命令存盘，存盘文件名为“ADDER2. vhd”。2 位二进制并行加法器的 VHDL 源文件如例 10-3 所示。

例 10-3 2 位二进制并行加法器的 VHDL 源文件。

```
LIBRARY IEEE;
USE IEEE.STD_LOGIC_1164.ALL;
USE IEEE.STD_LOGIC_UNSIGNED.ALL;
ENTITY ADDER2 IS
    PORT(CIN:IN STD_LOGIC;
         A:IN STD_LOGIC_VECTOR(1 DOWNTO 0);
         B:IN STD_LOGIC_VECTOR(1 DOWNTO 0);
         S:OUT STD_LOGIC_VECTOR(1 DOWNTO 0);
         COUT:OUT STD_LOGIC );
END ADDER2;
ARCHITECTURE BEHAVE OF ADDER2 IS
SIGNAL SINT:STD_LOGIC_VECTOR(2 DOWNTO 0);
SIGNAL AA,BB:STD_LOGIC_VECTOR(2 DOWNTO 0);
BEGIN
    AA <= '0'&A;
    BB <= '0'&B;
    SINT <= AA + BB + CIN;
    S <= SINT(1 DOWNTO 0);
    COUT <= SINT(2);
END BEHAVE;
```

(3) 选择"Processing"→"Start Compilatiom"命令对源文件进行编译。

(4) 选择"File"→"New"命令,在"New"对话框中选择"Verification/Debugging Files"→"University Program VWF"选项,建立波形文件并设置加数 A、被加数 B、接收低位进位输入端口 CIN 并存盘,如图 10-37 所示。

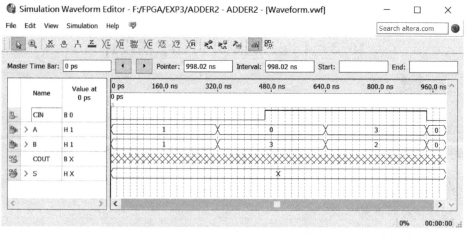

图 10-37 设置 2 位二进制并行加法器仿真信号

(5) 在图 10-37 所示界面中,选择"Simulation"→"Run Functional Simulation"命令进行波形仿真。波形仿真结果如图 10-38 所示。

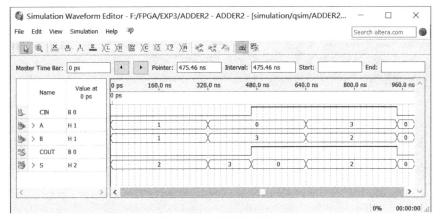

图 10-38　波形仿真结果

（6）采用元件例化的方法，运用 2 个 2 位二进制并行加法器级联成 4 位二进制并行加法器。选择 "Processing" → "Start Compilatiom" 命令对源文件进行编译。4 位二进制并行加法器的 VHDL 源文件如例 10-4 所示。

例 10-4　4 位二进制并行加法器的 VHDL 源文件。

```vhdl
LIBRARY IEEE;
USE IEEE.STD_LOGIC_1164.ALL;
USE IEEE.STD_LOGIC_UNSIGNED.ALL;
ENTITY ADDER4 IS
PORT( CIN:IN STD_LOGIC;
      A:IN STD_LOGIC_VECTOR(3 DOWNTO 0);
      B:IN STD_LOGIC_VECTOR(3 DOWNTO 0);
      S:OUT STD_LOGIC_VECTOR(3 DOWNTO 0);
      COUT:OUT STD_LOGIC );
END ADDER4;
ARCHITECTURE STRUCT OF ADDER4 IS
COMPONENT ADDER2
   PORT( CIN:IN STD_LOGIC;
         A:IN STD_LOGIC_VECTOR(1 DOWNTO 0);
         B:IN STD_LOGIC_VECTOR(1 DOWNTO 0);
         S:OUT STD_LOGIC_VECTOR(1 DOWNTO 0);
         COUT:OUT STD_LOGIC );
END COMPONENT;
SIGNAL CARRY_OUT: STD_LOGIC;
BEGIN
U1:ADDER2
PORT MAP(CIN =>CIN,A =>A(1 DOWNTO 0),B =>B(1 DOWNTO 0),
         S =>S(1 DOWNTO 0),COUT =>CARRY_OUT);
U2:ADDER2
PORT MAP(CIN =>CARRY_OUT,A =>A(3 DOWNTO 2),B =>B(3 DOWNTO 2),
         S =>S(3 DOWNTO 2) ,COUT => COUT);
END STRUCT;
```

（7）选择 "File" → "New" 命令，在 "New" 对话框中选择 "Verification/Debugging Files" → "University Program VWF" 选项，建立波形文件并设置加数 A、被加数 B、接收

低位进位输入端口 CIN 并存盘，如图 10-39 所示。

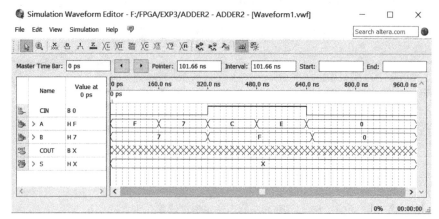

图 10-39　设置 4 位二进制并行加法器仿真信号

（8）在图 10-39 所示界面中，选择"Simulation"→"Run Functional Simulation"命令进行波形仿真。波形仿真结果如图 10-40 所示。

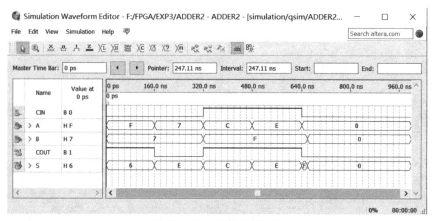

图 10-40　波形仿真结果

（9）在项目浏览器中的"ADDER4.vhd"文件上单击鼠标右键，在弹出的菜单中选择"Set as Top-Level Entity"命令将文件设置为顶层实体，然后再次在"ADDER4.vhd"文件上单击鼠标右键，在弹出的菜单中选择"Create Symbol Files for Current File"命令生成符号文件。

（10）参考 9.5 节的"SMG.vhd"源文件，建立数码管译码文件"SMG.vhd"并编译，同时生成调用的符号。

（11）建立可硬件验证的顶层文件。选择"File"→"New"命令建立原理图文件，在弹出的对话框中选择"Block Diagram/Schematic File"选项，单击"OK"按钮，按照图 10-41 所示绘制顶层原理图文件。

（12）选择"Assignments"→"Pin Planner"命令进行引脚锁定。4 位二进制并行加法器引脚分配如图 10-42 所示。

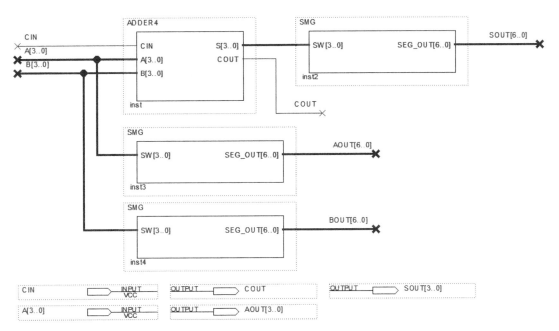

图 10-41 顶层原理图文件

Node Name	Direction	Location	I/O Bank	VREF Group	Fitter Location	I/O Standard
A[3]	Input	PIN_AF10	3A	B3A_N0	PIN_AF10	2.5 V (default)
A[2]	Input	PIN_AF9	3A	B3A_N0	PIN_AF9	2.5 V (default)
A[1]	Input	PIN_AC12	3A	B3A_N0	PIN_AC12	2.5 V (default)
A[0]	Input	PIN_AB12	3A	B3A_N0	PIN_AB12	2.5 V (default)
AOUT[6]	Output	PIN_W25	5B	B5B_N0	PIN_W25	2.5 V (default)
AOUT[5]	Output	PIN_V23	5A	B5A_N0	PIN_V23	2.5 V (default)
AOUT[4]	Output	PIN_W24	5A	B5A_N0	PIN_W24	2.5 V (default)
AOUT[3]	Output	PIN_W22	5A	B5A_N0	PIN_W22	2.5 V (default)
AOUT[2]	Output	PIN_Y24	5A	B5A_N0	PIN_Y24	2.5 V (default)
AOUT[1]	Output	PIN_Y23	5A	B5A_N0	PIN_Y23	2.5 V (default)
AOUT[0]	Output	PIN_AA24	5A	B5A_N0	PIN_AA24	2.5 V (default)
B[3]	Input	PIN_AD10	3A	B3A_N0	PIN_AD10	2.5 V (default)
B[2]	Input	PIN_AC9	3A	B3A_N0	PIN_AC9	2.5 V (default)
B[1]	Input	PIN_AE11	3A	B3A_N0	PIN_AE11	2.5 V (default)
B[0]	Input	PIN_AD12	3A	B3A_N0	PIN_AD12	2.5 V (default)
BOUT[6]	Output	PIN_AC30	5B	B5B_N0	PIN_AC30	2.5 V (default)
BOUT[5]	Output	PIN_AC29	5B	B5B_N0	PIN_AC29	2.5 V (default)
BOUT[4]	Output	PIN_AD30	5B	B5B_N0	PIN_AD30	2.5 V (default)
BOUT[3]	Output	PIN_AC28	5B	B5B_N0	PIN_AC28	2.5 V (default)
BOUT[2]	Output	PIN_AD29	5B	B5B_N0	PIN_AD29	2.5 V (default)
BOUT[1]	Output	PIN_AE29	5B	B5B_N0	PIN_AE29	2.5 V (default)
BOUT[0]	Output	PIN_AB23	5A	B5A_N0	PIN_AB23	2.5 V (default)
CIN	Input	PIN_AD11	3A	B3A_N0	PIN_AD11	2.5 V (default)
COUT	Output	PIN_Y21	5A	B5A_N0	PIN_Y21	2.5 V (default)
SOUT[6]	Output	PIN_AH28	5A	B5A_N0	PIN_AH28	2.5 V (default)
SOUT[5]	Output	PIN_AG28	5A	B5A_N0	PIN_AG28	2.5 V (default)
SOUT[4]	Output	PIN_AF28	5A	B5A_N0	PIN_AF28	2.5 V (default)
SOUT[3]	Output	PIN_AG27	5A	B5A_N0	PIN_AG27	2.5 V (default)
SOUT[2]	Output	PIN_AE28	5A	B5A_N0	PIN_AE28	2.5 V (default)
SOUT[1]	Output	PIN_AE27	5A	B5A_N0	PIN_AE27	2.5 V (default)
SOUT[0]	Output	PIN_AE26	5A	B5A_N0	PIN_AE26	2.5 V (default)
<<new node>>						

图 10-42　4 位二进制并行加法器引脚分配

（13）引脚锁定完成之后，选择"Processing"→"Start Compilatiom"命令再次对源文件进行编译。

（14）选择"Tools"→"Programmer"命令下载程序。

（15）实验现象。SW4（CIN）为接收低位进位输入端口；SW[3..0]为加数 A[3..0]，为8421码，A[3..0]的值通过HEX4显示；SW[8..5]为被加数B[3..0]，为8421码，B[3..0]的值通过HEX2显示；A[3..0]与B[3..0]相加的和通过HEX0显示；进位输出端口COUT通过LEDR9显示。

（16）按照以上步骤运用VHDL描述T触发器并仿真。

4. 实验报告要求

（1）画出顶层电路原理图。

（2）画出各个模块的原理图并用VHDL描述。

（3）画出有关仿真文件的仿真波形图。

（4）叙述顶层电路原理图的工作原理。

10.4　单稳态电路设计

1. 实验目的

（1）进一步掌握运用VHDL描述常用数字电路的方法，能够熟练掌握各个独立元件之间的连接关系，并能够分析信号之间的传递关系，能够设计较复杂的数字电路。

（2）熟练掌握各个子模块之间的时序传递关系，掌握运用元件例化的方法进行顶层电路设计的方法。

2. 实验设备

系统微机、Quartus Ⅱ 13.1软件、FPGA实验箱。

3. 实验步骤与内容

（1）启动Quartus Ⅱ 13.1软件，选择"File"→"New Project Wizard"命令建立项目文件，项目名为"DWT"，顶层实体名为"DWT"。

（2）选择"File"→"New"命令建立源文件，在弹出的"New"对话框中选择"Design Files"→"VHDL File"选项，参考10.1节描述十进制计数器，文件名为"CNT10.vhd"。

（3）选择"Processing"→"Start Compilatiom"命令对源文件进行编译。

（4）在"CNT10.vhd"文件上单击鼠标右键，在弹出的菜单中选择"Set as Top - Level Entity"命令将文件设置为顶层实体；再次在"CNT10.vhd"文件上单击鼠标右键，在弹出的菜单中选择"Create Symbol Files for Current File"命令生成符号文件。

（5）建立顶层文件。选择"File"→"New"命令建立源文件，在弹出对话框中选择"Design Files"→"Block Diagram/Schematic File"选项，单击"OK"按钮，弹出原理图编辑界面。选择"File"→"Save As"命令存盘，文件名为"DWT.bdf"。

（6）按照时序关系连接电路，单稳态电路参考连接如图10-43所示。D触发器的调用符号为DFF，非门的调用符号为NOT，电源的调用符号为VCC，电源地的调用符号为GND，输入端口的调用符号为INPUT，输出端口的调用符号为OUTPUT。

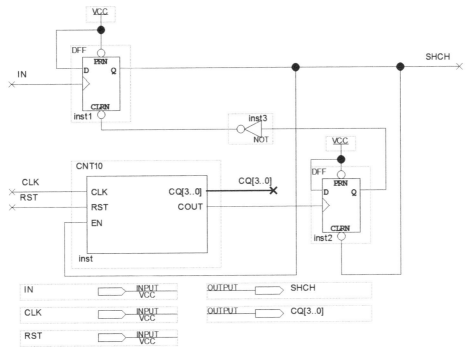

图 10 – 43　单稳态电路参考连接

（7）在"DWT.bdf"文件上单击鼠标右键，在弹出的菜单中选择"Set as Top – Level Entity"命令将文件设置为顶层实体。

（8）选择"Processing"→"Start Compilatiom"命令对源文件进行编译。

（9）选择"File"→"New"命令，在"New"对话框中选择"Verification/Debugging Files"→"University Program VWF"选项，建立波形文件并按照图 10 – 44 所示设置触发信号 IN、时钟信号 CLK。单稳态电路仿真结果如图 10 – 45 所示。

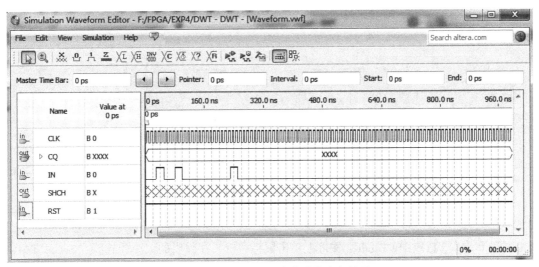

图 10 – 44　设置单稳态电路仿真各信号

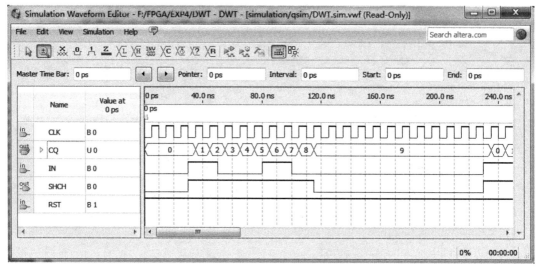

图 10-45 单稳态电路仿真结果

（10）参考 9.5 节的"CLK_1HZ.vhd"和"SMG.vhd"源文件，分别建立 1 Hz 分频器文件"CLK_1HZ.vhd"和数码管译码文件"SMG.vhd"并编译，生成调用的符号。

（11）建立可以硬件验证的顶层文件。选择"File"→"New"命令建立源文件，在弹出对话框中选择"Design Files"→"Block Diagram/Schematic File"选项，单击"OK"按钮，弹出原理图编辑界面，参考连接如图 10-46 所示。选择"File"→"Save As"命令存盘，文件名为"YJYZHDWT.bdf"。

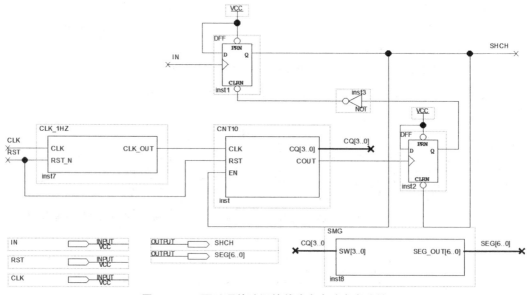

图 10-46 可以硬件验证的单稳态电路参考连接

（12）在"YJYZHDWT.bdf"文件上单击鼠标右键，在弹出的菜单中选择"Set as Top-Level Entity"命令将文件设置为顶层实体，再选择"Processing"→"Start Compilatiom"命令对源文件进行编译。

(13) 选择 “Assignments” → “Pin Planner” 命令进行引脚锁定。单稳态电路引脚分配如图 10-47 所示。

Node Name	Direction	Location	I/O Bank	VREF Group	Fitter Location	I/O Standard
in CLK	Input	PIN_AF14	3B	B3B_N0	PIN_AF14	2.5 V (default)
in IN	Input	PIN_AB12	3A	B3A_N0	PIN_AB12	2.5 V (default)
in RST	Input	PIN_AA14	3B	B3B_N0	PIN_AA14	2.5 V (default)
out SEG[6]	Output	PIN_AH28	5A	B5A_N0	PIN_AH28	2.5 V (default)
out SEG[5]	Output	PIN_AG28	5A	B5A_N0	PIN_AG28	2.5 V (default)
out SEG[4]	Output	PIN_AF28	5A	B5A_N0	PIN_AF28	2.5 V (default)
out SEG[3]	Output	PIN_AG27	5A	B5A_N0	PIN_AG27	2.5 V (default)
out SEG[2]	Output	PIN_AE28	5A	B5A_N0	PIN_AE28	2.5 V (default)
out SEG[1]	Output	PIN_AE27	5A	B5A_N0	PIN_AE27	2.5 V (default)
out SEG[0]	Output	PIN_AE26	5A	B5A_N0	PIN_AE26	2.5 V (default)
out SHCH	Output	PIN_V16	4A	B4A_N0	PIN_V16	2.5 V (default)
<<new node>>						

图 10-47　单稳态电路引脚分配

(14) 引脚锁定完成之后，选择 “Processing” → “Start Compilatiom” 命令再次对源文件进行编译。

(15) 选择 “Tools” → “Programmer” 命令下载程序。

(16) 实验现象。将拨动开关 SW0（单稳态电路的 IN 端口）推向上侧，LEDR0（单稳态的 SHCH 端口）点亮，数码管 HEX0 开始从 0 计数，当 HEX0 计数到 9 时，LEDR0 熄灭；用手一直按下 KEY0 键（单稳态电路的 RST 端口），单稳态电路复位，此时将拨动开关 SW0（单稳态电路的 IN 端口）推向上侧，LEDR0（单稳态的 SHCH 端口）不点亮。

4. 实验报告要求

(1) 画出顶层电路原理图。

(2) 画出各个模块的原理图并用 VHDL 描述。

(3) 画出有关仿真文件的仿真波形图。

(4) 叙述顶层电路原理图的工作原理。

(5) 叙述各个模块电路的工作原理。

10.5　数字秒表设计

1. 实验目的

(1) 了解数字秒表的工作原理。

(2) 进一步熟悉用 VHDL 编写驱动七段数码管显示的方法。

(3) 掌握 VHDL 编程技巧。

2. 实验设备

系统微机、Quartus Ⅱ 13.1 软件、FPGA 实验箱。

3. 实验步骤与内容

(1) 启动 Quartus Ⅱ 13.1 软件，选择 “File” → “New Project Wizard” 命令建立项目文件，项目名为 “M60”，顶层实体名为 “M60”。

(2) 选择 “File” → “New” 命令建立源文件，在弹出的 “New” 对话框中选择 “Design Files” → “VHDL File” 选项，参考 10.1 节描述十进制计数器，文件名为

"CNT10. vhd"。

(3) 在 "CNT10. vhd" 文件上单击鼠标右键，在弹出的菜单中选择 "Set as Top – Level Entity" 命令将文件设置为顶层实体。

(4) 选择 "Processing" → "Start Compilatiom" 命令对源文件进行编译，CNT10 仿真波形图如图 10 – 48 所示。

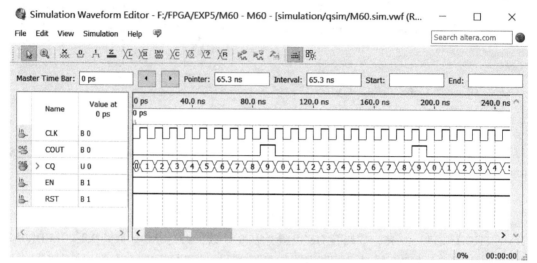

图 10 – 48　CNT10 仿真波形图

(5) 按照步骤 (2) ~ (4) 建立六进制计数器，文件名为 "CNT6. vhd"，CNT6 仿真波形图如图 10 – 49 所示。

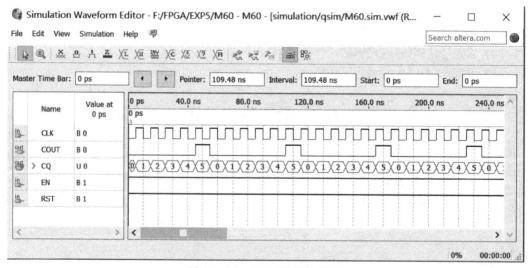

图 10 – 49　CNT6 仿真波形图

(6) 按照步骤 (2) ~ (4) 建立六十进制计数器，文件名为 "M60. vhd"，M60 的 VHDL 源文件如例 10 – 5 所示，M60 仿真波形图如图 10 – 50 所示。

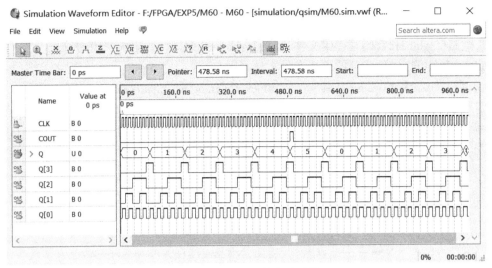

图 10-50　M60 仿真波形图

例 10-5　六十进制计数器的 VHDL 源文件。

```
LIBRARY IEEE;
USE IEEE.STD_LOGIC_1164.ALL;
USE IEEE.STD_LOGIC_UNSIGNED.ALL;
ENTITY M60 IS
PORT(CLK:STD_LOGIC;
     Q:OUT STD_LOGIC_VECTOR(7 DOWNTO 0);
     COUT:OUT STD_LOGIC);
END M60;
ARCHITECTURE BEHAVE OF M60 IS
COMPONENT CNT10
  PORT(CLK,EN,RST:STD_LOGIC;
       CQ:OUT STD_LOGIC_VECTOR(3 DOWNTO 0);
       COUT:OUT STD_LOGIC);
END COMPONENT;
COMPONENT CNT6
  PORT(CLK,EN,RST:STD_LOGIC;
       CQ:OUT STD_LOGIC_VECTOR(3 DOWNTO 0);
       COUT:OUT STD_LOGIC);
END COMPONENT;
SIGNAL COUT1,COUT2,EN1,RST1:STD_LOGIC;
BEGIN
U1:CNT10 PORT MAP(CLK=>CLK,CQ=>Q(3 DOWNTO 0),
           EN=>EN1,RST=>RST1,COUT=>COUT1);
U2:CNT6 PORT MAP(CLK=>(NOT COUT1),CQ=>Q(7 DOWNTO 4),
           EN=>EN1,RST=>RST1,COUT=>COUT2);
EN1<='1';
RST1<='1';
COUT<=COUT1 AND COUT2;
END BEHAVE;
```

（7）在"M60.vhd"文件上单击鼠标右键，在弹出的菜单中选择"Create Symbol Files

for Current File"命令生成符号文件。

（8）参考9.5节的"CLK_1HZ.vhd"和"SMG.vhd"源文件，分别建立1 Hz分频器文件"CLK_1HZ.vhd"和数码管译码文件"SMG.vhd"并编译，并生成调用的符号。

（9）建立可以硬件验证的顶层文件，选择"File"→"New"命令建立源文件，在弹出的对话框中选择"Design Files"→"Block Diagram/Schematic File"选项，单击"OK"按钮，弹出原理图编辑界面，参考连接如图10-51所示，选择"File"→"Save As"命令存盘，文件名为"XZM60.bdf"。

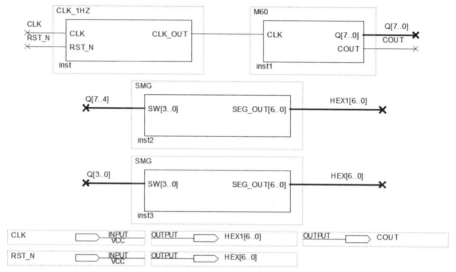

图10-51 数字秒表顶层文件

（10）选择"Assignments"→"Pin Planner"命令进行引脚锁定，数字秒表引脚分配如图10-52所示。

Node Name	Direction	Location	I/O Bank	VREF Group	Fitter Location	I/O Standard
CLK	Input	PIN_AF14	3B	B3B_N0	PIN_AB27	2.5 V (default)
COUT	Output	PIN_V16	4A	B4A_N0	PIN_AF24	2.5 V (default)
HEX0	Output	PIN_AE26	5A	B5A_N0	PIN_AE19	2.5 V (default)
HEX1	Output	PIN_AE27	5A	B5A_N0	PIN_AA18	2.5 V (default)
HEX2	Output	PIN_AE28	5A	B5A_N0	PIN_AK21	2.5 V (default)
HEX3	Output	PIN_AG27	5A	B5A_N0	PIN_Y17	2.5 V (default)
HEX4	Output	PIN_AF28	5A	B5A_N0	PIN_AK22	2.5 V (default)
HEX5	Output	PIN_AG28	5A	B5A_N0	PIN_AE18	2.5 V (default)
HEX6	Output	PIN_AH28	5A	B5A_N0	PIN_AF21	2.5 V (default)
HEX10	Output	PIN_AJ29	5A	B5A_N0	PIN_AD19	2.5 V (default)
HEX11	Output	PIN_AH29	5A	B5A_N0	PIN_AJ24	2.5 V (default)
HEX12	Output	PIN_AH30	5A	B5A_N0	PIN_AC20	2.5 V (default)
HEX13	Output	PIN_AG30	5A	B5A_N0	PIN_AJ26	2.5 V (default)
HEX14	Output	PIN_AF29	5A	B5A_N0	PIN_AF23	2.5 V (default)
HEX15	Output	PIN_AF30	5A	B5A_N0	PIN_AK26	2.5 V (default)
HEX16	Output	PIN_AD27	5A	B5A_N0	PIN_AJ25	2.5 V (default)
RST_N	Input	PIN_AA14	3B	B3B_N0	PIN_AH30	2.5 V (default)
<<new node>>						

图10-52 数字秒表引脚分配

（11）引脚锁定完成之后，选择"Processing"→"Start Compilatiom"命令再次对源文件进行编译。

（12）选择"Tools"→"Programmer"命令下载程序。

(13) 实验现象。数码管 HEX0 和 HEX1 从 0 计数到 59，同时 LEDR0 点亮一次；按下 KEY0 键（数字秒表的 RST_N 端口），数字秒表停止计数，松开 KEY0 键，数字秒表继续计数。

4. 实验报告要求
(1) 画出顶层电路原理图。
(2) 画出有关仿真文件的仿真波形图。
(3) 叙述顶层电路原理图的工作原理。
(4) 叙述各个模块电路的工作原理。

10.6 循环彩灯控制电路设计

1. 实验目的
(1) 掌握时序电路设计和硬件验证方法。
(2) 掌握运用 VHDL 进行逻辑设计的方法。

2. 实验设备
系统微机、Quartus Ⅱ 13.1 软件、FPGA 实验箱。

3. 实验步骤与内容
(1) 启动 Quartus Ⅱ 13.1 软件，选择"File"→"New Project Wizard"命令建立项目文件，项目名为"LSHD"，顶层实体名为"LSHD"。
(2) 选择"File"→"New"命令建立源文件，在弹出的"New"对话框中选择"Design Files"→"VHDL File"选项，描述循环彩灯的 VHDL 控制文件的文件名为"LSHD.vhd"。
(3) 在"LSHD.vhd"文件上单击鼠标右键，在弹出的菜单中选择"Set as Top – Level Entity"命令将文件设置为顶层实体。
(4) 选择"Processing"→"Start Compilatiom"命令对源文件进行编译，选择"Simulation"→"Run Functional Simulation"命令进行波形仿真，循环彩灯仿真波形图如图 10 – 53 所示。
(5) 在"LSHD.vhd"文件上单击鼠标右键，在弹出的菜单中选择"Create Symbol Files for Current File"命令生成符号文件。
(6) 参考 9.5 节的"CLK_1HZ.vhd"源文件，建立 1 Hz 分频器文件"CLK_1HZ.vhd"并编译，并生成调用的符号。
(7) 建立可以硬件验证的顶层文件，选择"File"→"New"命令建立源文件，在弹出的对话框中选择"Design Files"→"Block Diagram/Schematic File"选项，单击"OK"按钮，弹出原理图编辑界面，参考连接如图 10 – 54 所示。选择"File"→"Save As"命令存盘，文件名为"XZLSHD.bdf"。
(8) 选择"Assignments"→"Pin Planner"命令进行引脚锁定，循环彩灯引脚分配如图 10 – 55 所示。

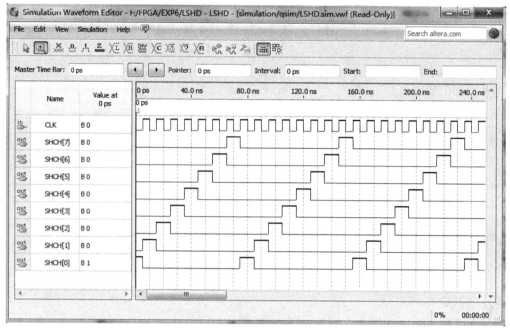

图 10-53 循环彩灯仿真波形图

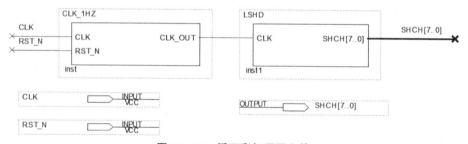

图 10-54 循环彩灯顶层文件

Node Name	Direction	Location	I/O Bank	VREF Group	Fitter Location	I/O Standard
CLK	Input	PIN_AF14	3B	B3B_N0	PIN_AF14	2.5 V (default)
RST_N	Input	PIN_AA14	3B	B3B_N0	PIN_AA14	2.5 V (default)
SHCH[7]	Output	PIN_W20	5A	B5A_N0	PIN_W20	2.5 V (default)
SHCH[6]	Output	PIN_Y19	4A	B4A_N0	PIN_Y19	2.5 V (default)
SHCH[5]	Output	PIN_W19	4A	B4A_N0	PIN_W19	2.5 V (default)
SHCH[4]	Output	PIN_W17	4A	B4A_N0	PIN_W17	2.5 V (default)
SHCH[3]	Output	PIN_V18	4A	B4A_N0	PIN_V18	2.5 V (default)
SHCH[2]	Output	PIN_V17	4A	B4A_N0	PIN_V17	2.5 V (default)
SHCH[1]	Output	PIN_W16	4A	B4A_N0	PIN_W16	2.5 V (default)
SHCH[0]	Output	PIN_V16	4A	B4A_N0	PIN_V16	2.5 V (default)
<<new node>>						

图 10-55 循环彩灯引脚分配

(9) 引脚锁定完成之后,选择 "Processing" → "Start Compilatiom" 命令再次对源文件进行编译。

(10) 选择 "Tools" → "Programmer" 命令下载程序。

(11) 实验现象。发光二极管 LEDR0、LEDR1、LEDR2、LEDR3、LEDR4、LEDR5、LEDR6、LEDR7 依次点亮。

4. 实验报告要求
(1) 画出顶层电路原理图。
(2) 画出有关仿真文件的仿真波形图。
(3) 叙述顶层电路原理图的工作原理。
(4) 叙述各个模块电路的工作原理。

10.7　D/A 控制器电路设计

1. 实验目的
(1) 了解高速 D/A 芯片 TLC5602 的工作原理。
(2) 掌握 DDS 的工作原理。
(3) 掌握 LP_ROM 模块的调用。
2. 实验设备
系统微机、Quartus Ⅱ 13.1 软件、FPGA 实验箱。
3. 实验步骤与内容
(1) 启动 Quartus Ⅱ 13.1 软件，选择"File"→"New Project Wizard"命令建立项目文件，项目名为"DA"，顶层实体名为"DA"。
(2) 选择"File"→"New"命令建立源文件，在弹出的"New"对话框中选择"Design Files"→"VHDL File"选项，D/A 控制器按键 VHDL 源文件为"KEY_CTRL.vhd"，如例 10-6 所示。

例 10-6　D/A 控制器按键 VHDL 源文件。

```
LIBRARY IEEE;
USE IEEE.STD_LOGIC_1164.ALL;
USE IEEE.STD_LOGIC_UNSIGNED.ALL;
ENTITY KEY_CTRL IS
    PORT(CLK_IN: IN STD_LOGIC;
         KEY_IN: IN STD_LOGIC_VECTOR(1 DOWNTO 0);
         ADDR : OUT STD_LOGIC_VECTOR(31 DOWNTO 0)
        );
END KEY_CTRL;
ARCHITECTURE TRANS OF KEY_CTRL IS
SIGNAL CLK_1K : STD_LOGIC;
SIGNAL CNT : STD_LOGIC_VECTOR(15 DOWNTO 0);
SIGNAL COUNT : STD_LOGIC_VECTOR(15 DOWNTO 0);
SIGNAL KEY_AN : STD_LOGIC_VECTOR(1 DOWNTO 0);
SIGNAL ADDR_XHD10 : STD_LOGIC_VECTOR(31 DOWNTO 0);
BEGIN
ADDR <= ADDR_XHD10;
PROCESS (CLK_IN)
BEGIN
IF(CLK_IN'EVENT AND CLK_IN = '1') THEN
    IF (CNT = "0110000110101000") THEN
        CLK_1K <= NOT(CLK_1K);
```

```
            CNT <= "0000000000000000";
        ELSE
            CNT <= CNT + "0000000000000001";
        END IF;
    END IF;
END PROCESS;
PROCESS (CLK_1K)
BEGIN
IF(CLK_1K'EVENT AND CLK_1K = '1') THEN
    CASE key_in IS
      WHEN "10" =>
        COUNT <= COUNT + "0000000000000001";
        KEY_AN <= "01";
      WHEN "01" =>
        COUNT <= COUNT + "0000000000000001";
        KEY_AN <= "10";
      WHEN OTHERS =>
        IF(COUNT >= "0000000000010100")THEN
            CASE KEY_AN IS
              WHEN "01" =>
                IF(ADDR_XHD10 <= "0000001010001111010111000100")THEN
                    ADDR_XHD10 <=
                        ADDR_XHD10 + "000000000000011010001101101111001";
                END IF;
              WHEN "10" =>
                IF(ADDR_XHD10 >= "000000000000011010001101101111001")THEN
                    ADDR_XHD10 <=
                        ADDR_XHD10 - "000000000000011010001101101111001";
                END IF;
              WHEN OTHERS =>
                ADDR_XHD10 <= ADDR_XHD10;
            END CASE;
        END IF;
        COUNT <= "0000000000000000";
        KEY_AN <= "00";
    END CASE;
END IF;
END PROCESS;
END TRANS;
```

（3）在"KEY_CTRL.vhd"文件上单击鼠标右键，在弹出的菜单中选择"Set as Top - Level Entity"命令将文件设置为顶层实体。

（4）选择"Processing"→"Start Compilatiom"命令对源文件进行编译。

（5）在"KEY_CTRL.vhd"文件上单击鼠标右键，在弹出的菜单中选择"Create Symbol Files for Current File"命令生成符号文件。

（6）按照步骤（2）~（5）建立"ADDER.vhd"文件。

例 10 – 7 地址产生 VHDL 语言源文件。

```
LIBRARY IEEE;
USE IEEE.STD_LOGIC_1164.ALL;
USE IEEE.STD_LOGIC_UNSIGNED.ALL;
ENTITY ADDER IS
  PORT(CLK:IN STD_LOGIC;
       ADDR:IN STD_LOGIC_VECTOR(31 DOWNTO 0);
       ADDRESS:OUT STD_LOGIC_VECTOR(7 DOWNTO 0)
       );
END ADDER;
ARCHITECTURE TRANS OF ADDER IS
SIGNAL ACC:STD_LOGIC_VECTOR(31 DOWNTO 0);
BEGIN
  PROCESS(CLK)
  BEGIN
    IF ( CLK'EVENT AND CLK = '1') THEN
        ACC <= ACC + ADDR;
    END IF;
  END PROCESS;
    ADDRESS <= ACC(31 DOWNTO 24);
END TRANS;
```

（7）PLL IP 核配置。选择"Tools"→"MegaWizard Plug – In Manager"命令，如图 10 – 56 所示，弹出图 10 – 57 所示界面，单击"Next"按钮，弹出图 10 – 58 所示界面；在图 10 – 58 所示界面中搜索"PLL"，并将配置的元件命名为"PLL"，如图 10 – 59 所示，单击"Next"按钮。

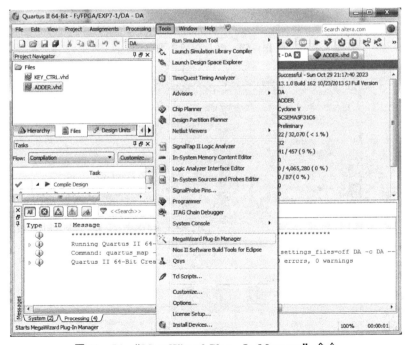

图 10 – 56 "MegaWizard Plug – In Manager"命令

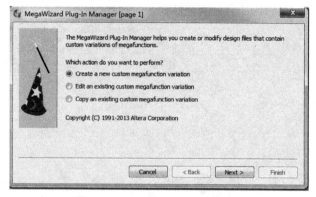

图 10 – 57　PLL 配置界面（一）

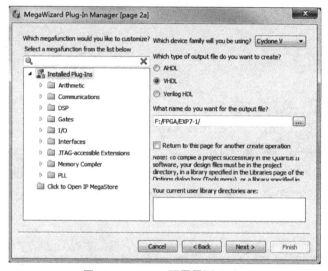

图 10 – 58　PLL 配置界面（二）

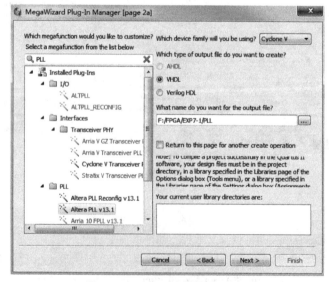

图 10 – 59　PLL 配置界面（三）

弹出图 10-60 所示界面，在该界面中，取消勾选"Enable locked output port"复选框，并按照图 10-60 修改各项参数之后，单击"Finish"按钮，配置完成之后，在弹出的对话框中单击"Exit"按钮，此时编辑器主窗口如图 10-61 所示。

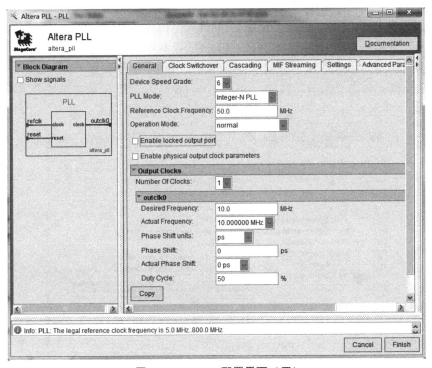

图 10-60　PLL 配置界面（四）

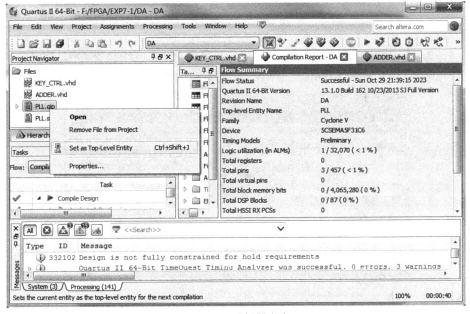

图 10-61　编辑器主窗口

(8) 建立波形表格文件。选择"File"→"New"命令建立源文件，在弹出的"New"对话框中选择"Other Files"→"Text File"选项，分别建立正弦波、三角波和方波的波形表格文件，分别命名为"SIN. mif""RAMP. mif"和"SQUR. mif"。

(9) SIN IP 核配置。选择"Tools"→"MegaWizard Plug – In Manager"命令，在图 10 – 58 所示界面中搜索"ROM"，选择"ROM：1 – PORT"，命名为"SIN"，如图 10 – 62 所示，单击"Next"按钮。在图 10 – 63 和图 10 – 64 所示界面中均单击"Next"按钮。在图 10 – 65 所示界面中勾选"Allow In – System Memory…"复选框并单击"Browse"按钮，载入"SIN. mif"文件，单击"Next"按钮，如图 10 – 66 所示。继续单击单击"Next"按钮，弹出图 10 – 67 所示界面，按照图 10 – 67 设置之后，单击"Finish"按钮，SIN 配置完成。

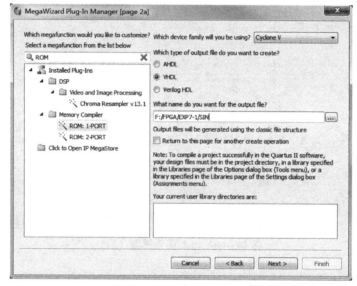

图 10 – 62　SIN 配置（一）

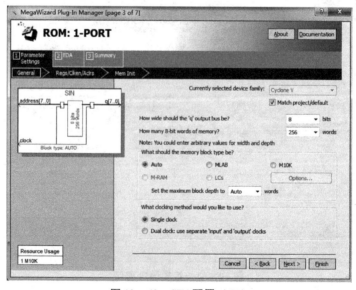

图 10 – 63　SIN 配置（二）

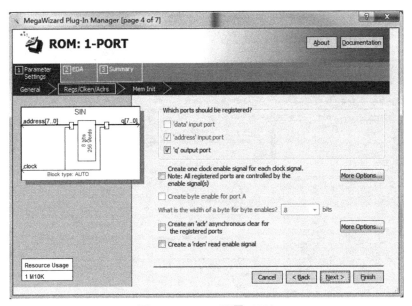

图 10-64 SIN 配置 (三)

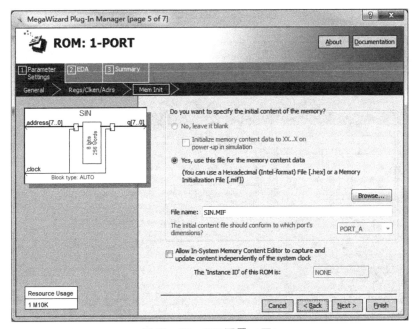

图 10-65 SIN 配置 (四)

(10) 在项目导航窗口 (Project Navigator) 中,在 "SIN.qip" 文件上单击鼠标右键,在弹出的菜单中选择 "Set as Top – Lebel Entity" 命令并选择主菜单 "Processing" → "Start Compilatiom" 命令编译 "SIN.qip" 文件。编译完成之后,单击 "SIN.qip" 文件左侧的下三角按钮,展开 "SIN.qip" 文件,将 "SIN.vhd" 文件设置成顶层实体文件并编译,编译完成之后生成调用的符号。

(11) 按照步骤 (9) 和 (10),配置 RAMP IP 核和 SQUR IP 核。配置时,在图 10-62 所示界面中分别将它们命名为 "RAMP" 和 "SQUR"。

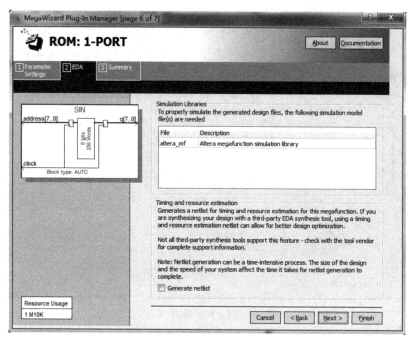

图 10-66　SIN 配置（五）

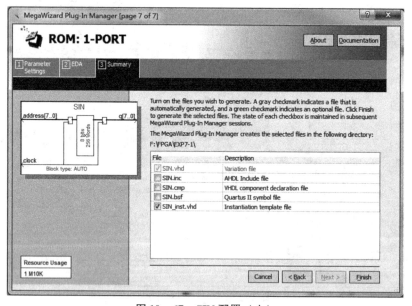

图 10-67　SIN 配置（六）

（12）多路选择器 MUX IP 核配置。搜索"MUX"，选择"LPM_MUX"，命名为"MUX0"，如图 10-68 所示，单击"Next"按钮，弹出图 10-69 所示界面并按照图 10-69 设置，再次单击"Next"按钮，按照图 10-70 设置并单击"Finish"按钮完成 MUX0 设置。

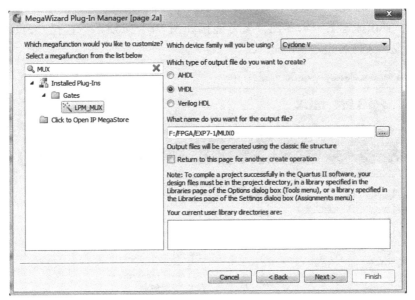

图 10-68　MUX0 配置（一）

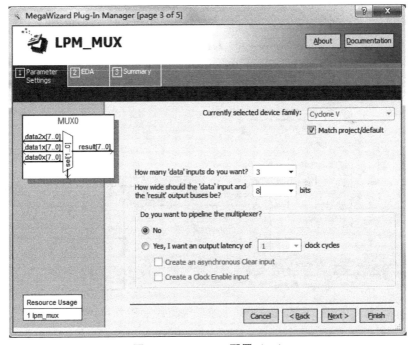

图 10-69　MUX0 配置（二）

（13）在项目导航窗口（Project Navigator）中，在"MUX0. qip"文件上单击鼠标右键，在弹出的菜单中选择"Set as Top – Lebel Entity"命令并选择主菜单"Processing"→"Start Compilatiom"命令编译"MUX0. qip"文件。编译完成之后，单击"MUX0. qip"文件左侧下三角按钮，展开"MUX0. qip"文件，将"MUX0. vhd"文件设置成顶层实体文件并编译，编译完成之后生成调用的符号。

（14）建立可以硬件验证的顶层文件。选择"File"→"New"命令建立源文件，在弹出的对话框中选择"Design Files"→"Block Diagram/Schematic File"选项，单击"OK"按钮，弹出原理图编辑界面，参考连接如图 10-71 所示。选择"File"→"Save As"命令存盘，文件名为"DA.bdf"。

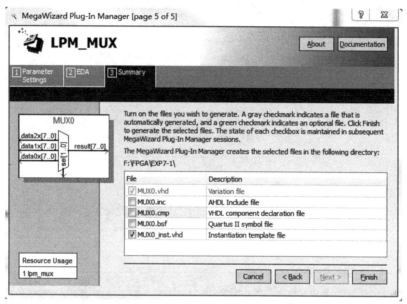

图 10-70　MUX0 配置（三）

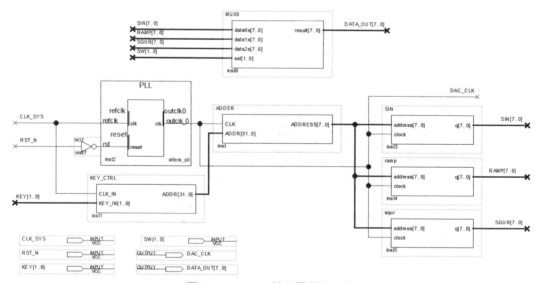

图 10-71　D/A 控制器顶层文件

（15）选择"Assignments"→"Pin Planner"命令进行引脚锁定，D/A 控制器引脚分配如图 10-72 所示。

（16）引脚锁定完成之后，选择"Processing"→"Start Compilatiom"命令再次对源文件进行编译。

（17）选择"Tools"→"Programmer"命令下载程序。

Node Name	Direction	Location	I/O Bank	VREF Group	Fitter Location	I/O Standard
CLK_SYS	Input	PIN_AF14	3B	B3B_N0	PIN_AF14	2.5 V (default)
DAC_CLK	Output	PIN_AA20	4A	B4A_N0	PIN_AA20	2.5 V (default)
DATA_OUT[7]	Output	PIN_AD21	4A	B4A_N0	PIN_AD21	2.5 V (default)
DATA_OUT[6]	Output	PIN_AE22	4A	B4A_N0	PIN_AE22	2.5 V (default)
DATA_OUT[5]	Output	PIN_AF23	4A	B4A_N0	PIN_AF23	2.5 V (default)
DATA_OUT[4]	Output	PIN_AF24	4A	B4A_N0	PIN_AF24	2.5 V (default)
DATA_OUT[3]	Output	PIN_AG22	4A	B4A_N0	PIN_AG22	2.5 V (default)
DATA_OUT[2]	Output	PIN_AH22	4A	B4A_N0	PIN_AH22	2.5 V (default)
DATA_OUT[1]	Output	PIN_AJ22	4A	B4A_N0	PIN_AJ22	2.5 V (default)
DATA_OUT[0]	Output	PIN_AK22	4A	B4A_N0	PIN_AK22	2.5 V (default)
KEY[1]	Input	PIN_Y16	3B	B3B_N0	PIN_Y16	2.5 V (default)
KEY[0]	Input	PIN_AA14	3B	B3B_N0	PIN_AA14	2.5 V (default)
RST_N	Input	PIN_AA15	3B	B3B_N0	PIN_AA15	2.5 V (default)
SW[1]	Input	PIN_AB12	3A	B3A_N0	PIN_AB12	2.5 V (default)
SW[0]	Input	PIN_AC12	3A	B3A_N0	PIN_AC12	2.5 V (default)

图 10-72　D/A 控制器引脚分配

（18）实验现象。通过示波器观察 FPGA 实验箱的 D/A 控制器输出端波形。按下 KEY0 键，波形频率升高；按下 KEY1 键，波形频率降低；将拨动开关 SW［1..0］拨向下侧，输出正弦波；将拨动开关 SW0 拨向上侧，SW1 拨向下侧，输出方波；将拨动开关 SW0 拨向下侧，SW1 拨向上侧，输出三角波。

4．实验报告要求

（1）画出顶层电路原理图。

（2）画出有关仿真文件的仿真波形图。

（3）叙述顶层电路原理图的工作原理。

（4）叙述各个模块电路的工作原理。

10.8　A/D 控制器电路设计

1．实验目的

（1）了解高速 A/D 芯片 TLC5510 的工作原理。

（2）掌握控制 TLC5510 控制方法。

（3）掌握产生控制 A/D 芯片进行数据转换的时序的方法。

2．实验设备

系统微机、QuartusⅡ13.1 软件、FPGA 实验箱。

3．实验步骤与内容

（1）启动 QuartusⅡ13.1 软件，选择 "File"→"New Project Wizard" 命令建立项目文件，项目名为 "AD"，顶层实体名为 "AD"。

（2）选择 "File"→"New" 命令建立源文件，在弹出的 "New" 对话框中选择 "Design Files"→"VHDL File" 选项，A/D 控制器按键 VHDL 源文件为 "FREQ_DIV. vhd"。

例 10-8 A/D 控制器按键 VHDL 源文件。

```vhdl
LIBRARY IEEE;
USE IEEE.STD_LOGIC_1164.ALL;
USE IEEE.STD_LOGIC_UNSIGNED.ALL;
ENTITY FREQ_DIV IS
   PORT(CLK,RST_N:STD_LOGIC;
        CLK_1K:OUT STD_LOGIC;
        CLK_1M:OUT STD_LOGIC);
END FREQ_DIV;
ARCHITECTURE BEHAVE OF freq_div IS
SIGNAL CNT1:STD_LOGIC_VECTOR(15 DOWNTO 0);
SIGNAL CNT2:STD_LOGIC_VECTOR(15 DOWNTO 0);
SIGNAL RCLK1:STD_LOGIC;
SIGNAL RCLK2:STD_LOGIC;
BEGIN
CLK_1K <= RCLK1;
CLK_1M <= RCLK2;
PROCESS(CLK,RST_N)
BEGIN
  IF RST_N = '0' THEN
     CNT1 <= "0000000000000000";
   CNT2 <= "0000000000000000";
   RCLK1 <= '0';
   RCLK2 <= '0';
  ELSIF RISING_EDGE(CLK) THEN
       IF CNT1 = "0110000110101000" THEN
          CNT1 <= "0000000000000000";
          RCLK1 <= NOT(rclk1);
       ELSE
          CNT1 <= CNT1 + 1;
       END IF;
       IF CNT2 = "0000000000011001" THEN
          CNT2 <= "0000000000000000";
          RCLK2 <= NOT(rclk2);
       ELSE
          CNT2 <= CNT2 + 1;
       END IF;
  END IF;
END PROCESS;
END BEHAVE;
```

（3）在"FREQ_DIV.vhd"文件上单击鼠标右键，在弹出的菜单中选择"Set as Top - Level Entity"命令将文件设置为顶层实体。

（4）选择"Processing"→"Start Compilatiom"命令对源文件进行编译。

（5）在"FREQ_DIV.vhd"文件上单击鼠标右键，在弹出的菜单中选择"Create Symbol Files for Current File"命令生成符号文件。

（6）按照步骤（2）~（5）建立 A/D 转换控制文件"ADC_ CTRL.vhd"。

例 10 – 9 A/D 转换控制文件。

```vhdl
LIBRARY IEEE;
USE IEEE.STD_LOGIC_1164.ALL;
USE IEEE.STD_LOGIC_UNSIGNED.ALL;
ENTITY ADC_CTRL IS
   PORT(CLK_1M,RST_N:STD_LOGIC;
        ADC_IN:STD_LOGIC_VECTOR(7 DOWNTO 0);
        ADC_EN:OUT STD_LOGIC;
        SEG_OUT:OUT STD_LOGIC_VECTOR(23 DOWNTO 0));
END ADC_CTRL;
ARCHITECTURE BEHAVE OF ADC_CTRL IS
SIGNAL ADC_TEMP:STD_LOGIC_VECTOR(7 DOWNTO 0);
BEGIN
ADC_EN <= '0';
PROCESS(CLK_1M,RST_N)
BEGIN
   IF RST_N = '0' THEN
   ADC_TEMP <= "00000000";
ELSIF RISING_EDGE(CLK_1M) THEN
     ADC_TEMP <= ADC_IN;
END IF;
CASE (conv_integer(ADC_TEMP) rem 10) IS
     WHEN 0 => SEG_OUT(7 DOWNTO 0) <= "00111111";
     WHEN 1 => SEG_OUT(7 DOWNTO 0) <= "00000110";
     WHEN 2 => SEG_OUT(7 DOWNTO 0) <= "01011011";
     WHEN 3 => SEG_OUT(7 DOWNTO 0) <= "01001111";
     WHEN 4 => SEG_OUT(7 DOWNTO 0) <= "01100110";
     WHEN 5 => SEG_OUT(7 DOWNTO 0) <= "01101101";
     WHEN 6 => SEG_OUT(7 DOWNTO 0) <= "01111101";
     WHEN 7 => SEG_OUT(7 DOWNTO 0) <= "00000111";
     WHEN 8 => SEG_OUT(7 DOWNTO 0) <= "01111111";
     WHEN OTHERS => SEG_OUT(7 DOWNTO 0) <= "01100111";
END CASE;
CASE ((conv_integer(ADC_TEMP) rem 100)/10) IS
     WHEN 0 => SEG_OUT(15 DOWNTO 8) <= "00111111";
     WHEN 1 => SEG_OUT(15 DOWNTO 8) <= "00000110";
     WHEN 2 => SEG_OUT(15 DOWNTO 8) <= "01011011";
     WHEN 3 => SEG_OUT(15 DOWNTO 8) <= "01001111";
     WHEN 4 => SEG_OUT(15 DOWNTO 8) <= "01100110";
     WHEN 5 => SEG_OUT(15 DOWNTO 8) <= "01101101";
     WHEN 6 => SEG_OUT(15 DOWNTO 8) <= "01111101";
     WHEN 7 => SEG_OUT(15 DOWNTO 8) <= "00000111";
     WHEN 8 => SEG_OUT(15 DOWNTO 8) <= "01111111";
     WHEN OTHERS => SEG_OUT(15 DOWNTO 8) <= "01100111";
END CASE;
CASE (conv_integer(ADC_TEMP) /100) IS
     WHEN 0 => SEG_OUT(23 DOWNTO 16) <= "00111111";
     WHEN 1 => SEG_OUT(23 DOWNTO 16) <= "00000110";
     WHEN 2 => SEG_OUT(23 DOWNTO 16) <= "01011011";
     WHEN 3 => SEG_OUT(23 DOWNTO 16) <= "01001111";
     WHEN 4 => SEG_OUT(23 DOWNTO 16) <= "01100110";
```

```
            WHEN 5  => SEG_OUT(23 DOWNTO 16) <= "01101101";
            WHEN 6  => SEG_OUT(23 DOWNTO 16) <= "01111101";
            WHEN 7  => SEG_OUT(23 DOWNTO 16) <= "00000111";
            WHEN 8  => SEG_OUT(23 DOWNTO 16) <= "01111111";
            WHEN OTHERS => SEG_OUT(23 DOWNTO 16) <= "01100111";
        END CASE;
    END PROCESS;
END BEHAVE;
```

（7）建立可以硬件验证的顶层文件。选择"File"→"New"命令建立源文件，在弹出的对话框中选择"Design Files"→"Block Diagram/Schematic File"选项，单击"OK"按钮，弹出原理图编辑界面，参考连接如图 10 - 73 所示。选择"File"→"Save As"命令存盘，文件名为"AD. bdf"。

图 10 - 73 A/D 控制器顶层电路原理图

（8）选择"Assignments"→"Pin Planner"命令进行引脚锁定，A/D 控制器引脚分配如图 10 - 74 所示。

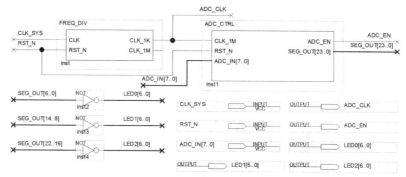

Node Name	Direction	Location	I/O Bank	VREF Group	Fitter Location	I/O Standard
ADC_EN	Output	PIN_AG20	4A	B4A_N0	PIN_AG20	2.5 V (default)
ADC_IN[7]	Input	PIN_AJ26	4A	B4A_N0	PIN_AJ26	2.5 V (default)
ADC_IN[6]	Input	PIN_AK26	4A	B4A_N0	PIN_AK26	2.5 V (default)
ADC_IN[5]	Input	PIN_AH25	4A	B4A_N0	PIN_AH25	2.5 V (default)
ADC_IN[4]	Input	PIN_AJ25	4A	B4A_N0	PIN_AJ25	2.5 V (default)
ADC_IN[3]	Input	PIN_AJ24	4A	B4A_N0	PIN_AJ24	2.5 V (default)
ADC_IN[2]	Input	PIN_AK24	4A	B4A_N0	PIN_AK24	2.5 V (default)
ADC_IN[1]	Input	PIN_AG23	4A	B4A_N0	PIN_AG23	2.5 V (default)
ADC_IN[0]	Input	PIN_AK23	4A	B4A_N0	PIN_AK23	2.5 V (default)
CLK_SYS	Input	PIN_AF14	3B	B3B_N0	PIN_AF14	2.5 V (default)
LED0[6]	Output	PIN_AE26	5A	B5A_N0	PIN_AE26	2.5 V (default)
LED0[5]	Output	PIN_AE27	5A	B5A_N0	PIN_AE27	2.5 V (default)
LED0[4]	Output	PIN_AE28	5A	B5A_N0	PIN_AE28	2.5 V (default)
LED0[3]	Output	PIN_AG27	5A	B5A_N0	PIN_AG27	2.5 V (default)
LED0[2]	Output	PIN_AF28	5A	B5A_N0	PIN_AF28	2.5 V (default)
LED0[1]	Output	PIN_AG28	5A	B5A_N0	PIN_AG28	2.5 V (default)
LED0[0]	Output	PIN_AH28	5A	B5A_N0	PIN_AH28	2.5 V (default)
LED1[6]	Output	PIN_AD27	5A	B5A_N0	PIN_AD27	2.5 V (default)
LED1[5]	Output	PIN_AF30	5A	B5A_N0	PIN_AF30	2.5 V (default)
LED1[4]	Output	PIN_AF29	5A	B5A_N0	PIN_AF29	2.5 V (default)
LED1[3]	Output	PIN_AG30	5A	B5A_N0	PIN_AG30	2.5 V (default)
LED1[2]	Output	PIN_AH30	5A	B5A_N0	PIN_AH30	2.5 V (default)
LED1[1]	Output	PIN_AH29	5A	B5A_N0	PIN_AH29	2.5 V (default)
LED1[0]	Output	PIN_AJ29	5A	B5A_N0	PIN_AJ29	2.5 V (default)
LED2[6]	Output	PIN_AC30	5B	B5B_N0	PIN_AC30	2.5 V (default)
LED2[5]	Output	PIN_AC29	5B	B5B_N0	PIN_AC29	2.5 V (default)
LED2[4]	Output	PIN_AD30	5B	B5B_N0	PIN_AD30	2.5 V (default)
LED2[3]	Output	PIN_AC28	5B	B5B_N0	PIN_AC28	2.5 V (default)
LED2[2]	Output	PIN_AD29	5B	B5B_N0	PIN_AD29	2.5 V (default)
LED2[1]	Output	PIN_AE29	5B	B5B_N0	PIN_AE29	2.5 V (default)
LED2[0]	Output	PIN_AB23	5A	B5A_N0	PIN_AB23	2.5 V (default)
RST_N	Input	PIN_AA14	3B	B3B_N0	PIN_AA14	2.5 V (default)
<<new node>>						

图 10 - 74 A/D 控制器引脚分配

(9) 引脚锁定完成之后，选择"Processing"→"Start Compilatiom"命令再次对源文件进行编译。

(10) 选择"Tools"→"Programmer"命令下载程序。

(11) 实验现象。通过示波器观察 FPGA 实验箱的 A/D 控制器输出端的正弦波。

4. 实验报告要求

(1) 画出顶层电路原理图。

(2) 画出有关仿真文件的仿真波形图。

(3) 叙述顶层电路原理图的工作原理。

(4) 叙述各个模块电路的工作原理。

10.9 数字频率计设计

1. 实验目的

(1) 掌握数字频率计的工作原理。

(2) 了解 FPGA 在数字系统设计方面的灵活性。

(3) 掌握 VHDL 在测量模块设计方面的技巧。

2. 实验设备

系统微机、Quartus Ⅱ 13.1 软件、FPGA 实验箱。

3. 实验步骤与内容

(1) 启动 Quartus Ⅱ 13.1 软件，选择"File"→"New Project Wizard"命令建立项目文件，项目名为"PINLVJI"，顶层实体名为"PINLVJI"。

(2) 选择"File"→"New"命令建立源文件，在弹出的"New"对话框中选择"Design Files"→"VHDL File"选项，运用 VHDL 描述十进制计数器，存盘文件名为"CNT10.vhd"，源程序参见 10.1 节的例 10 - 1。

(3) 在"CNT10.vhd"文件上单击鼠标右键，在弹出的菜单中选择"Set as Top - Level Entity"命令将文件设置为顶层实体。

(4) 选择"Processing"→"Start Compilatiom"命令对源文件进行编译。

(5) 在"CNT10.vhd"文件上单击鼠标右键，在弹出的菜单中选择"Create Symbol Files for Current File"命令生成符号文件。

(6) 按照步骤 (2) ~ (5)，分别建立 0.5Hz 分频器文件"CLK_DOT5HZ.vhd"（例 10 - 10）、24 位锁存器文件（例 10 - 11）和数码管译码文件"SMG.vhd"（9.5 节）并编译，生成调用的符号。

例 10 - 10 产生 0.5 Hz 闸门信号源文件。

```
LIBRARY IEEE;
USE IEEE.STD_LOGIC_1164.ALL;
USE IEEE.STD_LOGIC_UNSIGNED.ALL;
ENTITY CLK_DOT5HZ IS
PORT(CLK,RST_N:STD_LOGIC;
     CLK_OUT:OUT STD_LOGIC);
END CLK_DOT5HZ;
ARCHITECTURE BEHAVE OF CLK_DOT5HZ IS
SIGNAL CNT:STD_LOGIC_VECTOR(25 DOWNTO 0);
```

```
    SIGNAL RCLK : STD_LOGIC;
BEGIN
CLK_OUT <= RCLK;
PROCESS(CLK,RST_N)
BEGIN
   IF RST_N = '0' THEN
      CNT <= "000000000000000000000000";
      rclk <= '0';
   ELSIF RISING_EDGE(CLK) THEN
      IF CNT = "101111101011110000100000000" THEN
         CNT <= "000000000000000000000000";
         RCLK <= NOT(RCLK);
      ELSE
         CNT <= CNT + 1;
      END IF;
   END IF;
END PROCESS;
END BEHAVE;
```

例 10 – 11 24 位锁存器源文件。

```
LIBRARY IEEE;
USE IEEE.STD_LOGIC_1164.ALL;
USE IEEE.STD_LOGIC_UNSIGNED.ALL;
ENTITY SCQ IS
   PORT(CLK:IN STD_LOGIC;
        DATA_IN: IN STD_LOGIC_VECTOR(23 DOWNTO 0);
        DATA_OUT: OUT STD_LOGIC_VECTOR(23 DOWNTO 0)
);
END;
ARCHITECTURE DACC OF SCQ IS
BEGIN
PROCESS(CLK)
BEGIN
  IF CLK'EVENT AND CLK = '0' THEN
     DATA_OUT <= DATA_IN;
  END IF;
END PROCESS;
END;
```

（7）建立可以硬件验证的顶层文件。选择"File"→"New"命令建立源文件，在弹出的对话框中选择"Design Files"→"Block Diagram/Schematic File"选项，单击"OK"按钮，弹出原理图编辑界面，参考连接如图 10 – 75 所示。选择"File"→"Save As"命令存盘，文件名为"AD.bdf"。

（8）选择"Assignments"→"Pin Planner"命令进行引脚锁定，数字频率计引脚分配如图 10 – 76 所示。

（9）引脚锁定完成之后，选择"Processing"→"Start Compilatiom"命令再次对源文件进行编译。

（10）选择"Tools"→"Programmer"命令下载程序。

（11）实验现象。数码管上显示待测的频率值。

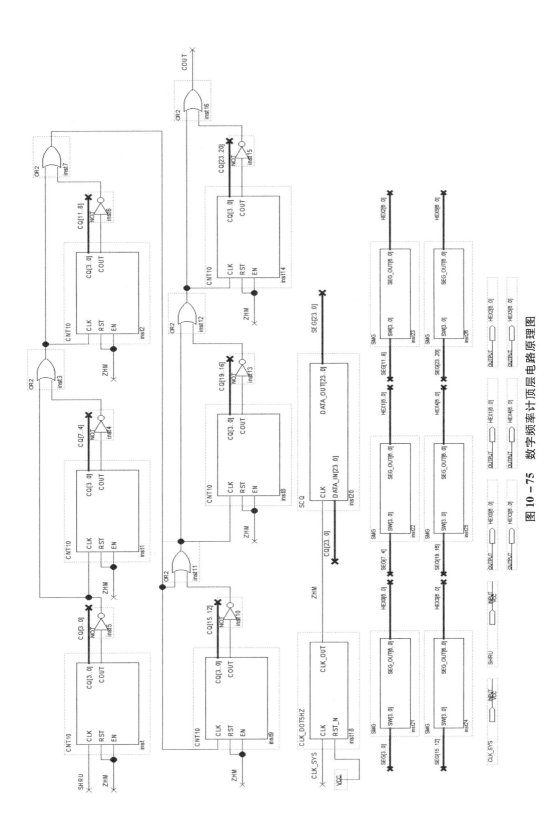

图 10-75 数字频率计顶层电路原理图

Node Name	Direction	Location	I/O Bank	VREF Group	Fitter Location	I/O Standard
CLK_SYS	Input	PIN_AF14	3B	B3B_N0	PIN_AF14	2.5 V (default)
HEX0[6]	Output	PIN_AH28	5A	B5A_N0	PIN_AH28	2.5 V (default)
HEX0[5]	Output	PIN_AG28	5A	B5A_N0	PIN_AG28	2.5 V (default)
HEX0[4]	Output	PIN_AF28	5A	B5A_N0	PIN_AF28	2.5 V (default)
HEX0[3]	Output	PIN_AG27	5A	B5A_N0	PIN_AG27	2.5 V (default)
HEX0[2]	Output	PIN_AE28	5A	B5A_N0	PIN_AE28	2.5 V (default)
HEX0[1]	Output	PIN_AE27	5A	B5A_N0	PIN_AE27	2.5 V (default)
HEX0[0]	Output	PIN_AE26	5A	B5A_N0	PIN_AE26	2.5 V (default)
HEX1[6]	Output	PIN_AD27	5A	B5A_N0	PIN_AD27	2.5 V (default)
HEX1[5]	Output	PIN_AF30	5A	B5A_N0	PIN_AF30	2.5 V (default)
HEX1[4]	Output	PIN_AF29	5A	B5A_N0	PIN_AF29	2.5 V (default)
HEX1[3]	Output	PIN_AG30	5A	B5A_N0	PIN_AG30	2.5 V (default)
HEX1[2]	Output	PIN_AH30	5A	B5A_N0	PIN_AH30	2.5 V (default)
HEX1[1]	Output	PIN_AH29	5A	B5A_N0	PIN_AH29	2.5 V (default)
HEX1[0]	Output	PIN_AJ29	5A	B5A_N0	PIN_AJ29	2.5 V (default)
HEX2[6]	Output	PIN_AC30	5B	B5B_N0	PIN_AC30	2.5 V (default)
HEX2[5]	Output	PIN_AC29	5B	B5B_N0	PIN_AC29	2.5 V (default)
HEX2[4]	Output	PIN_AD30	5B	B5B_N0	PIN_AD30	2.5 V (default)
HEX2[3]	Output	PIN_AC28	5B	B5B_N0	PIN_AC28	2.5 V (default)
HEX2[2]	Output	PIN_AD29	5B	B5B_N0	PIN_AD29	2.5 V (default)
HEX2[1]	Output	PIN_AE29	5B	B5B_N0	PIN_AE29	2.5 V (default)
HEX2[0]	Output	PIN_AB23	5A	B5A_N0	PIN_AB23	2.5 V (default)
HEX3[6]	Output	PIN_AB22	5A	B5A_N0	PIN_AB22	2.5 V (default)
HEX3[5]	Output	PIN_AB25	5A	B5A_N0	PIN_AB25	2.5 V (default)
HEX3[4]	Output	PIN_AB28	5B	B5B_N0	PIN_AB28	2.5 V (default)
HEX3[3]	Output	PIN_AC25	5A	B5A_N0	PIN_AC25	2.5 V (default)
HEX3[2]	Output	PIN_AD25	5A	B5A_N0	PIN_AD25	2.5 V (default)
HEX3[1]	Output	PIN_AC27	5A	B5A_N0	PIN_AC27	2.5 V (default)
HEX3[0]	Output	PIN_AD26	5A	B5A_N0	PIN_AD26	2.5 V (default)
HEX4[6]	Output	PIN_W25	5B	B5B_N0	PIN_W25	2.5 V (default)
HEX4[5]	Output	PIN_V23	5A	B5A_N0	PIN_V23	2.5 V (default)
HEX4[4]	Output	PIN_W24	5A	B5A_N0	PIN_W24	2.5 V (default)
HEX4[3]	Output	PIN_W22	5A	B5A_N0	PIN_W22	2.5 V (default)
HEX4[2]	Output	PIN_Y24	5A	B5A_N0	PIN_Y24	2.5 V (default)
HEX4[1]	Output	PIN_Y23	5A	B5A_N0	PIN_Y23	2.5 V (default)
HEX4[0]	Output	PIN_AA24	5A	B5A_N0	PIN_AA24	2.5 V (default)
HEX5[6]	Output	PIN_AA25	5A	B5A_N0	PIN_AA25	2.5 V (default)
HEX5[5]	Output	PIN_AA26	5B	B5B_N0	PIN_AA26	2.5 V (default)
HEX5[4]	Output	PIN_AB26	5A	B5A_N0	PIN_AB26	2.5 V (default)
HEX5[3]	Output	PIN_AB27	5B	B5B_N0	PIN_AB27	2.5 V (default)
HEX5[2]	Output	PIN_Y27	5B	B5B_N0	PIN_Y27	2.5 V (default)
HEX5[1]	Output	PIN_AA28	5B	B5B_N0	PIN_AA28	2.5 V (default)
HEX5[0]	Output	PIN_V25	5B	B5B_N0	PIN_V25	2.5 V (default)
SHRU	Input	PIN_AD20	4A	B4A_N0	PIN_AD20	2.5 V (default)
<<new node>>						

图 10-76 数字频率计引脚分配

4. 实验报告要求

（1）画出顶层电路原理图。
（2）画出有关仿真文件的仿真波形图。
（3）叙述顶层电路原理图的工作原理。
（4）叙述各个模块电路的工作原理。

10.10 正、负脉宽数控调制信号发生器设计

1. 实验目的

（1）在掌握可控脉冲发生器的基础上了解正、负脉宽数控调制信号发生器的原理。
（2）熟练地运用示波器观察 FPGA 实验箱上的探测点波形。

(3) 掌握时序电路设计的基本思想。

2. 实验设备

系统微机、Quartus Ⅱ 13.1 软件、FPGA 实验箱。

3. 实验步骤与内容

(1) 启动 Quartus Ⅱ 13.1 软件，选择"File"→"New Project Wizard"命令建立项目文件，项目名为"PULSE"，顶层实体名为"PULSE"。

(2) 选择"File"→"New"命令建立源文件，在弹出的"New"对话框中选择"Design Files"→"VHDL File"选项，自加载预置值的 4 位加法计数器 VHDL 源文件为"LCNT8.vhd"。

例 10 – 12 自加载预置值的 4 位加法计数器源文件。

```vhdl
LIBRARY IEEE;
USE IEEE.STD_LOGIC_1164.ALL;
USE IEEE.STD_LOGIC_UNSIGNED.ALL;
ENTITY LCNT8 IS
   PORT(CLK,LD:IN STD_LOGIC;
        D:IN INTEGER RANGE 0 TO 15;
        Q:OUT INTEGER RANGE 0 TO 15;
        CAO:OUT STD_LOGIC);
END LCNT8;
ARCHITECTURE behav OF LCNT8 IS
SIGNAL COUNT:INTEGER RANGE 0 TO 15;
BEGIN
PROCESS(CLK)
BEGIN
   IF CLK'EVENT AND CLK = '1' THEN
      IF LD = '1' THEN
         COUNT <= D;
      ELSE
         COUNT <= COUNT +1;
      END IF;
   END IF;
 Q <= COUNT;
END PROCESS;
PROCESS(COUNT)
BEGIN
   IF COUNT =15 THEN
      CAO <= '1';
   ELSE
      CAO <= '0';
   END IF;
END PROCESS;
END behav;
```

(3) 在"LCNT8.vhd"文件上单击鼠标右键，在弹出的菜单中选择"Set as Top – Level Entity"命令将文件设置为顶层实体。

(4) 选择"Processing"→"Start Compilatiom"命令对源文件进行编译。选择"File"→"New"命令，在弹出的"New"对话框中选择"Verification/Debugging Files"→"University

Program VWF"选项建立波形文件,选择"Simulation"→"Run Functional Simulation"命令进行波形仿真。LCNT8 仿真波形图如图 10-77 所示。

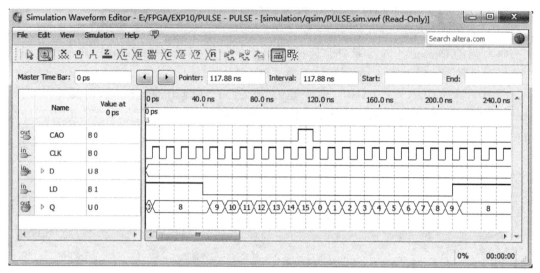

图 10-77　LCNT8 仿真波形图

(5) 在"LCNT8. vhd"文件上单击鼠标右键,在弹出的菜单中选择"Create Symbol Files for Current File"命令生成符号文件。

(6) 采用元件例化的方法,运用 2 个自加载预置值的 4 位加法计数器设计正、负脉宽数控调制信号发生器。选择"Processing"→"Start Compilatiom"命令对源文件进行编译。

例 10-13　正、负脉宽数控调制信号发生器顶层文件。

```
USE IEEE.STD_LOGIC_1164.ALL;
USE IEEE.STD_LOGIC_UNSIGNED.ALL;
ENTITY PULSE IS
    PORT( CLK:IN STD_LOGIC;
          A,B:IN STD_LOGIC_VECTOR( 3 DOWNTO 0 );
          PSOUT:OUT STD_LOGIC);
END PULSE;
ARCHITECTURE mixed OF PULSE IS
COMPONENT LCNT8
    PORT (CLK,LD:IN STD_LOGIC;
          D:IN STD_LOGIC_VECTOR( 3 DOWNTO 0 );
          CAO:OUT STD_LOGIC );
END COMPONENT;
SIGNAL CAO1,CAO2:STD_LOGIC;
SIGNAL LD1,LD2:STD_LOGIC;
SIGNAL PSINT:STD_LOGIC;
BEGIN
U1:LCNT8 PORT MAP( CLK => CLK,LD => LD1,D => A,CAO => CAO1);
U2:LCNT8 PORT MAP( CLK => CLK,LD => LD2,D => B,CAO => CAO2);
PROCESS(CAO1,CAO2)
BEGIN
    IF CAO1 = '1' THEN
```

```
           PSINT <= '0';
     ELSIF CAO2'EVENT AND CAO2 = '1' THEN
           PSINT <= '1';
     END IF;
END PROCESS;
LD1 <= NOT PSINT;
LD2 <= PSINT;
PSOUT <= PSINT;
END mixed;
```

（7）选择"File"→"New"命令，在弹出的"New"对话框中选择"Verification/Debugging Files"→"University Program VWF"选项建立波形文件并设置，选择"Simulation"→"Run Functional Simulation"命令进行波形仿真。正、负脉宽数控调制信号发生器仿真波形图如图10-78所示。

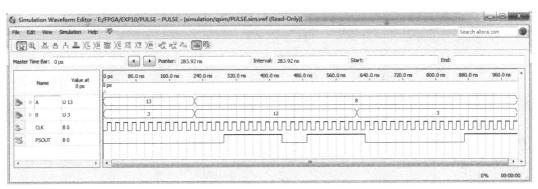

图 10-78　正、负脉宽数控调制信号发生器仿真波形图

（8）选择"Assignments"→"Pin Planner"命令进行引脚锁定，正、负脉宽数控调制信号发生器引脚分配如图10-79所示。

Node Name	Direction	Location	I/O Bank	VREF Group	Fitter Location	I/O Standard
A[3]	Input	PIN_AF10	3A	B3A_N0	PIN_AF10	2.5 V (default)
A[2]	Input	PIN_AF9	3A	B3A_N0	PIN_AF9	2.5 V (default)
A[1]	Input	PIN_AC12	3A	B3A_N0	PIN_AC12	2.5 V (default)
A[0]	Input	PIN_AB12	3A	B3A_N0	PIN_AB12	2.5 V (default)
B[3]	Input	PIN_AE12	3A	B3A_N0	PIN_AE12	2.5 V (default)
B[2]	Input	PIN_AD10	3A	B3A_N0	PIN_AD10	2.5 V (default)
B[1]	Input	PIN_AC9	3A	B3A_N0	PIN_AC9	2.5 V (default)
B[0]	Input	PIN_AE11	3A	B3A_N0	PIN_AE11	2.5 V (default)
CLK	Input	PIN_AF14	3B	B3B_N0	PIN_AF14	2.5 V (default)
PSOUT	Output	PIN_AD20	4A	B4A_N0	PIN_AD20	2.5 V (default)
<<new node>>						

图 10-79　正、负脉宽数控调制信号发生器引脚分配

（9）引脚锁定完成之后，选择"Processing"→"Start Compilatiom"命令再次对源文件进行编译。

（10）选择"Tools"→"Programmer"命令下载程序。

（11）实验现象。设置拨动开关SW[3..0]（A[3..0]）的不同状态，设置拨动开关SW[9..6]（B[3..0]）的不同状态，输出的脉宽波形发生变化。

4. 实验报告要求

(1) 画出顶层电路原理图。

(2) 画出有关仿真文件的仿真波形图。

(3) 叙述顶层电路原理图的工作原理。

(4) 叙述各个模块电路的工作原理。

10.11 序列检测器设计

1. 实验目的

(1) 了解序列检测器的工作原理。

(2) 掌握时序电路设计中状态机的应用。

(3) 进一步掌握运用 VHDL 设计复杂时序电路的过程。

2. 实验设备

系统微机、Quartus Ⅱ 13.1 软件、FPGA 实验箱。

3. 实验步骤与内容

(1) 启动 Quartus Ⅱ 13.1 软件,选择"File"→"New Project Wizard"命令建立项目文件,项目名为"DETECT",顶层实体名为"DETECT"。

(2) 选择"File"→"New"命令建立源文件,在弹出的"New"对话框中选择"Design Files"→"VHDL File"选项,序列检测器的 VHDL 源文件为"DETECT.vhd"(见第八章例 8 – 19)。

(3) 在"DETECT.vhd"文件上单击鼠标右键,在弹出的菜单中选择"Set as Top – Level Entity"命令将文件设置为顶层实体。

(4) 选择"Processing"→"Start Compilatiom"命令对源文件进行编译。选择"File"→"New"命令,在"New"对话框中选择"Verification/Debugging Files"→"University Program VWF"选项建立波形文件并设置输入信号 DATAIN 为 01111110。选择"Simulation"→"Run Functional Simulation"命令进行波形仿真,序列检测器仿真波形图如图 10 – 80 所示。

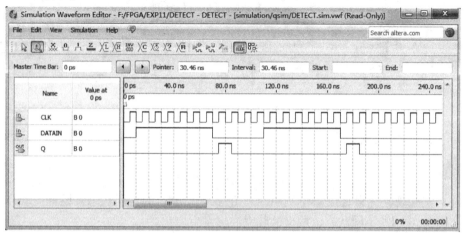

图 10 – 80 序列检测器仿真波形图

(5) 按照步骤 (2)~(4) 建立并入串出移位寄存器 VHDL 源文件 (例 10-14),并入串出移位寄存器仿真波形图如图 10-81 所示,生成调用的符号。

例 10-14 并入串出移位寄存器 VHDL 源文件。

```
LIBRARY IEEE;
USE IEEE.STD_LOGIC_1164.ALL;
USE IEEE.STD_LOGIC_UNSIGNED.ALL;
ENTITY BRCHCH IS
PORT(CLK:STD_LOGIC;
     P_IN:STD_LOGIC_VECTOR(7 DOWNTO 0);
     S_OUT:OUT STD_LOGIC);
END BRCHCH;
ARCHITECTURE BEHAVE OF BRCHCH IS
BEGIN
PROCESS(CLK,P_IN)
VARIABLE CNT:INTEGER RANGE 0 TO 7;
BEGIN
  IF RISING_EDGE(CLK) THEN
     CNT : = CNT + 1;
   S_OUT <= P_IN(CNT);
   END IF;
END PROCESS;
END BEHAVE;
```

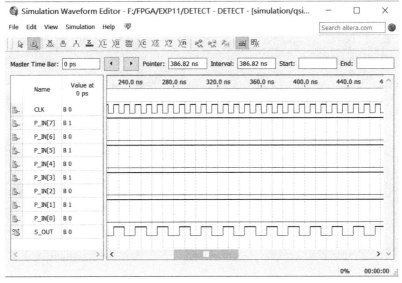

图 10-81 并入串出移位寄存器仿真波形图

(6) 按照步骤 (2)~(4),分别建立 1Hz 分频器文件"CLK_1HZ.vhd"和数码管译码文件"SMG.vhd"(9.5 节) 并编译,生成调用的符号。

(7) 建立可以硬件验证的顶层文件。选择"File"→"New"命令建立源文件,在弹出的对话框中选择"Design Files"→"Block Diagram/Schematic File"选项,单击"OK"按钮,弹出原理图编辑界面,参考连接如图 10-82 所示。选择"File"→"Save As"命令存盘,文件名为"Block1.bdf"。

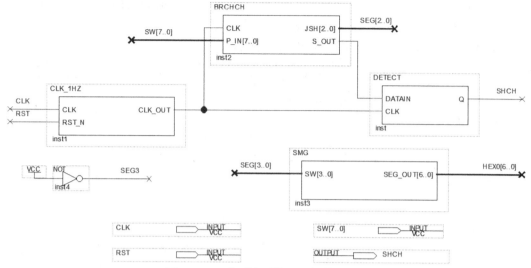

图 10-82 序列检测器顶层电路原理图

(8) 选择"Assignments"→"Pin Planner"命令进行引脚锁定,序列检测器引脚分配如图 10-83 所示。

图 10-83 序列检测器引脚分配

(9) 引脚锁定完成之后,选择"Processing"→"Start Compilatiom"命令再次对源文件进行编译。

(10) 选择"Tools"→"Programmer"命令下载程序。

(11) 实验现象。将拨动开关 SW9(RST)推向上侧,将拨动开关 SW0 和 SW7 推向下侧,将拨动开关 SW[2..6] 推向上侧,此时数码管 HEX0 从 0 计数到 7,然后变为 0,LEDR9 点亮一次。

4. 实验报告要求

(1) 运用 VHDL 描述序列检测器。

(2) 描述序列检测器的工作原理。

10.12 3-8译码器设计

1. 实验目的

(1) 通过3-8译码器设计，掌握组合逻辑电路的设计方法。

(2) 掌握组合逻辑电路的静态测试方法。

(3) 掌握可编程逻辑器件设计的全过程。

2. 实验设备

系统微机、Quartus Ⅱ 13.1软件、FPGA实验箱。

3. 实验步骤与内容

(1) 启动Quartus Ⅱ 13.1软件，选择"File"→"New Project Wizard"命令建立项目文件，项目名为"DECODER"，顶层实体名为"DECODER"。

(2) 选择"File"→"New"命令建立源文件，在弹出的"New"对话框中选择"Design Files"→"VHDL File"选项，3-8译码器VHDL源文件如例10-15所示，存盘文件名为"DECODER.vhd"。

例 10-15 3-8译码器VHDL源文件。

```
LIBRARY IEEE;
USE IEEE.STD_LOGIC_1164.ALL;
USE IEEE.STD_LOGIC_UNSIGNED.ALL;
ENTITY DECODER IS
   PORT(A,B,C:IN STD_LOGIC;
        G1,G2AN,G2BN:IN STD_LOGIC;
        Y0N,Y1N,Y2N,Y3N,Y4N,Y5N,Y6N,Y7N:OUT STD_LOGIC);
END DECODER;
ARCHITECTURE behav OF DECODER IS
SIGNAL S:STD_LOGIC_VECTOR(2 DOWNTO 0);
BEGIN
S <= C&B&A;
PROCESS(A,B,C,G1,G2AN,G2BN)
BEGIN
   IF ((G1 = '1') AND (G2AN = '0') AND (G2BN = '0')) THEN
      CASE S IS
            WHEN "000" => Y0N <= '0';
                          Y1N <= '1';
                          Y2N <= '1';
                          Y3N <= '1';
                          Y4N <= '1';
                          Y5N <= '1';
                          Y6N <= '1';
                          Y7N <= '1';
            WHEN "001" => Y0N <= '1';
                          Y1N <= '0';
                          Y2N <= '1';
                          Y3N <= '1';
```

```
                    Y4N <= '1';
                    Y5N <= '1';
                    Y6N <= '1';
                    Y7N <= '1';
    WHEN "010" => Y0N <= '1';
                    Y1N <= '1';
                    Y2N <= '0';
                    Y3N <= '1';
                    Y4N <= '1';
                    Y5N <= '1';
                    Y6N <= '1';
                    Y7N <= '1';
    WHEN "011" => Y0N <= '1';
                    Y1N <= '1';
                    Y2N <= '1';
                    Y3N <= '0';
                    Y4N <= '1';
                    Y5N <= '1';
                    Y6N <= '1';
                    Y7N <= '1';
    WHEN "100" => Y0N <= '1';
                    Y1N <= '1';
                    Y2N <= '1';
                    Y3N <= '1';
                    Y4N <= '0';
                    Y5N <= '1';
                    Y6N <= '1';
                    Y7N <= '1';
    WHEN "101" => Y0N <= '1';
                    Y1N <= '1';
                    Y2N <= '1';
                    Y3N <= '1';
                    Y4N <= '1';
                    Y5N <= '0';
                    Y6N <= '1';
                    Y7N <= '1';
    WHEN "110" => Y0N <= '1';
                    Y1N <= '1';
                    Y2N <= '1';
                    Y3N <= '1';
                    Y4N <= '1';
                    Y5N <= '1';
                    Y6N <= '0';
                    Y7N <= '1';
    WHEN "111" => Y0N <= '1';
                    Y1N <= '1';
                    Y2N <= '1';
                    Y3N <= '1';
                    Y4N <= '1';
                    Y5N <= '1';
                    Y6N <= '1';
                    Y7N <= '0';
    WHEN OTHERS => Y0N <= '1';
                    Y1N <= '1';
                    Y2N <= '1';
```

```
                            Y3N <= '1';
                            Y4N <= '1';
                            Y5N <= '1';
                            Y6N <= '1';
                            Y7N <= '1';
            END CASE;
        ELSE
            Y0N <= '1';
            Y1N <= '1';
            Y2N <= '1';
            Y3N <= '1';
            Y4N <= '1';
            Y5N <= '1';
            Y6N <= '1';
            Y7N <= '1';
        END IF;
    END PROCESS;
END behav;
```

（3）在"DECODER.vhd"文件上单击鼠标右键，在弹出的菜单中选择"Set as Top - Level Entity"命令将文件设置为顶层实体。

（4）选择"Processing"→"Start Compilatiom"命令对源文件进行编译。选择"File"→"New"命令，在"New"对话框中选择"Verification/Debugging Files"→"University Program VWF"选项建立波形文件并设置输入信号。选择"Simulation"→"Run Functional Simulation"命令进行波形仿真，3－8译码器的仿真波形图如图10－84所示。

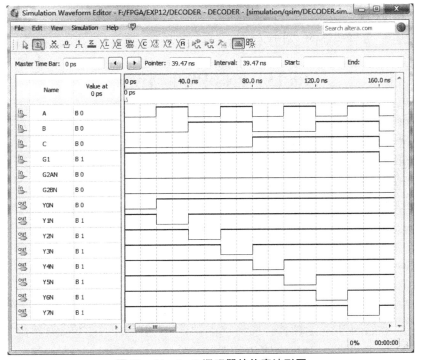

图10－84　3－8译码器的仿真波形图

(5) 选择"Assignments"→"Pin Planner"命令进行引脚锁定,3-8 译码器引脚分配如图 10-85 所示。

Node Name	Direction	Location	I/O Bank	VREF Group	Fitter Location	I/O Standard
A	Input	PIN_AB12	3A	B3A_N0	PIN_AB12	2.5 V (default)
B	Input	PIN_AC12	3A	B3A_N0	PIN_AC12	2.5 V (default)
C	Input	PIN_AF9	3A	B3A_N0	PIN_AF9	2.5 V (default)
G1	Input	PIN_AE12	3A	B3A_N0	PIN_AE12	2.5 V (default)
G2AN	Input	PIN_AD10	3A	B3A_N0	PIN_AD10	2.5 V (default)
G2BN	Input	PIN_AC9	3A	B3A_N0	PIN_AC9	2.5 V (default)
Y0N	Output	PIN_V16	4A	B4A_N0	PIN_V16	2.5 V (default)
Y1N	Output	PIN_W16	4A	B4A_N0	PIN_W16	2.5 V (default)
Y2N	Output	PIN_V17	4A	B4A_N0	PIN_V17	2.5 V (default)
Y3N	Output	PIN_V18	4A	B4A_N0	PIN_V18	2.5 V (default)
Y4N	Output	PIN_W17	4A	B4A_N0	PIN_W17	2.5 V (default)
Y5N	Output	PIN_W19	4A	B4A_N0	PIN_W19	2.5 V (default)
Y6N	Output	PIN_Y19	4A	B4A_N0	PIN_Y19	2.5 V (default)
Y7N	Output	PIN_W20	5A	B5A_N0	PIN_W20	2.5 V (default)

图 10-85 3-8 译码器引脚分配

(6) 引脚锁定完成之后,选择"Processing"→"Start Compilatiom"命令再次对源文件进行编译。

(7) 选择"Tools"→"Programmer"命令下载程序。

(8) 实验现象。将拨动开关 SW9(G1)推向上侧,将拨动开关 SW[8..7](G2AN 和 G2BN)推向下侧,设置拨动开关 SW[2..0](C、B 和 A)从"000"变化到"111",LEDR0(Y0N)、LEDR1(Y1N)、LEDR2(Y2N)、LEDR3(Y3N)、LEDR4(Y4N)、LEDR5(Y5N)、LEDR6(Y6N)、LEDR7(Y7N)依次熄灭。

4. 实验报告要求

(1) 运用 VHDL 描述 3-8 译码器。

(2) 叙述 3-8 译码器的工作原理。

10.13 PN 码发生器设计

1. 实验目的

(1) 掌握 PN 码的编码原理。

(2) 掌握 PN 码发生器软件设计方法。

(3) 掌握 PN 码发生器仿真方法。

2. 实验设备

系统微机、Quartus Ⅱ 13.1 软件、FPGA 实验箱。

3. 实验步骤与内容

(1) 要产生一个码长为 31 的 PN 码,PN 码序发生器的寄存器级数为 5,特征多项式为

$$G(x) = x^5 + x^2 + 1$$

(2) 启动 Quartus Ⅱ 13.1 软件,选择"File"→"New Project Wizard"命令建立项目文件,项目名为"SSRG",顶层实体名为"SSRG"。

(3) 建立原理图文件。选择"File"→"New"命令建立原理图文件,在弹出的对话

框中选择"Design Files"→"Block Diagram/Schematic File"选项,单击"OK"按钮,弹出原理图编辑界面,参考连接如图 10-86 所示。选择"File"→"Save As"命令存盘,文件名为"SSRG. bdf"。

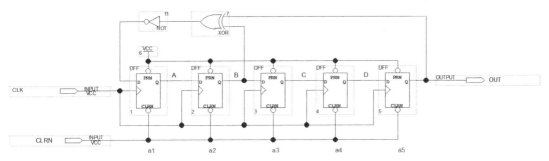

图 10-86　SSRG 型 PN 码发生器顶层电路原理图

(4) 在"SSRG. bdf"文件上单击鼠标右键,在弹出的菜单中选择"Set as Top-Level Entity"命令将文件设置为顶层实体。

(5) 选择"Processing"→"Start Compilatiom"命令对源文件进行编译。选择"File"→"New"命令,在"New"对话框中选择"Verification/Debugging Files"→"University Program VWF"选项建立波形文件并设置输入信号。选择"Simulation"→"Run Functional Simulation"命令进行波形仿真,PN 码发生器仿真波形图如图 10-87 所示;

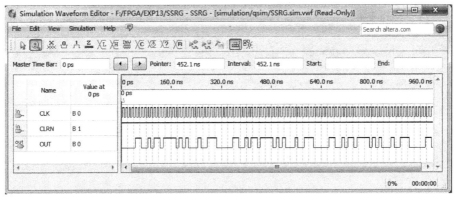

图 10-87　PN 码发生器仿真波形图

(6) 建立分频器文件。选择"File"→"New"命令建立源文件,在弹出的"New"对话框中选择"Design Files"→"VHDL File"选项,输入分频器 VHDL 源文件(例 10-16),源文件名为"FREQ_DIV. vhd",将 50 MHz 时钟分频为 1 KHz、1 MHz、5 MHz 和 12.5 MHz 并生成调用的符号。

例 10-16　分频器的 VHDL 源文件。

```
LIBRARY IEEE;
USE IEEE.STD_LOGIC_1164.ALL;
USE IEEE.STD_LOGIC_UNSIGNED.ALL;
ENTITY FREQ_DIV IS
    PORT(CLK,RST_N:STD_LOGIC;
```

```vhdl
            CLK_1K:OUT STD_LOGIC;
            CLK_1M:OUT STD_LOGIC;
            CLK_5M:OUT STD_LOGIC;
            CLK_12_5M:OUT STD_LOGIC);
END FREQ_DIV;
ARCHITECTURE BEHAVE OF freq_div IS
SIGNAL CNT1:STD_LOGIC_VECTOR(15 DOWNTO 0);
SIGNAL CNT2:STD_LOGIC_VECTOR(15 DOWNTO 0);
SIGNAL CNT3:STD_LOGIC_VECTOR(15 DOWNTO 0);
SIGNAL CNT4:STD_LOGIC_VECTOR(15 DOWNTO 0);
SIGNAL RCLK1:STD_LOGIC;
SIGNAL RCLK2:STD_LOGIC;
SIGNAL RCLK3:STD_LOGIC;
SIGNAL RCLK4:STD_LOGIC;
BEGIN
CLK_1K <= RCLK1;
CLK_1M <= RCLK2;
CLK_5M <= RCLK3;
CLK_12_5M <= RCLK4;
PROCESS(CLK,RST_N)
BEGIN
   IF RST_N = '0' THEN
      CNT1 <= "0000000000000000";
    CNT2 <= "0000000000000000";
     RCLK1 <= '0';
     RCLK2 <= '0';
   ELSIF RISING_EDGE(CLK) THEN
        IF CNT1 = "0110000110101000" THEN
            CNT1 <= "0000000000000000";
            RCLK1 <= NOT(rclk1);
        ELSE
            CNT1 <= CNT1 + 1;
        END IF;
        IF CNT2 = "0000000000011001" THEN
            CNT2 <= "0000000000000000";
            RCLK2 <= NOT(rclk2);
        ELSE
            CNT2 <= CNT2 + 1;
        END IF;
        IF CNT3 = "0000000000000101" THEN
            CNT3 <= "0000000000000000";
            RCLK3 <= NOT(rclk3);
        ELSE
            CNT3 <= CNT3 + 1;
        END IF;
        IF CNT4 = "0000000000000010" THEN
            CNT4 <= "0000000000000000";
            RCLK4 <= NOT(rclk4);
        ELSE
            CNT4 <= CNT4 + 1;
        END IF;
   END IF;
END PROCESS;
END BEHAVE;
```

(7) 建立 4 选 1 多路选择器源文件,参考第 4 章例 4-6,编译并生成调用的符号。

(8) 建立可硬件验证的顶层文件,参考连接如图 10-88 所示。

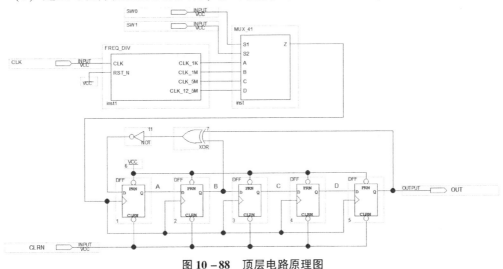

图 10-88 顶层电路原理图

(9) 选择"Assignments"→"Pin Planner"命令进行引脚锁定,PN 码发生器引脚分配如图 10-89 所示。

Node Name	Direction	Location	I/O Bank	VREF Group	Fitter Location	I/O Standard
CLK	Input	PIN_AF14	3B	B3B_N0	PIN_AF14	2.5 V (default)
CLRN	Input	PIN_AA14	3B	B3B_N0	PIN_AA14	2.5 V (default)
OUT	Output	PIN_AD20	4A	B4A_N0	PIN_AD20	2.5 V (default)
SW0	Input	PIN_AB12	3A	B3A_N0	PIN_AB12	2.5 V (default)
SW1	Input	PIN_AC12	3A	B3A_N0	PIN_AC12	2.5 V (default)
<<new node>>						

图 10-89 PN 码发生器引脚分配

(10) 引脚锁定完成之后,选择"Processing"→"Start Compilatiom"命令再次对源文件进行编译。

(11) 选择"Tools"→"Programmer"命令下载程序。

(12) 实验现象。设置拨动开关 SW[1..0] 为 00、01、10 和 11;用示波器观察信号输出端口 OUT 的波形,按下 KEY0 键,系统复位,输出端口 OUT 的波形消失。

4. 实验报告要求

(1) 画出顶层电路原理图。

(2) 画出有关仿真文件的仿真波形图。

(3) 叙述顶层电路原理图的工作原理。

(4) 叙述各个模块电路的工作原理。

10.14 矩阵键盘扫描电路设计

1. 实验目的

(1) 了解 4×4 矩阵键盘扫描的原理。

(2) 进一步加深对七段数码管显示过程的理解。

(3) 了解输入/输出端口的定义方法。

2. 实验设备

系统微机、Quartus Ⅱ 13.1 软件、FPGA 实验箱。

3. 实验步骤与内容

(1) 启动 Quartus Ⅱ 13.1 软件，选择"File"→"New Project Wizard"命令建立项目文件，项目名为"KEYBOARD"，顶层实体名为"KEYBOARD"。

(2) 选择"File"→"New"命令建立源文件，在弹出的"New"对话框中选择"Design Files"→"VHDL File"选项，矩阵键盘扫描 VHDL 源文件如例 10 – 17 所示，存盘文件名为"KEYBOARD.vhd"。

例 10 – 17 矩阵键盘扫描 VHDL 源文件。

```vhdl
LIBRARY IEEE;
USE IEEE.STD_LOGIC_1164.ALL;
USE IEEE.STD_LOGIC_UNSIGNED.ALL;
ENTITY KEYBOARD IS
PORT(CLK,RST:IN STD_LOGIC;
     KEYROW:IN STD_LOGIC_VECTOR(3 DOWNTO 0);
     KEYCOL:OUT STD_LOGIC_VECTOR(3 DOWNTO 0);
     KEYOUT:OUT STD_LOGIC_VECTOR(3 DOWNTO 0));
END KEYBOARD;
ARCHITECTURE behav OF KEYBOARD IS
SIGNAL CNT:INTEGER RANGE 0 TO 3;
SIGNAL SEG_IN:STD_LOGIC_VECTOR(7 DOWNTO 0);
BEGIN
PROCESS(CLK,RST)
BEGIN
IF RST = '0' THEN
   CNT <= 0;
ELSIF CLK'EVENT AND CLK = '1' THEN
     CNT <= CNT + 1;
END IF;
END PROCESS;

PROCESS(CLK,CNT)
VARIABLE READROW:STD_LOGIC_VECTOR(3 DOWNTO 0);
VARIABLE KEYCODE:STD_LOGIC_VECTOR(7 DOWNTO 0);
BEGIN
IF CLK'EVENT AND CLK = '1' THEN
CASE CNT IS
    WHEN 0 => KEYCOL <= "1110";
              READROW: = KEYROW;
              KEYCODE: = READROW&"1110";
    WHEN 1 => KEYCOL <= "1101";
              READROW: = KEYROW;
              KEYCODE: = READROW&"1101";
    WHEN 2 => KEYCOL <= "1011";
              READROW: = KEYROW;
              KEYCODE: = READROW&"1011";
```

```
            WHEN 3 => KEYCOL <= "0111";
                      READROW: = KEYROW;
                      KEYCODE: = READROW&"0111";
            WHEN OTHERS =>NULL;
        END CASE;

        CASE KEYCODE IS
            WHEN "11101011" => KEYOUT <= "0000";     --0
            WHEN "01110111" => KEYOUT <= "0001";     --1
            WHEN "01111011" => KEYOUT <= "0010";     --2
            WHEN "01111101" => KEYOUT <= "0011";     --3
            WHEN "10110111" => KEYOUT <= "0100";     --4
            WHEN "10111011" => KEYOUT <= "0101";     --5
            WHEN "10111101" => KEYOUT <= "0110";     --6
            WHEN "11010111" => KEYOUT <= "0111";     --7
            WHEN "11011011" => KEYOUT <= "1000";     --8
            WHEN "11011101" => KEYOUT <= "1001";     --9
            WHEN "01111110" => KEYOUT <= "1010";     --A
            WHEN "10111110" => KEYOUT <= "1011";     --B
            WHEN "11011110" => KEYOUT <= "1100";     --C
            WHEN "11101110" => KEYOUT <= "1101";     --D
            WHEN "11100111" => KEYOUT <= "1110";     --E
            WHEN "11101101" => KEYOUT <= "1111";     --F
            WHEN OTHERS =>NULL;
        END CASE;
    END IF;
END PROCESS;
END behav;
```

（3）选择"Processing"→"Start Compilatiom"命令对源文件进行编译。选择"File"→"New"命令，在"New"对话框中选择"Verification/Debugging Files"→"University Program VWF"选项建立波形文件并设置输入信号。选择"Simulation"→"Run Functional Simulation"命令进行波形仿真，矩阵键盘扫描仿真波形图如图 10 -90 所示。

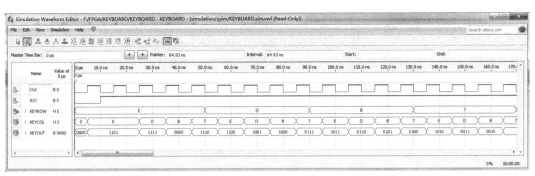

图 10 -90　矩阵键盘扫描仿真波形图

（4）按照步骤（2）和（3），分别建立分频器文件"FREQ_DIV. vhd"（例 10 -15）和数码管译码文件"SMG. vhd"（9.5 节）并编译，生成调用的符号。

（5）建立可硬件验证的顶层文件，参考连接如图 10 -91 所示。

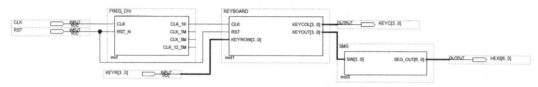

图 10-91 顶层电路原理图

（6）选择“Assignments”→“Pin Planner”命令进行引脚锁定，矩阵键盘扫描引脚分配如图 10-92 所示。

Node Name	Direction	Location	I/O Bank	VREF Group	Fitter Location	I/O Standard
in CLK	Input	PIN_AF14	3B	B3B_N0	PIN_AF14	2.5 V (default)
out HEX0[6]	Output	PIN_AH28	5A	B5A_N0	PIN_AH28	2.5 V (default)
out HEX0[5]	Output	PIN_AG28	5A	B5A_N0	PIN_AG28	2.5 V (default)
out HEX0[4]	Output	PIN_AF28	5A	B5A_N0	PIN_AF28	2.5 V (default)
out HEX0[3]	Output	PIN_AG27	5A	B5A_N0	PIN_AG27	2.5 V (default)
out HEX0[2]	Output	PIN_AE28	5A	B5A_N0	PIN_AE28	2.5 V (default)
out HEX0[1]	Output	PIN_AE27	5A	B5A_N0	PIN_AE27	2.5 V (default)
out HEX0[0]	Output	PIN_AE26	5A	B5A_N0	PIN_AE26	2.5 V (default)
out KEYC[3]	Output	PIN_AG25	4A	B4A_N0	PIN_AG25	2.5 V (default)
out KEYC[2]	Output	PIN_AK29	4A	B4A_N0	PIN_AK29	2.5 V (default)
out KEYC[1]	Output	PIN_AK28	4A	B4A_N0	PIN_AK28	2.5 V (default)
out KEYC[0]	Output	PIN_AK27	4A	B4A_N0	PIN_AK27	2.5 V (default)
in KEYR[3]	Input	PIN_AG26	4A	B4A_N0	PIN_AG26	2.5 V (default)
in KEYR[2]	Input	PIN_AH24	4A	B4A_N0	PIN_AH24	2.5 V (default)
in KEYR[1]	Input	PIN_AH27	4A	B4A_N0	PIN_AH27	2.5 V (default)
in KEYR[0]	Input	PIN_AJ27	4A	B4A_N0	PIN_AJ27	2.5 V (default)
in RST	Input	PIN_AA14	3B	B3B_N0	PIN_AA14	2.5 V (default)
<<new node>>						

图 10-92 矩阵键盘扫描引脚分配

（7）引脚锁定完成之后，选择“Processing”→“Start Compilatiom”命令再次对源文件进行编译。

（8）选择“Tools”→“Programmer”命令下载程序。

（9）实验现象。按下按键，在数码管 HEX0 上显示键值。

4. 实验报告要求

（1）画出顶层电路原理图。

（2）画出有关仿真文件的仿真波形图。

（3）叙述顶层电路原理图的工作原理。

附 录 一

本书的实验基于中国台湾友晶 DE1 – SOC 开发板的 FPGA 实验箱。FPGA 中内嵌双核 ARM Cortex – A9 硬核处理器，可以用来进行高性能、低功耗处理器系统设计。英特尔公司基于 ARM 的硬核处理器系统（HPS）包括处理器、外设以及存储器端口，通过高带宽互连总线与 FPGA 硬件部分无缝连接。DE1 – SOC 开发板上集成了高速 DDR3 存储器、音视频部件、以太网端口等硬件部分，同时提供了丰富的 SOC FPGA 参考设计实例与资料。

1. 核心板模块说明

附图 1 所示为 DE1 – SOC 开发板的资源布局，并标出了该板所包括的端口和关键器件的位置。DE1 – SOC 开发板提供了丰富的设计资源，可以完成从简单的电路到各种复杂的多媒体工程的设计。

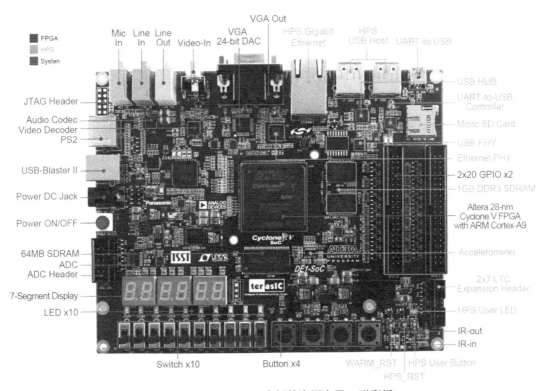

附图 1　DE1 – SOC 开发板的资源布局（附彩插）

DE1 – SOC 开发板提供的硬件资源如下。

1) FPGA 部分

(1) Cyclone V SoC 5 CSEMA5F31C6N 芯片。
(2) 系统配置器件 EPCS128。
(3) 板上 USB – Blaster Ⅱ 用于编程，支持 JTAG 模式。
(4) 64MB SDRAM（16 位数据总线）。
(5) 4 个按键。
(6) 10 个滑动开关。
(7) 10 个 LED 灯。
(8) 6 个七段数码管。
(9) 时钟发生器提供了 4 个 50 MHz 的时钟源。
(10) 24 位音质的音频编解码器。
(11) VGA 解码芯片，带有 VGAOut 端口。
(12) TV 编码器和 TV 输入端口。
(13) PS/2 鼠标/键盘端口。
(14) IR 收发器。
(15) 2 个 40pin 的扩展端口，带二极管保护。
(16) A/D 转换器，连接 FPGA 的 4 引脚 SPI 端口。

2）硬核处理器系统（HPS）部分

(1) 800 MHz 双核 ARM Cortex – A9 MPCore 处理器。
(2) 1GB DDR3 SDRAM（32 位数据总线）。
(3) 1 个千兆以太网 PHY，带 RJ45 端口。
(4) 2 端口 USB Host，标准 A 型 USB 端口。
(5) Micro SD 卡插座。
(6) 重力传感器（IC 端口 + 中断）。
(7) UART – to – USB（USB mini – B 端口）。
(8) 热复位和冷复位按钮。
(9) 一个用户按钮和一个用户 LED。
(10) LTC 2 ×7 扩展端口。

附图 2 所示为 DE1 – SOC 开发板的结构框图。为了给设计者提供最大的灵活性，所有端口连接都是通过 Cyclone V Soc FPGA 完成的，设计者可以通过配置 FPGA 来完成任何系统的设计。

2. 实验开发平台模块说明

本书的 FPGA 实验箱以 DE1 – SOC 开发板为核心，通过 2 个 40pin 的扩展端口与外围器件进行连接。附图 3 所示为 FPGA 实验箱和模块。主要模块如下。

(1) TFT 显示触摸屏。
(2) 直流电动机。
(3) 步进电动机。
(4) 4 个 BCD 码七段数码管。
(5) 交通红绿灯。
(6) 4 ×4 按钮模块。

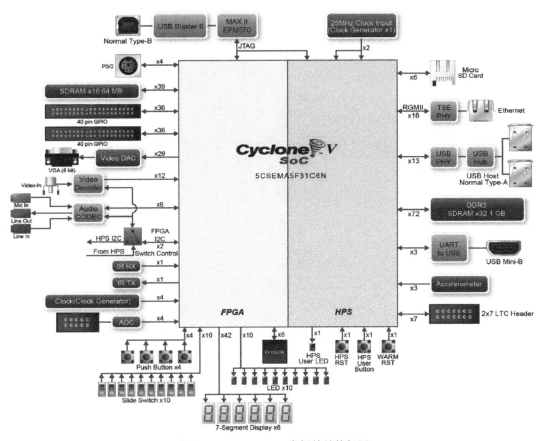

附图2　DE1－SOC 开发板的结构框图

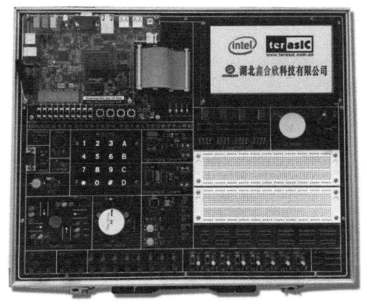

附图3　FPGA 实验箱和模块

(7) D/A 转换。

(8) A/D 转换。

(9) RTC。

(10) RS232 端口。

(11) 喇叭。

(12) I^{2}C EEPROM。

(13) 温度传感器。

(14) 时钟模块。

(15) IC 座及面包板。

附 录 二

附录二中的"SIN.mif""RAMP.mif"和"SQUR.mif"是第10.7节D/A控制器电路设计的波形表格文件。

(1) 正弦波波形表格文件"SIN.mif"。

```
DEPTH = 256;
WIDTH = 8;
ADDRESS_RADIX = HEX;
DATA_RADIX = HEX;
CONTENT
BEGIN
0000 : 0020;
0001 : 0020;
0002 : 0021;
0003 : 0022;
0004 : 0023;
0005 : 0023;
0006 : 0024;
0007 : 0025;
0008 : 0026;
0009 : 0026;
000A : 0027;
000B : 0028;
000C : 0029;
000D : 0029;
000E : 002A;
000F : 002B;
0010 : 002C;
0011 : 002C;
0012 : 002D;
0013 : 002E;
0014 : 002E;
0015 : 002F;
0016 : 0030;
0017 : 0030;
0018 : 0031;
0019 : 0032;
001A : 0032;
001B : 0033;
001C : 0033;
```

```
001D : 0034;
001E : 0035;
001F : 0035;
0020 : 0036;
0021 : 0036;
0022 : 0037;
0023 : 0037;
0024 : 0038;
0025 : 0038;
0026 : 0039;
0027 : 0039;
0028 : 003A;
0029 : 003A;
002A : 003B;
002B : 003B;
002C : 003B;
002D : 003C;
002E : 003C;
002F : 003C;
0030 : 003D;
0031 : 003D;
0032 : 003D;
0033 : 003D;
0034 : 003E;
0035 : 003E;
0036 : 003E;
0037 : 003E;
0038 : 003E;
0039 : 003F;
003A : 003F;
003B : 003F;
003C : 003F;
003D : 003F;
003E : 003F;
003F : 003F;
0040 : 003F;
0041 : 003F;
0042 : 003F;
0043 : 003F;
0044 : 003F;
0045 : 003F;
0046 : 003F;
0047 : 003F;
0048 : 003E;
0049 : 003E;
004A : 003E;
004B : 003E;
004C : 003E;
004D : 003D;
004E : 003D;
```

```
004F : 003D;
0050 : 003D;
0051 : 003C;
0052 : 003C;
0053 : 003C;
0054 : 003B;
0055 : 003B;
0056 : 003B;
0057 : 003A;
0058 : 003A;
0059 : 0039;
005A : 0039;
005B : 0038;
005C : 0038;
005D : 0037;
005E : 0037;
005F : 0036;
0060 : 0036;
0061 : 0035;
0062 : 0035;
0063 : 0034;
0064 : 0033;
0065 : 0033;
0066 : 0032;
0067 : 0032;
0068 : 0031;
0069 : 0030;
006A : 0030;
006B : 002F;
006C : 002E;
006D : 002E;
006E : 002D;
006F : 002C;
0070 : 002C;
0071 : 002B;
0072 : 002A;
0073 : 0029;
0074 : 0029;
0075 : 0028;
0076 : 0027;
0077 : 0026;
0078 : 0026;
0079 : 0025;
007A : 0024;
007B : 0023;
007C : 0023;
007D : 0022;
007E : 0021;
007F : 0020;
0080 : 001F;
```

```
0081 : 001F;
0082 : 001E;
0083 : 001D;
0084 : 001C;
0085 : 001C;
0086 : 001B;
0087 : 001A;
0088 : 0019;
0089 : 0019;
008A : 0018;
008B : 0017;
008C : 0016;
008D : 0016;
008E : 0015;
008F : 0014;
0090 : 0013;
0091 : 0013;
0092 : 0012;
0093 : 0011;
0094 : 0011;
0095 : 0010;
0096 : 000F;
0097 : 000F;
0098 : 000E;
0099 : 000D;
009A : 000D;
009B : 000C;
009C : 000C;
009D : 000B;
009E : 000A;
009F : 000A;
00A0 : 0009;
00A1 : 0009;
00A2 : 0008;
00A3 : 0008;
00A4 : 0007;
00A5 : 0007;
00A6 : 0006;
00A7 : 0006;
00A8 : 0005;
00A9 : 0005;
00AA : 0004;
00AB : 0004;
00AC : 0004;
00AD : 0003;
00AE : 0003;
00AF : 0003;
00B0 : 0002;
00B1 : 0002;
00B2 : 0002;
```

```
00B3 : 0002;
00B4 : 0001;
00B5 : 0001;
00B6 : 0001;
00B7 : 0001;
00B8 : 0001;
00B9 : 0000;
00BA : 0000;
00BB : 0000;
00BC : 0000;
00BD : 0000;
00BE : 0000;
00BF : 0000;
00C0 : 0000;
00C1 : 0000;
00C2 : 0000;
00C3 : 0000;
00C4 : 0000;
00C5 : 0000;
00C6 : 0000;
00C7 : 0000;
00C8 : 0001;
00C9 : 0001;
00CA : 0001;
00CB : 0001;
00CC : 0001;
00CD : 0002;
00CE : 0002;
00CF : 0002;
00D0 : 0002;
00D1 : 0003;
00D2 : 0003;
00D3 : 0003;
00D4 : 0004;
00D5 : 0004;
00D6 : 0004;
00D7 : 0005;
00D8 : 0005;
00D9 : 0006;
00DA : 0006;
00DB : 0007;
00DC : 0007;
00DD : 0008;
00DE : 0008;
00DF : 0009;
00E0 : 0009;
00E1 : 000A;
00E2 : 000A;
00E3 : 000B;
00E4 : 000C;
```

```
00E5 : 000C;
00E6 : 000D;
00E7 : 000D;
00E8 : 000E;
00E9 : 000F;
00EA : 000F;
00EB : 0010;
00EC : 0011;
00ED : 0011;
00EE : 0012;
00EF : 0013;
00F0 : 0013;
00F1 : 0014;
00F2 : 0015;
00F3 : 0016;
00F4 : 0016;
00F5 : 0017;
00F6 : 0018;
00F7 : 0019;
00F8 : 0019;
00F9 : 001A;
00FA : 001B;
00FB : 001C;
00FC : 001C;
00FD : 001D;
00FE : 001E;
00FF : 001F;
END ;
```

(2) 三角波波形表格文件 "RAMP.mif"。

```
DEPTH = 256;
WIDTH = 8;
ADDRESS_RADIX = HEX;
DATA_RADIX = HEX;
CONTENT
BEGIN
0000 : 0000;
0001 : 0000;
0002 : 0001;
0003 : 0001;
0004 : 0002;
0005 : 0002;
0006 : 0003;
0007 : 0003;
0008 : 0004;
0009 : 0004;
000A : 0005;
000B : 0005;
000C : 0006;
```

```
000D : 0006;
000E : 0007;
000F : 0007;
0010 : 0008;
0011 : 0008;
0012 : 0009;
0013 : 0009;
0014 : 000A;
0015 : 000A;
0016 : 000B;
0017 : 000B;
0018 : 000C;
0019 : 000C;
001A : 000D;
001B : 000D;
001C : 000E;
001D : 000E;
001E : 000F;
001F : 000F;
0020 : 0010;
0021 : 0010;
0022 : 0011;
0023 : 0011;
0024 : 0012;
0025 : 0012;
0026 : 0013;
0027 : 0013;
0028 : 0014;
0029 : 0014;
002A : 0015;
002B : 0015;
002C : 0016;
002D : 0016;
002E : 0017;
002F : 0017;
0030 : 0018;
0031 : 0018;
0032 : 0019;
0033 : 0019;
0034 : 001A;
0035 : 001A;
0036 : 001B;
0037 : 001B;
0038 : 001C;
0039 : 001C;
003A : 001D;
003B : 001D;
003C : 001E;
003D : 001E;
003E : 001F;
```

```
003F : 001F;
0040 : 0020;
0041 : 0020;
0042 : 0020;
0043 : 0021;
0044 : 0021;
0045 : 0022;
0046 : 0022;
0047 : 0023;
0048 : 0023;
0049 : 0024;
004A : 0024;
004B : 0025;
004C : 0025;
004D : 0026;
004E : 0026;
004F : 0027;
0050 : 0027;
0051 : 0028;
0052 : 0028;
0053 : 0029;
0054 : 0029;
0055 : 002A;
0056 : 002A;
0057 : 002B;
0058 : 002B;
0059 : 002C;
005A : 002C;
005B : 002D;
005C : 002D;
005D : 002E;
005E : 002E;
005F : 002F;
0060 : 002F;
0061 : 0030;
0062 : 0030;
0063 : 0031;
0064 : 0031;
0065 : 0032;
0066 : 0032;
0067 : 0033;
0068 : 0033;
0069 : 0034;
006A : 0034;
006B : 0035;
006C : 0035;
006D : 0036;
006E : 0036;
006F : 0037;
0070 : 0037;
```

```
0071 : 0038;
0072 : 0038;
0073 : 0039;
0074 : 0039;
0075 : 003A;
0076 : 003A;
0077 : 003B;
0078 : 003B;
0079 : 003C;
007A : 003C;
007B : 003D;
007C : 003D;
007D : 003E;
007E : 003E;
007F : 003F;
0080 : 003F;
0081 : 003F;
0082 : 003E;
0083 : 003E;
0084 : 003D;
0085 : 003D;
0086 : 003C;
0087 : 003C;
0088 : 003B;
0089 : 003B;
008A : 003A;
008B : 003A;
008C : 0039;
008D : 0039;
008E : 0038;
008F : 0038;
0090 : 0037;
0091 : 0037;
0092 : 0036;
0093 : 0036;
0094 : 0035;
0095 : 0035;
0096 : 0034;
0097 : 0034;
0098 : 0033;
0099 : 0033;
009A : 0032;
009B : 0032;
009C : 0031;
009D : 0031;
009E : 0030;
009F : 0030;
00A0 : 002F;
00A1 : 002F;
00A2 : 002E;
```

```
00A3 : 002E;
00A4 : 002D;
00A5 : 002D;
00A6 : 002C;
00A7 : 002C;
00A8 : 002B;
00A9 : 002B;
00AA : 002A;
00AB : 002A;
00AC : 0029;
00AD : 0029;
00AE : 0028;
00AF : 0028;
00B0 : 0027;
00B1 : 0027;
00B2 : 0026;
00B3 : 0026;
00B4 : 0025;
00B5 : 0025;
00B6 : 0024;
00B7 : 0024;
00B8 : 0023;
00B9 : 0023;
00BA : 0022;
00BB : 0022;
00BC : 0021;
00BD : 0021;
00BE : 0020;
00BF : 0020;
00C0 : 0020;
00C1 : 001F;
00C2 : 001F;
00C3 : 001E;
00C4 : 001E;
00C5 : 001D;
00C6 : 001D;
00C7 : 001C;
00C8 : 001C;
00C9 : 001B;
00CA : 001B;
00CB : 001A;
00CC : 001A;
00CD : 0019;
00CE : 0019;
00CF : 0018;
00D0 : 0018;
00D1 : 0017;
00D2 : 0017;
00D3 : 0016;
00D4 : 0016;
```

```
00D5 : 0015;
00D6 : 0015;
00D7 : 0014;
00D8 : 0014;
00D9 : 0013;
00DA : 0013;
00DB : 0012;
00DC : 0012;
00DD : 0011;
00DE : 0011;
00DF : 0010;
00E0 : 0010;
00E1 : 000F;
00E2 : 000F;
00E3 : 000E;
00E4 : 000E;
00E5 : 000D;
00E6 : 000D;
00E7 : 000C;
00E8 : 000C;
00E9 : 000B;
00EA : 000B;
00EB : 000A;
00EC : 000A;
00ED : 0009;
00EE : 0009;
00EF : 0008;
00F0 : 0008;
00F1 : 0007;
00F2 : 0007;
00F3 : 0006;
00F4 : 0006;
00F5 : 0005;
00F6 : 0005;
00F7 : 0004;
00F8 : 0004;
00F9 : 0003;
00FA : 0003;
00FB : 0002;
00FC : 0002;
00FD : 0001;
00FE : 0001;
00FF : 0000;
END ;
```

(3) 方波波形表格文件"SQUR.mif"。

```
DEPTH = 256;
WIDTH = 8;
ADDRESS_RADIX = HEX;
```

```
DATA_RADIX = HEX;
CONTENT
BEGIN
0000 : 0000;
0001 : 0000;
0002 : 0000;
0003 : 0000;
0004 : 0000;
0005 : 0000;
0006 : 0000;
0007 : 0000;
0008 : 0000;
0009 : 0000;
000A : 0000;
000B : 0000;
000C : 0000;
000D : 0000;
000E : 0000;
000F : 0000;
0010 : 0000;
0011 : 0000;
0012 : 0000;
0013 : 0000;
0014 : 0000;
0015 : 0000;
0016 : 0000;
0017 : 0000;
0018 : 0000;
0019 : 0000;
001A : 0000;
001B : 0000;
001C : 0000;
001D : 0000;
001E : 0000;
001F : 0000;
0020 : 0000;
0021 : 0000;
0022 : 0000;
0023 : 0000;
0024 : 0000;
0025 : 0000;
0026 : 0000;
0027 : 0000;
0028 : 0000;
0029 : 0000;
002A : 0000;
002B : 0000;
002C : 0000;
002D : 0000;
002E : 0000;
```

```
002F : 0000;
0030 : 0000;
0031 : 0000;
0032 : 0000;
0033 : 0000;
0034 : 0000;
0035 : 0000;
0036 : 0000;
0037 : 0000;
0038 : 0000;
0039 : 0000;
003A : 0000;
003B : 0000;
003C : 0000;
003D : 0000;
003E : 0000;
003F : 0000;
0040 : 0000;
0041 : 0000;
0042 : 0000;
0043 : 0000;
0044 : 0000;
0045 : 0000;
0046 : 0000;
0047 : 0000;
0048 : 0000;
0049 : 0000;
004A : 0000;
004B : 0000;
004C : 0000;
004D : 0000;
004E : 0000;
004F : 0000;
0050 : 0000;
0051 : 0000;
0052 : 0000;
0053 : 0000;
0054 : 0000;
0055 : 0000;
0056 : 0000;
0057 : 0000;
0058 : 0000;
0059 : 0000;
005A : 0000;
005B : 0000;
005C : 0000;
005D : 0000;
005E : 0000;
005F : 0000;
0060 : 0000;
```

```
0061 : 0000;
0062 : 0000;
0063 : 0000;
0064 : 0000;
0065 : 0000;
0066 : 0000;
0067 : 0000;
0068 : 0000;
0069 : 0000;
006A : 0000;
006B : 0000;
006C : 0000;
006D : 0000;
006E : 0000;
006F : 0000;
0070 : 0000;
0071 : 0000;
0072 : 0000;
0073 : 0000;
0074 : 0000;
0075 : 0000;
0076 : 0000;
0077 : 0000;
0078 : 0000;
0079 : 0000;
007A : 0000;
007B : 0000;
007C : 0000;
007D : 0000;
007E : 0000;
007F : 0000;
0080 : 003F;
0081 : 003F;
0082 : 003F;
0083 : 003F;
0084 : 003F;
0085 : 003F;
0086 : 003F;
0087 : 003F;
0088 : 003F;
0089 : 003F;
008A : 003F;
008B : 003F;
008C : 003F;
008D : 003F;
008E : 003F;
008F : 003F;
0090 : 003F;
0091 : 003F;
0092 : 003F;
```

```
0093 : 003F;
0094 : 003F;
0095 : 003F;
0096 : 003F;
0097 : 003F;
0098 : 003F;
0099 : 003F;
009A : 003F;
009B : 003F;
009C : 003F;
009D : 003F;
009E : 003F;
009F : 003F;
00A0 : 003F;
00A1 : 003F;
00A2 : 003F;
00A3 : 003F;
00A4 : 003F;
00A5 : 003F;
00A6 : 003F;
00A7 : 003F;
00A8 : 003F;
00A9 : 003F;
00AA : 003F;
00AB : 003F;
00AC : 003F;
00AD : 003F;
00AE : 003F;
00AF : 003F;
00B0 : 003F;
00B1 : 003F;
00B2 : 003F;
00B3 : 003F;
00B4 : 003F;
00B5 : 003F;
00B6 : 003F;
00B7 : 003F;
00B8 : 003F;
00B9 : 003F;
00BA : 003F;
00BB : 003F;
00BC : 003F;
00BD : 003F;
00BE : 003F;
00BF : 003F;
00C0 : 003F;
00C1 : 003F;
00C2 : 003F;
00C3 : 003F;
00C4 : 003F;
```

```
00C5 : 003F;
00C6 : 003F;
00C7 : 003F;
00C8 : 003F;
00C9 : 003F;
00CA : 003F;
00CB : 003F;
00CC : 003F;
00CD : 003F;
00CE : 003F;
00CF : 003F;
00D0 : 003F;
00D1 : 003F;
00D2 : 003F;
00D3 : 003F;
00D4 : 003F;
00D5 : 003F;
00D6 : 003F;
00D7 : 003F;
00D8 : 003F;
00D9 : 003F;
00DA : 003F;
00DB : 003F;
00DC : 003F;
00DD : 003F;
00DE : 003F;
00DF : 003F;
00E0 : 003F;
00E1 : 003F;
00E2 : 003F;
00E3 : 003F;
00E4 : 003F;
00E5 : 003F;
00E6 : 003F;
00E7 : 003F;
00E8 : 003F;
00E9 : 003F;
00EA : 003F;
00EB : 003F;
00EC : 003F;
00ED : 003F;
00EE : 003F;
00EF : 003F;
00F0 : 003F;
00F1 : 003F;
00F2 : 003F;
00F3 : 003F;
00F4 : 003F;
00F5 : 003F;
00F6 : 003F;
```

```
00F7 : 003F;
00F8 : 003F;
00F9 : 003F;
00FA : 003F;
00FB : 003F;
00FC : 003F;
00FD : 003F;
00FE : 003F;
00FF : 003F;
END ;
```

参 考 文 献

[1] 林明权. VHDL 数字控制系统设计范例[M]. 北京:电子工业出版社. 2002.
[2] 卢毅,赖杰. VHDL 与数字设计[M]. 北京:科技出版社出版. 2001.
[3] 潘松,黄继业. EDA 技术实用教程[M]. 北京:科技出版社. 2000.
[4] 曹昕燕,周凤臣,聂春燕. EDA 技术实验与课程设计[M]. 北京:清华大学出版社. 2006.
[5] 求是科技. VHDL 应用开发技术与工程实践[M]. 北京:人民邮电出版社. 2005.
[6] 杨晖,张风言. 大规模可编程逻辑器件与数字系统设计[M]. 北京:航空航天大学出版社. 2001.
[7] 褚振勇,翁木云. FPGA 设计及应用[M]. 西安:电子科技大学出版社. 2001.
[8] 朱明程. 可编程逻辑系统的 VHDL 设计技术[M]. 南京:东南大学出版社. 2000.
[9] 王志华,邓阳东. 数字集成化系统的结构化设计与高层次综合[M]. 北京:清华大学出版社. 1998.
[10] 候伯亨,顾新. VHDL 硬件描述语言与数字逻辑电路设计[M]. 西安:电子科技大学出版社. 2003.
[11] 潘松,王国栋. VHDL 实用教程[M]. 成都:电子科技大学出版社. 2001.
[12] 谭会生,张昌凡. EDA 技术及应用[M]. 西安:西安电子科技大学出版社. 2001.
[13] Altera Corporation. Altera Digital Library. Altera,2002.
[14] Xilinx Inc. Data Book 2001. Xilinx,2001.
[15] VHDL Language Reference Guide,Aldec Inc. Henderson NV USA,1999.
[16] VHDL Reference Guide,Xilinx Inc. San Jose USA,1998.

附图1　DE1–SOC 开发板的资源布局